W0059710

Schriftenreihe Forum | Band 4

# S E H S U C H T

Über die Veränderung der visuellen Wahrnehmung

Steidl

Herausgeber
   Kunst- und Ausstellungshalle der
   Bundesrepublik Deutschland GmbH
Intendant
   Pontus Hulten
Geschäftsführender Direktor
   Wenzel Jacob
Forum
   Bernd Busch
   Christina Budde
   Annett Müller
   Jutta Seligmann
Publikationskoordination
   Annette Kulenkampff
   Dorothee v. Drachenfels
Mitarbeit
   Petra von Olschowski


Redaktion
   Uta Brandes
Gestaltung
   Thomas S. Bley
Photosatz, Lithographie, Druck und Bindung
   Steidl Verlag, Göttingen

Copyright 1995
   Kunst- und Ausstellungshalle der
   Bundesrepublik Deutschland GmbH
   und Steidl Verlag, Göttingen
   Alle Rechte vorbehalten
   Printed in Germany 1995
   ISBN 3-88243-350-7

# Inhalt

# Wenzel Jacob

## Vorwort

Mit diesem Buch legt die Kunst- und Ausstellungshalle der Bundesrepublik Deutschland den zweiten Band zu ihrer Kongreßreihe *Die Zukunft der Sinne* vor. Nach Band eins, der sich mit dem Hören beschäftigte, ist diese Textsammlung nun dem Sehen gewidmet.

Für ein Ausstellungshaus hat wohl kaum einer unserer fünf Sinne eine größere Bedeutung als der Sehsinn, denn Ausstellungen sind – wenngleich sie auch andere Sinnesvermögen ansprechen – primär visuelle Ereignisse. Die Auseinandersetzung mit dem Sehen, mit den Bedingungen und Veränderungen der optischen Wahrnehmung, ist deshalb ein zentrales Anliegen für uns, dem sowohl im Ausstellungs- wie auch im Veranstaltungsprogramm Rechnung getragen wird. So fand der Kongreß *Sehsucht. Eräugnis und Enttäuschung*, der Anlaß dieser Publikation ist, parallel zu der Ausstellung *Sehsucht – Das Panorama als Massenunterhaltung des 19. Jahrhunderts* statt. Die Panoramadarstellungen ermöglichten ganz neue Seherlebnisse, denn es waren Bilder, die den Betrachter förmlich umgaben, ihn in das Zentrum des Bildgeschehens rückten und nicht mehr durch Rahmen begrenzt sind. Insofern gelten sie auch als direkte Vorläufer des Kinos, das die Panoramen als Medium der Massenunterhaltung abgelöst hat und seit nunmehr 100 Jahren unsere Sehgewohnheiten und unsere Wahrnehmung der Welt wesentlich mitbestimmt. Die Zeit, in der wir leben, ist wie kaum eine andere durch visuelle Medien geprägt, man denke nur an Fernsehen und Video und das ständig wachsende Angebot auf diesem Sektor. Die technischen Möglichkeiten der Bilderzeugung werden immer raffinierter und die Darstellbarkeit von Makro- und Mikrokosmos wird zunehmend größer. Was mit unseren natürlichen Sinnesvermögen längst nicht mehr wahrnehmbar ist, kann mit Hilfe der Technik visualisiert, gleichzeitig aber auch manipuliert werden.

Während die Ausstellung *Sehsucht* nur vereinzelt die Perspektive ins 20. Jahrhundert öffnete, beschäftigte sich der Kongreß im wesentlichen mit Fragen der visuellen Wahrnehmung heute. Das vorliegende Buch kann dabei als eigenständige Bearbeitung des Themas angesehen werden, denn es enthält auch Beiträge, die während des Symposiums nicht referiert wurden und reicht somit über eine reine Dokumentation hinaus. Für uns enthält es Anregungen und Bausteine für künftige Ausstellungen, die sich mit der visuellen Wahrnehmung und ihren Bedingungen beschäftigen werden.

## Uta Brandes und Bernd Busch

# Die Zukunft der Sinne: Sehsucht

# Einstiege im Dialog

●   Seh-Interessen

*Uta Brandes:* Was eigentlich ist für uns heute am Sehen so speziell, bedarf der Aufmerksamkeit, daß wir uns entschlossen haben, dieses Buch zu veröffentlichen? Nun gut, einerseits ist es selbstverständlich sehr populär, über das Sehen, vor allem aber von der Überschwemmung durch Bilder und visuelle Medien zu reden. Aber diese heute vorherrschende Diskussion ist womöglich gar nicht so interessant, wenn wir nach der Verfaßtheit des Sehens und nicht primär nach der unserer Gesellschaft fragen wollen. Denn in gewisser Weise hat es dieses Phänomen und diese Klagen vom Überwältigt-Sein spätestens seit dem 19. Jahrhundert immer wieder einmal gegeben: Die Bilderfluten, gepaart mit Geschwindigkeit, sind zu verschiedenen Zeiten Gegenstand der Diskussion und Kritik gewesen – von den Anfängen der Eisenbahn und des Kinos, über den zunehmenden Verkehr bis zur Medienwerbung und -kommunikation: Phänomene, die mit der Entwicklung der modernen Großstadt einhergingen, und die sich sprunghaft beschleunigt, verviel-fältigt und differenziert haben. Ich würde also sagen: Hier ist nicht unbedingt ein qualitativer Bruch in der Gegenwart zu verspüren. Die reale Veränderung – und damit auch unser Interesse an diesem Thema – liegt in anderen Dimensionen.

*Bernd Busch:* Wahrscheinlich lassen sich diese Irritationen oder Klagen in der Geschichte des Sehens weit zurückverfolgen. Sie tauchten meist dann auf, wenn der Gesichtssinn durch eine quantitative Steigerung der Wahrnehmungsan-lässe oder durch qualitativ neue Wahrnehmungsaufgaben herausgefordert war: die ›Überwältigung der Wahrnehmung‹, wir finden ähnliche Formeln bereits in den zeitgenössischen Reaktionen auf die eindringlich inszenierte Glaubenspropa-ganda mittelalterlicher Kathedralen; oder das ›Ohnmächtig-Werden des Wahrneh-mungssubjekts‹ angesichts der Überfülle von Eindrücken, dies war eine damals vieldiskutierte physische Reaktion der Italienreisenden des 19. Jahrhunderts wäh-rend ihrer kulturbeflissenen Besichtigungstouren; oder denken wir an die Reisebe-schreibungen der frühen Neuzeit oder an Passagen aus Cervantes' *Don Quijote*. Bei allen wesentlichen Unterschieden, diese Beispiele weisen doch darauf hin, daß es bereits vor den technischen Medien und vor urbaner Modernisierung derartige Wahrnehmungsirritationen gegeben hat: Ich glaube, auch sie erwuchsen aus der Erfahrung der Nichtangemessenheit. Damit meine ich die ganz unterschiedlichen Formen, in denen die Sinnesausstattung der Menschen, so wie sie in bestimmten kulturellen und sozialen Verhältnissen sich ausgebildet hatte, in Konflikt geriet mit neuen Wahrnehmungsaufgaben – und auch mit neuartigen Strategien, sich der

Wahrnehmungsvermögen der Menschen zu bedienen. Deshalb sind alle diese Beispiele, auch die von Dir genannten, verbunden damit, daß stabile oder vertraute soziale Lebens- und Erfahrungszusammenhänge sich zersetzt haben, in einen Prozeß der gesellschaftlichen Umwälzung oder Beschleunigung gerissen wurden.

*U. B.:* Das heißt doch, daß das Sehen schon seit geraumer Zeit unter einem massiven Innovationsdruck gestanden hat. Wir ziehen heute gewissermaßen diese Geschichte der Wahrnehmungszumutungen auf eine Vorgeschichte der Moderne zusammen, und tatsächlich haben sich ja seit dem 19. Jahrhundert die Forderungen an unser Sehvermögen so verstärkt, daß man von einer qualitativen Veränderung sprechen kann. Die lange Geschichte der Beschäftigung mit dem Sehen kann auch als eine der Deutung, Verarbeitung oder Abwehr des kulturellen und gesellschaftlichen Drucks gelesen werden, der auf diesem besonderen Sinnesvermögen lastet. Und die Anfänge dieser Geschichte liegen schon früh, beginnen beispielsweise mit den antiken Versuchen, Sehen und Erkennen zusammenzudenken und zu bilden.

*B. B.:* Wir sagen, das Sehen sei ein privilegierter Sinn. Deshalb ist das Sehen innerhalb der menschlichen Gattungsgeschichte immer auch ein Schlachtfeld von Vergesellschaftungsprozessen gewesen, auf dem körperliche Ausstattung, technische oder kulturelle Zurüstungen und gesellschaftliche Anforderungen aufeinanderstießen. Das ist eine Lesart der Spuren der Geschichte im Sehen. Diese privilegierte Position des Gesichtssinns ist aber auch trügerisch. Sie verleitet dazu, wie Du schon gesagt hast, die Geschichte des Sehens unter den Vorzeichen eines Modernisierungsdrucks zu lesen, der sich nicht nur jenseits der evolutionsgeschichtlichen Ausprägungen dieses Vermögens entwickelt hat, sondern genuin mit bestimmten historischen Epochen verknüpft ist. Sie provoziert zudem, nach den jeweils markanten und die eigene historische Konstellation begründenden Zäsuren oder Umbrüchen zu fahnden – und damit die Spannung von Kontinuität und Diskontinuität in den vielfältigen Seh-Geschichten zugunsten des ›Neuen‹ aufzulösen. Vielleicht beruht diese Haltung ja auf einer grundlegenden Strategie epochaler Abgrenzung, der Selbstbegründung eines neuen kulturellen oder sozialen Milieus: das Frühere, Vergangene oder Veraltete zur Vorgeschichte der eigenen Neuerungen zu bestimmen. Und vielleicht ist das Bemerkenswerte an der Wahrnehmung der Moderne und der Wahrnehmung in der Moderne, daß hier erstmals diese Aneignung der Geschichte als Vorgeschichte in aller Radikalität vollzogen, eine universale Aneignung von Zeiten und Räumen emphatisch postuliert wurde. Aber müssen wir heute nicht andere Perspektiven suchen – Perspektiven, die übrigens, um hier gleich den geläufigen Angriffen gegen ›die Moderne‹ entgegenzutreten, von einer reflexiven Moderne bereits vorgezeichnet worden sind?

Statt entlang einer Geschichte fortschreitender Verbesserungen oder zunehmender Verluste gleichsam fortschrittslogisch zu argumentieren, sollten wir den Ungleichzeitigkeiten nachspüren, die Schleifen untersuchen, in denen beispielsweise ganz Altes, Archaisches und äußerste technologische Schärfung im Sehsinn zusammentreffen. Wir haben immer wieder Hoffnungen und Ängste in die Analyse der großen Tendenzen in der Geschichte des Sehens investiert, sind zugleich aber immer skeptischer gegenüber dem – auch prognostischen – Wert solcher Analysen geworden. Dies mag mit grundsätzlichen methodischen Zweifeln zusammenhängen, sicherlich aber auch mit fundamentalen Veränderungen des Gegenstands Sehen, den wir zu betrachten und verstehen suchen. Mir scheint beispielsweise – und das berührt das gesamte Gefüge der Wissenschaften –, daß sich eine merkwürdige Allianz von Körperlichem und Technologischem im Sehen abzeichnet, die die ausgefeilten kulturellen Gebrauchsweisen einer ›Wahrnehmung der Moderne‹ zu überholen beginnt, veralten läßt. Anders gesagt: Ich frage mich, ob der Vorrang der Kulturkritik in den Diskussionen über das Sehen heute an sein Ende gekommen sein könnte.

*U. B.:* Genau deshalb scheint mir, wenn wir die Legitimität eines weiteren Seh-Buches begründen wollten, die Innovation vielleicht in dem Gesamten und in der spezifischen Zusammenstellung von Essays zu liegen. Denn ich denke, es existieren bisher kaum Publikationen, die diese Verschiebung im Diskurs über das Sehen aufnehmen und diesen Sinn in einem breiten und differenzierten Spektrum analysieren – von der Hirnforschung über Kunstgeschichte, Philosophie bis zur künstlerischen Performance alles unter einem Thema, aber mit den unterschiedlichsten Perspektiven, zu vereinen. Außerdem geht es ja auch gar nicht darum, sozusagen eine Sucht nach dem ganz Neuen zu befriedigen. Denn Sehen ist ein altes Thema, daß spätestens mit der bürgerlichen Gesellschaft unter den Sinnen bevorzugt behandelt wurde und deswegen eines der seit dem 18. Jahrhundert am intensivsten erforschten ist. Neben der Spannung, die sich durch die Kompilation unterschiedlichster Herangehensweisen und Formen ergibt, die sich zu einer Art assoziativem Seh-Raster fügen, erscheint es mir daher auch legitim und sinnvoll, bestehende Diskussionen und Einschätzungen aus der älteren und neueren Geschichte von heute aus neu anzuschauen und zu interpretieren.

*B. B.:* So könnte eine erste Antwort auf Deine Frage nach dem Erkenntnisinteresse dieses Buches sein: Wir wollen das Zusammenspiel der verschiedenen Positionen und Interessen erkunden, einen gleichsam simultanen Zugang zum Sehen erproben. Denn ebenso wie dieser Sinn und die Aufmerksamkeit, die er auf sich zieht, ist auch unser Interesse ein gleichsam zusammengesetztes. Der Gegenstand Sehen stellt sich dabei durch die verschiedenen Fragen, die an ihn gestellt werden, her.

Und die zweite Überlegung wäre: Weniger die vermeintlich spektakulären Veränderungen nachzubuchstabieren, sondern die relative Kontinuität einer Diskussion, eines Verdachts gegenüber dem Sehen, als Anlaß der Nachdenklichkeit zu nehmen. Das hat viel mit dem Titel *Die Zukunft der Sinne* zu tun, der alle unsere Bücher zu den Sinnen begleitet. Er fragt nach den Aussichten unserer Sinnesvermögen. Doch dieser Versuch, Perspektiven der Wahrnehmung zu erkunden, Chancen und Risiken zur Diskussion zu stellen, war für uns immer verbunden mit der

Notwendigkeit, eine Bilanz der aktuellen Situation zu ziehen. Und diese hat wiederum ihr unverzichtbares historisches Fundament.

*U. B.:* Das erinnert mich an die Anfänge unserer Diskussionen über das Projekt *Sehsucht*, die gleichzeitig mit der Vorbereitung von Marie-Louise von Plessens Ausstellung *Sehsucht. Das Panorama als Massenunterhaltung des 19. Jahrhunderts* begannen. Für mich waren die frühen Visionen eines sich öffnenden, weitenden Blicks, die in dieser Ausstellung an unseren – heutigen – Augensinn appellierten, eine aufschlußreiche Irritationsquelle. Was ist denn mit dieser von den Panoramen so eindringlich und kommerziell erfolgreich formulierten Emphase des Sehens seit dem 19. Jahrhundert geschehen? Ist die Botschaft dieser frühen Massenmedien nur noch historisches Material oder lassen sich daraus Entwicklungslinien in die Gegenwart ziehen – und vielleicht auch in Entwürfe für die Zukunft verlängern? Was passiert, wenn man Panorama und Cyberspace einmal zusammendenkt?

*B. B.:* Solche Fragen nach dem Zustand, der Zuständigkeit, und nach der Zukunft unserer Sinne an der visuellen Wahrnehmung zu erörtern, hat seine durchaus ambivalente Berechtigung. Denn das Sehen war – und ist immer noch – das bevorzugte Terrain von Vergewisserungsversuchen und Utopiearbeit im ›Reich der Sinne‹. In dieser strategischen Position behauptet sich das alte Privileg des Gesichtssinns scheinbar unerschütterlich weiter.

*U. B.:* Damit würde Deine Begründung des Interesses am Sehen die innere Gebrochenheit dieses Sinns und der Beschäftigung mit ihm fortschreiben, zum Ausgangspunkt der Reflexion machen?

*B. B.:* Das stimmt, aber es ist schließlich ein tatsächlicher Widerspruch, der hier auftaucht. Es gibt, etwas vereinfacht, zwei Haltungen zu diesem Thema, die die beiden Pole des Problems markieren. Die eine wäre, zu sagen, das Sehen ist von allen Sinnesvermögen das uninteressanteste – weil es ganz selbstverständlich und vertraut ist, weil jeder weiß, worüber man reden müßte. Entdeckungen sind nur dann zu erwarten, wenn man den Horizont dieses Sinns verläßt.

Andererseits gibt es aber auch die Möglichkeit, dieses Problem produktiv zu wenden, das Sehen wie ein aufgeschlagenes Buch der Kulturgeschichte der Wahrnehmung zu entziffern – in durchaus kritischer Absicht. Denn die alte und etablierte Diskussion über den Gesichtssinn, die ja bis in die universitären Fachbereiche hinein verankert ist, kann ja auch die Folie für eine Archäologie der Sinne bieten, so, wie diese in der Geschichte des Wissens für uns ihre Form gewonnen haben. Kunstgeschichte beispielsweise befaßt sich ja vorrangig mit der bildenden Kunst, das heißt, mit Gegenständen des Sehens.

*U. B.:* Kultur- und auch Alltagsgeschichte haben eigentlich immer aus der Perspektive des Sehens argumentiert; es ging immer um ein Objekt-Sehen.

*B. B.:* Daraus ergibt sich für jeden Versuch einer Verständigung über die Sinne auch die Notwendigkeit, genau diese codifizierte Form der Beschäftigung mit dem Sehen gegen den Strich zu bürsten. Und vielleicht wäre ja dann das Neuartige an solch einer Beschäftigung mit dem Sehen, daß sie die unterschiedlichen Diskurse über das Sehen zum Thema macht. Es ginge also um eine Art Metakritik des Sehens, die abläßt von der suggestiven Kraft eines einheitlichen und identischen Sehsinns und statt dessen vorsichtig die verschiedenartigen Praktiken und Wissensstrategien untersucht, mit deren Hilfe das Sehen als Gegenstand konstituiert wird. Die Einheit des Blicks, von der aus die Welt entworfen werden soll, ist immer ein Programm der Sieger gewesen, das Sehen lebt jedoch in seinen Widersprüchen.

• Seh-Nostalgie

*B. B.:* Nehmen wir einmal etwas scheinbar ganz Einfaches, den Titel: *Seh-sucht.* Er kann mit ganz unterschiedlichen Bedeutungen belegt werden. Goethe hat diese Formulierung, die beim Titel der Panorama-Ausstellung ebenso Pate stand wie bei dem unseres Buches, mit einem Blick verbunden, der weit, hoch und herrlich sich entfaltet und doch sich ins Leben hinein versenkt: Sehsucht als Emphase des Sehens. Die Rede von der Sehsucht hat aber auch etwas entschieden Drängendes, Forderndes – und zwar in mehrerlei Hinsicht. Das ›Sehen wollen‹, die Forderung nach einem Recht auf Einsicht, war immer verknüpft mit den Parolen der Aufklärung, dem Ziel einer vernünftigen Organisation des Zusammenlebens ohne Entmündigung und ohne Arkanbereiche der Macht, die dem Einblick entzogen bleiben: mithin eine Utopie von Freiheit und Wahrhaftigkeit, gebildet am Modell des Sehsinns. Dieser Entwurf der ›Menschenrechte des Auges‹ hat zwei Seiten:einerseits die der Schulung von Wahrnehmungs- und Erkenntnisfähigkeit, aber andererseits auch die, daß sich etwas dem Blick zeigen oder offenbaren muß. Den richtigen, der Wahrheit gemäßen Blick zu bilden, der dann auch zur Erkenntnis weiterzuleiten vermag, das ist jedenfalls ein ganz altes – aufklärerisches – Programm, das beansprucht, ein legitimes Modell des Wahr-nehmens durchzusetzen.

Doch Erweiterung des Horizonts, Emphase des Sehens, die Utopie gesellschaftlicher Transparenz oder eine Pädagogik der legitimen Wahrnehmung – sie scheinen mittlerweile der Geschichte des Sehens anheimgefallen zu sein. Sehsucht hat heutzutage ganz andere Beiklänge gewonnen. Wenn wir Sehsucht sagen, dann sind die ersten Assoziationen deutlich negativ bestimmt, die Betonung verlagert sich auf die zweite Worthälfte – Sehsucht als eine Form der Sucht, der Abhängigkeit, ist zur geläufigen Formel der kulturkritischen Diskussion geworden: Wahrnehmungsinflation, Verlust des Überblicks, Auflösung der Einheit der Wahrnehmung, Fremdbestimmung et cetera. Aber genau diese Entwicklung und Neubewertung ist meines Erachtens sehr aufschlußreich, weil in ihr die alten Anmaßungen und Programme des Sehens fortgeschrieben werden, nur gewissermaßen ihr Träger verlorengegangen ist. Und deshalb schlägt die Euphorie in einen Klagegesang um – der ja bekanntlich auch nicht neu ist. Und an diesem Punkt der Kränkung des Gesichtssinns scheint mir die Diskussion immer noch zu verharren.

*U. B.:* Eben, und es ergeben sich noch mehr Erkenntnisse, wenn die ›alte‹ Sehsucht etwa des 19. Jahrhunderts auf der Matrix der neuesten Erfindungen von Sehapparaten verhandelt wird. Im letzten Jahrhundert war die Sehsucht ja tatsächlich eine Sehsucht nach Ferne, Weite, Horizont-Sehen, durchaus positiv zu besetzen. Das, was vorher nicht gesehen werden konnte oder nur durch beschwerliches und teures Reisen wahrgenommen werden konnte, wurde nun ins Haus geholt und erfuhr dadurch aber tatsächlich eine Erweiterung von Welt und von Wahrnehmung. Die gegenwärtige überwiegend negative Besetzung, die uns als Süchtige, die ohne Bilder nicht mehr auskommen können, sieht, ist eher eine nostalgische Klage, die sich an etwas bemißt, was angeblich einmal anders war – wobei möglicherweise noch nicht einmal dieses stimmte. Nichts wird allein dadurch ›unmoralisch‹, das es heute gleichsam unendlich verfügbar scheint. Diese moralisierende Hypostasierung sollte besser anders befragt werden: Was hat sich denn wirklich für uns verändert durch die selbstverständliche Möglichkeit, unendliche Bilder aus jedem Winkel der Welt und des Universums zur Verfügung zu haben? Verfügen wir über diese Form des Sehens noch, ist sie als Erkenntniserweiterung erfahrbar, oder entsteht so etwas wie eine neue Beliebigkeit oder aber eine andere Form der Selektion, wenn alle Bilder unterschiedslos auf einem Niveau unseres Sehsinn erreichen. Und ich denke eben nicht, daß das Faktum allein Anlaß zu Kulturpessimismus gibt.

*B. B.:* Sicherlich nicht. Dies ist ein wichtiges Stichwort: der nostalgische Charakter dieser Diskussion. Ich denke, ein Modell, das auch heute noch zugrundegelegt wird, wenn wir von Sehsucht sprechen, ist das der Erweiterung individueller Möglichkeiten der Sicht. Das heißt, in dem Augenblick, da die gesellschaftliche und technische Entwicklung einen Stand erreicht hat, an dem die Erweiterung des Sehvermögens nicht mehr vom Subjekt her verstanden werden kann, sondern eher umgekehrt in einer neuen Form das Subjekt ergreift – in diesem Moment ist die starke Abwehrbewegung in den Debatten durchaus folgerichtig, weil das angenommene Einverständnis zwischen individuellem und gesellschaftlichem Fortschritt aufgehoben ist. Trotzdem sollte man die Empörung nicht einfach unterschreiben, denn wir könnten ja auch vermuten, daß mit dieser fatalen Umkehrung oder Verkehrung im Kräfteverhältnis der Wahrnehmung ein äußerst wirkungsvolles und machtvolles Programm des Sehens historisch eingelöst worden ist – wenn auch im schlechten Sinne.

Aber halten wir die Frage fest: Können wir das Sehen oder die visuelle Wahrnehmung überhaupt noch in der uns vertrauten Weise vom Subjekt und von dessen stetig sich erweiternden Möglichkeiten her diskutieren, oder müssen wir nicht einen Einstellungswechsel vollziehen und, ausgehend von den Netzwerken, von den Apparaten und den Verwertungszusammenhängen, die mit den visuellen Reizen umgehen, unsere Fragen formulieren. In diesem Fall wäre der Einzelne, der sieht, vielleicht nurmehr ein Unruhefaktor oder ein Spielelement im Gesamt der systemischen Logik dieser technischen oder sozialen Zusammenhänge. Dies ist ja keineswegs ein neuer Gedanke. Wir wissen, daß dieses Besondere, dieses Subjekt des Sehens eben auch ein sub-jectum ist, und daß der wirklichkeitsmächtige und Wirklichkeit erzeugende Gesichtspunkt der Perspektivität, so wie er die Geschichte der neuzeitlichen Subjektivität begleitet und codifiziert hat, ein Punkt im großen Gefüge ist, dessen Wahrheit sich nur aus einer anderen Perspektive erschließt, der der Allgemeinheit. Dies scheint der Ausgangspunkt einer Trauer zu sein, Trauer, über den Verlust dessen, was immer als Maßstab des Ganzen gesetzt worden war – aber Trauerarbeit hieße ja auch, die Geschichte dieses – vermeintlich ganz neuen – Verlusts zu verstehen.

*U. B.*: Ein Verlust des zentrierten, subjektgerichteten, subjektfokussierten Sehens. Plötzlich existieren Sehsichten gleichsam an sich oder außerhalb des Subjekts, und dieses Subjekt, wenn es denn noch eines ist, steht irgendwo dazwischen. Und was tut es jetzt? Es nimmt sich das Verfügbare wie im Supermarkt, oder es fühlt sich überwältigt. Auf jeden Fall ist die Perspektive verändert: Das Individuum kann keine Entscheidung, etwas zu sehen, mehr treffen, sondern das Sehen und die Bilder sind einfach da, und es muß versuchen, damit umzugehen. Interessant wird es dann, wenn wir die Frage nach den psychischen Verarbeitungsmöglichkeiten heute stellen. Kann der psychische Apparat unendlich erweitert, sozusagen plastifiziert, werden in dem Sinne, daß immer mehr auf die Subjekte einstürmt und diese das dann irgendwie verarbeiten? Gibt es nicht womöglich eine Grenze der psychischen Aufnahmefähigkeit, oder wird die Psyche zu einer Art Mülleimer, in den immer mehr hineingeschüttet wird; und dann: Recycling, Verwesung oder was sonst? Ich denke, das Sehen ist gegenwärtig gewiß am ehesten tangiert von solch einer Aufnahmegrenze. Der scheinbar ausgeprägteste Sinn ist, mit Kamper, offenbar heute auch der Schwach-Sinn. Und müßten wir unter dieser Annahme nicht herauszufinden versuchen, ob und wie Selektionsprozesse, sicher keine bewußten, verlaufen. Oder gibt es dann plötzlich irgendwo einen Block, der den Sehsinn zum Absturz oder zur totalen Abschottung zwingt? In diesem Fall würden womöglich die visuellen Medien selbst auch eine ganz andere Entwicklung nehmen müssen.

• Sehen und Angesehen-Werden

*B. B.*: Sehen hatte immer auch etwas zu tun mit Orientierung oder mit ›Sich-orientieren-können‹ – das Sehen war und ist in diesem Verständnis ein Vermögen, die Welt zu ordnen, der Welt habhaft zu werden. Dabei ist das Bündnis von Sehen, Erkennen, Wissen und Handeln von zentraler Bedeutung – für die Realitätsmächtigkeit der Wahrnehmung ebenso wie für deren diskursive Begründung. Was geschieht nun aber, wenn die bedrohliche Möglichkeit eine nicht mehr abweisbare Realität gewinnt: daß nämlich die gesehene Welt nicht mir gehört, daß nicht ich über die Welt verfüge, sondern sie über mich verfügt? Um in der Bildlichkeit des Sehens zu bleiben, ließe sich diese Einsicht so beschreiben: Immer, wenn ich sehe, werde ich gleichzeitig angesehen. Vielleicht ist dieses ›Angesehen-Werden‹ auch das, was die Zufälligkeit und Besondertheit der einzelnen Sichten miteinander verbindet. Als Sehende sind wir ›angesehen‹, in dem doppelten Wortsinn, weil wir nicht nur unsere jeweils private Welt der Anschauung entwerfen, sondern teilhaben an einer Logik des Tauschs von Blicken und Anschauungen, die zusammengehören, indem sie ein Gesetz befolgen.

Was hat es mit diesem Blick-Wechsel auf sich? Zunächst ist der Austausch von Blicken ja nichts anderes als eine Form der zwischenmenschlichen Interaktion: Wer sieht, wird gesehen – er erwartet sogar, daß ihm sein Blick zurückgegeben wird. Solch ein Zusammenwirken umfaßt zwar bereits ein ganzes Spektrum von körperlichen Wahrnehmungsfunktionen und deren individueller und gesellschaftlicher Ausprägungen – es schließt aber immer das Postulat eines wechselseitigen Blickkontakts ein, in der erotischen Begegnung wie im ersten Kennenlernen einer fremden Person. Dieses Muster hat sich spätestens mit der frühen Neuzeit von der Begegnung im Augen-Blick abgelöst und, jenseits dieser Blickwechsel, in ein Verhältnis sozialer Kontrolle übersetzt. In der Überwachungsordnung der Gefängnisse oder Fabriken war jedoch ein Blick, der dem eigenen Sehen antwortet, nicht mehr vorgesehen – und damit öffnete sich ein erbarmungsloses Gefälle zwischen Sehen und Angesehen-Werden. Heute müssen wir eine weitere Komplikation berücksichtigen: Die gesellschaftlichen Machtverhältnisse als Verhältnisse der Wahrnehmung sind nicht mehr solche architektonischer Ordnung oder betriebswirtschaftlicher Organisation, sondern haben eine merkwürdige technologische Eigenständigkeit gewonnen. Wir könnten dies beschreiben als eine Verschaltung der in der Wahrnehmungsgeschichte ausgebildeten historischen Variablen des Sehens im Universum der technischen Bilder. Die Schaltkreise oder Netzwerke werden durchströmt von Visuellem, nicht nur in dem Sinn, daß wir umgeben und durchzogen sind von Bildern, sondern auch, daß wir gleichsam in einem nicht mehr lokalisierbaren Visier sind. Vielleicht ließe sich sagen, daß alles, was wir geschichtlich auf dem Terrain des Sehens hervorgebracht haben, in eine immer umfassendere Maschinerie des Sehens und Gesehen-Werdens eingegangen ist. Mit dem merkwürdigen Effekt, daß der Ausfall der intimen Begegnung im Augenkontakt ebensowenig eine Rolle zu spielen scheint, wie das Fehlen einer zentralen Position, von der aus wir überwacht würden.

*U. B.:* Wenn wir das, was hier zwischen Sehen und Gesehen-Werden geschieht, in der Sprache der Kriegführung beschreiben wollten, dann verwandeln sich die unterschiedlichen Bedeutungen der Sehsucht. Es werden plötzlich territoriale Besetzungen erkennbar oder Abwehrstellungen – und der Bunker wird zu einem Modell des Augensinns, wenn er unter permanentem Bilderbeschuß steht. Vielleicht müssen wir uns dem Sehen und Angesehen-Werden heute von den intelligenten Waffen und der Satellitenüberwachung her nähern.

*B. B.:* Es ist interessanterweise auch jetzt entscheidend, von wo aus wir zu fragen versuchen. Wenn wir beispielsweise erneut die Einstellung verschieben und uns noch einmal die Abwehrstrategien des Gesichtssinns anschauen, dann fällt auf: Es gibt Kurzschlüsse und Funktionsstörungen. Wir halten das Sehen-Können und -Müssen nur bis zu einer gewissen Grenze aus. Dann stellt sich schlicht eine Ohnmachtserfahrung ein, auch ganz körperlich: die Augen, der Kopf fangen an zu schmerzen, es kommt zu Orientierungs- und Bewegungsstörungen. All dies sind Reaktionen, in denen der Körper plötzlich sich zu wehren oder zu verweigern scheint. Am äußersten Vorposten des geschärften Augensinns scheint uns Menschen übel zu werden – vielleicht deshalb, weil alle unsere Ambitionen und Illusionen des Blicks hier enttäuscht werden.

Zudem gibt es eine tatsächliche Hilflosigkeit, sich in dem alles einkleidenden visuellen Gewirr noch zu orientieren. Schauen wir uns nur die öffentlichen Räume mit ihren unzähligen Piktogrammen und Hinweisen, was zu tun sei, an. Ab einer bestimmten Informationsdichte kann man sich gar nicht mehr zurechtfinden, weil sich alle Informationen gegenseitig zu nivellieren oder aufzuheben beginnen. Wir reagieren hier ebenso mit dem Ausblenden, dem Wahrnehmungsverzicht, wie in der Situation alltäglicher Überwachung. Wenn wir in ein Kaufhaus oder in einen Supermarkt gehen, machen wir uns keine Gedanken darüber, daß wir die ganze Zeit von Kameras beobachtet werden. Das einzige, was uns beschäftigt, ist, daß wir uns entsprechend unserer Einkaufsliste orientieren müssen. Aber darauf kommt es gar nicht an. Entscheidend ist, ob wir uns in einem bestimmten System angemessen orientieren – und daraufhin werden wir observiert. Wir machen uns ein Bild über die Situation, versuchen, über sie im Bilde zu sein, dabei sind wir von Anfang an im Bild. Das sind Trugschlüsse des Sehens, die uns stark bestimmen.

*U. B.:* Im Bilde zu sein, meint ein von außen Angesehen-Werden, das für unsere und ältere Generationen möglicherweise noch unüblich, unheimlich ist, für die Jüngeren jedoch bereits zur Normalität gehört, denn Medien sind überall, Fernsehen ist nur ein kleiner Ausschnitt daraus. So, wie bald niemand mehr ins Fernsehen will, weil schon alle im Fernsehen sind, wird es in Zukunft vielleicht kein Problem mehr sein, wenn wir überall von anderen Augen angeschaut werden. Die Verkrampfung wird weichen, das ist ja bereits heute so: Wir alle wissen, daß wir etwa im Supermarkt permanent angeschaut, überwacht werden, aber da macht es uns nichts mehr aus. û Die Veränderung mag darin bestehen: Früher sahen wir etwas an, und heute werden wir gesehen û eine Verschiebung vom aktiven zum passiven Sehen.

*B. B.:* Hier passiert eigentlich etwas Unglaubliches. Wenn Du Dir überlegst: Es gibt in allen Kulturen diese Scheu, sich zu zeigen – und damit immer auch Strategien des Sich-Verbergens, ob wir dabei an den Schleier denken oder an den Schutz der Privatsphäre, an Heimlichkeiten, Tabus oder Verbote. Solche geschützten Räume, die dem Einblick entzogen werden, sind ein konstitutives Element der bürgerlichen Kultur. Und plötzlich fangen wir an, uns daran zu gewöhnen, daß wir uns öffentlich darbieten – nicht als öffentliche Personen, sondern als Privatleute.

- Seh-Authentizität

*U. B.*: Ein Sich-Produzieren, wie das heute Kinder tun, wenn sie ein Publikum haben, dürfte der Übergangsphase zuzuordnen sein. Das nächste Stadium könnte in der Auflösung von Differenz bestehen. Intimität und Öffentlichkeit, Absichtliches und Unabsichtliches, ›Authentisches‹ und Kitsch mögen sich ununterscheidbar ineinandermischen. Vielleicht geschieht mit uns das gleiche, was bereits den technisch reproduzierten Bildern widerfuhr: Die Idee von Fälschung ist obsolet geworden û und in logischer Konsequenz selbstverständlich auch das ›Authentische‹, das ›Originale‹ an den Bildern. Alles ist spätestens seit der Entwicklung des Scanner möglich geworden, insofern ist alles ›authentisch‹ oder alles gleich. Wie aber kann sich in dieser Welt dann ein Individuum noch als authentisch oder identisch begreifen û und wie soll dieses von einer Artifizialität oder einem Rollenspiel unterscheidbar sein.

*B. B.*: Nehmen wir doch einfach mal dieses alte philosophische Begriffspaar Wesen und Erscheinung. Das Erscheinen hatte immer viel mit dem Visuellen zu tun, das Wesentliche hingegen war nur durch die Absehung vom Augenschein zu erschließen. Aber was ist nun mit diesem Begriffspaar passiert, seitdem es Medien und eine Diskussion über Medien gibt? Ein Beitrag in diesem Buch geht dem Begriff des Mediums und dessen Doppeldeutigkeit nach – wie er in der Frühphase der technischen Medien sowohl technisches wie spiritistisches Erscheinen meinen konnte. Es gibt offenbar ein spiritistisches Moment des technischen Mediums, das äußerst aufschlußreich ist, gerade weil es sich völlig rational zu begründen vermag: Der Gegenstand sondere Häutchen, Bilder oder Auren ab, die dann mit Hilfe des technischen Mediums für uns zur Erscheinung und damit zur Kenntlichkeit gebracht werden könnten. Die Erscheinung wird zur Erscheinung gebracht. Wesen, Erscheinung und deren Reproduktion sind durch das Medium kausal miteinander verknüpft worden – dies ist nicht nur eine medientechnische, sondern auch eine gewissermaßen erkenntnistheoretische Revolution. Im 19. Jahrhundert hatte dies solche groß angelegten Entwürfe wie den eines internationalen Bilderbankverkehrs zur Folge, und damit in den Grundzügen bereits die Idee der frei zirkulierenden Daten in den internationalen Netzwerken. Deshalb sind diese frühen Überlegungen für uns durchaus interessant. Was geschieht denn beispielsweise durch die Gewöhnung an den alltäglichen Umgang mit einer medial vermittelten und vernetzten Welt? Wir werden im Angesicht der Medien zu Trägern und Produzenten von Erscheinungen, wir werden zu ›Medien‹, die permanent Bilder absondern – Bilder, die im Idealfall sich von der Schwerkraft unserer Körper emanzipieren werden. Und in diesem Prozeß wird die Differenz von Wesen und Erscheinung letztlich zum Verschwinden gebracht werden.

*U. B.*: Erscheinung der Erscheinungen. Damit wird die Frage nach dem Wesen ebenso ›altmodisch‹ wie jene vergangener Zeiten nach dem Sitz der Seele.

*B. B.:* Das Wesentliche des Menschen wäre dann nur noch, Erscheinungen abzusondern, und Erscheinungen von Erscheinungen wahrzunehmen, für wahr zu nehmen. Am offenkundigsten scheint dies etwa in der Mode zu sein. Denn hier wird das Wesentliche – daß nämlich Mode als ein Zeichen irgendetwas über die Person aussagen sollte – immer zweitrangiger. Der Rückschluß von der Fassade, einem Äußeren, darauf, daß es für etwas Inneres stehen müsse, daß die äußerliche Erscheinung also mit etwas Authentischem, Innerem, Wahrem zusammenhänge, bricht in sich zusammen. Und wir merken dabei, daß in diesem Spiel der Zeichen die Oberfläche immer schon das Ganze war. Was man ja übrigens bereits bei Baudelaire nachlesen kann.

*U. B.:* Genau das meinte ich ja zuvor damit, daß die Personen oder meinetwegen auch Subjekte tatsächlich so sind. Sie können nicht mehr behaupten, ›eigentlich‹ so zu sein und sich in anderen Zusammenhängen in einer Rolle zu verhalten. Beides fällt irgendwann zusammen. Wenn also die Unterscheidung zwischen Wesen und Erscheinung kaum mehr zu treffen ist, verfügt man auch nicht mehr in dem Sinne über sich, als daß man sagen könne, hier bin ich es, und hier spiele ich eine Rolle. Das heißt, wir erscheinen und denken vielleicht, wir sind so – oder auch nicht; aber es ist fast egal, weil die Fragestellung auch nicht mehr stimmt.

*B. B.:* Das Merkwürdige ist nur, daß es dabei trotzdem so etwas wie Regeln gibt, nach denen du zur Erscheinung kommst, und daß dein Gegenüber das, was du präsentierst, nicht in Frage stellt. Das ist im Grunde die einzige Übereinkunft, die einzige gültige Konvention des Blickwechsels geworden. Es handelt sich dabei aber nur noch um das soziale Einverständnis, daß die Erscheinung, die jeweils auftritt, auch die ist, die wir für bare Münze zu nehmen haben – im wahrsten Sinne des Wortes.

*U. B.:* Aber auch das für Bare-Münze-Nehmen wird noch labil. Womöglich bildet sich, mit zunehmendem Verschwinden einer physischen Face-to-Face-Gegebenheit, eine wie auch immer irrationale Sehnsucht nach eben jenem Verschwundenen heraus. Ob dieser Wunsch nach Nähe, nach gegenseitiger Vergewisserung ein Übergangsphänomen oder aber etwas Fundamentaleres ist, wird sich wohl erst zukünftig entscheiden können.


•   Seh-Grenzen

*B. B.:* Es gibt diesen Wunsch nach Nähe. Es gibt aber auch immer noch einen Wunsch nach Nichteinsehbarkeit, nach Intimität. Und dieser Wunsch hat viel mit der Abwehr von Kontrolle und der Verweigerung von Selbst-Kontrolle zu tun. Das Bildtelefon beispielsweise gebietet ein Maß der Kontrolliertheit des eigenen Verhaltens und des Sich-Darbietens, wogegen wir uns – noch – sperren.

Offenbar gibt es Formen der Verweigerung, die so beharrlich sind, zumindest zur Zeit, daß bestimmte technologische Innovationen einfach nicht durchsetzbar sind. Was ist es, das sich da wehrt, Widerstand entgegensetzt? Geht es dabei nur um eine quasi archaische Rückständigkeit des Menschen, um eine mangelhafte Anpassung unseres Körpers, unserer Psyche? Und damit um die Notwendigkeit einer Modernisierung unserer physischen und psychischen Ausstattung?

*U. B.:* Wenn die Notwendigkeit jenes Schutzraums mehr als ein transitorisches und damit zeitlich begrenztes Moment sein sollte, wäre dies ein Indikator für die doch nicht mögliche unendliche Erweiterung der psychischen Verarbeitung als Verwertung.

*B. B.:* Man kann die Frage auch von der ›negativen‹, bedrohlichen Seite auf ein anderes, ›positives‹ Beispiel lenken: Es gibt ja beispielsweise eine Diskussion darüber, ob man Ferntourismus dadurch ersetzen könnte, daß wir nicht mehr physisch an irgendeinen Ort fahren, sondern mit Hilfe verbesserter Cyberspace-Technologien die Simulation des Südseestrandes oder anderer Sehnsuchtsziele erleben und genießen.

*U. B.:* Sozial und ökologisch wäre das auf jeden Fall äußerst sinnvoll. Denn so, wie die meisten auch heute schon ›real‹ reisen, wäre der Cyberspace-Ersatz ein ebenso authentisches Erlebnis.

*B. B.:* Dabei ist aber noch keineswegs entschieden, ob das über die Sinne vermittelte Erlebnis, das vielleicht auch zu simulieren wäre, ausreicht, um uns beispielsweise ›den Urlaub‹ zu ersetzen. Vielleicht beharren wir ja auf der körperlichen Anwesenheit − und auch auf der Differenz dieses besonderen Erlebens zu einer immer stärker technisch und medial geprägten Welt.

*U. B.:* Ich könnte ein bösartiges Beispiel erfinden: Gehen wir einmal davon aus, daß die Simulation verbessert werden und alle Sinne umfassen kann − wäre es dann nicht ›sozialer‹ und wirtschaftlich effizienter, den Obdachlosen schöne, warme Häuser zu simulieren? Hier genau setzt eine problematische Gratwanderung ein.

*B. B.:* Wir sprechen über diese neuen Möglichkeiten meist in einem Zusammenhang, der sich nicht auf Lebenserhaltung bezieht, sondern auf Freizeit im weitesten Sinne − einmal abgesehen von der zentralen Diskussion über Veränderungen von Arbeitsprozessen. Dein fiktives Beispiel ist jedoch eines, das sich auf die Frage der Lebenssicherung bezieht. Es kann nur politisch diskutiert werden. Und das gilt auch viel allgemeiner für alle Versuche, soziale Defizite durch derartige Kompensationen auszugleichen. Ich möchte auch nicht eine fehlerhafte Stadtplanung in einem Neubaugebiet durch die Simulation von hübschen Grünanlagen oder Spielplätzen ausgeglichen wissen. Letztlich ist dies eine Frage der notwendigen Autonomie von Lebensverhältnissen, die in solchen Gedankenspielen vollständig preisgegeben würde. Also keine schöne Welt der Simulationen, die das reale Elend verdeckt.

*U. B.:* Das existiert ja aber bereits. In diesen Erlebnisparks und Phantasialändern ist das realisiert, und offenbar scheint es den Menschen Vergnügen zu bereiten. Wie gehen wir damit sozial um − schlagen wir abstrakt-moralisch die Hände über dem Kopf zusammen und beklagen mangelnde soziale Erfahrung, oder kennzeichnen wir diese simulierten Erlebniswelten als sozusagen demokratisches Medium?

*B. B.:* Das hängt sicherlich auch davon ab, was wir unter Demokratie verstehen möchten. Außerdem hätte jede Verurteilung ja sofort den Ruch eines Rückzugs auf alte privilegierte Kulturmodelle. Trotzdem gibt es da eine Ambivalenz, die für mich nicht aufzulösen ist. Das ging bekanntlich auch anderen schon so: das moderne Barbarentum zu feiern und zugleich an einem emphatischen Begriff der Erfahrung festzuhalten, wie beispielsweise Walter Benjamin es versucht hat, diese Widersprüchlichkeit oder Zerrissenheit ist schwer auszuhalten.

Ich vermute, daß das Problem heute auch anders formuliert werden muß, ausgehend von den sozialen Verhältnissen. Alles andere führt schnell zu Kulturpessimismus oder Fortschrittseuphorie. Wir müssen versuchen, uns das Ausmaß der gegenwärtigen technologischen Umwälzungen der Wahrnehmung zu vergegenwärtigen und nach den Chancen einer Kritik suchen, die angesichts dieser Entwicklungen gesellschaftliche Gestaltungsoptionen eröffnet.

Eine Hilfe hierbei kann sicherlich auch die Erinnerung an Visionen sein, die einmal mit der Erwartung derartiger Fortschritte verbunden waren – ihre Befragung von heute aus. Nehmen wir ruhig einmal das Beispiel der Erlebniswelten in den neuen Freizeitparks: Die Idee, die Welt in handhabbarer Form an einem Platz zu verdichten, sie in Ausschnitten transportabel zu machen, ist nicht neu, sondern war von Anfang an mit der Geschichte der Medien verbunden. Daß die Welt im verkleinerten Ausschnitt transportabel wird, wurde an der Photographie wie auch am Film gefeiert – und die Weltausstellungen des 19. Jahrhunderts waren auch frühe Prototypen der heutigen Erlebniswelten. Dabei ging es um zweierlei: Einerseits sollte die Welt an einem besonderen, ausgewiesenen Ort zusammengetragen werden – das wäre das Prinzip der Weltausstellung –, und andererseits bestand die Hoffnung auf ein gleichsam dezentralisiertes Modell der Distribution von Bildern und Erlebnissen. In den frühen Diskussionen über den Rundfunk oder das Fernsehen beispielsweise spielte diese Hoffnung auf einen Demokratisierungsprozeß der Erfahrungsmöglichkeiten eine Rolle. Und bereits damals wurde kritisch eingewandt, daß es entscheidend darauf ankomme, wie die Distributionskanäle und -netze gestaltet wären.

Wenn wir uns jetzt die heutige Situation anschauen, dann finden wir eben diese beiden Tendenzen: die kommerziell erfolgreiche Planung von Erlebnisparks, mit ihren Simulationen von exotischen Regionen und abenteuerlichen Ereignissen, die jedoch körperlich aufgesucht werden müssen, und die Lieferung von Weltbildern und Sensationen ins Haus, mit Funk und Fernsehen und künftig durch die Hypermedia. Die Frage ist doch: Was geschieht, wenn es zum verherrschenden Typus des Erlebens wird, daß die Welt in der Monade privater Existenz medial abgerufen werden kann? Ist also die Vision Paul Valerys von einer »Gesellschaft Zur Lieferung Sinnlich Erfahrbarer Wirklichkeit Frei Haus«, die alle unsere Sinne perfekt bedienen würde, durchsetzbar – oder bleibt die Wahl einer besonderen, nichtalltäglichen Situation, die wir aufsuchen, unverzichtbar, und sei es auch nur in der kommerziell definierten Form des Erlebnisparks?

*U. B.*: Vielleicht liegt hier in der Tat eine Grenze, die mit der vorhin konstatierten Sehnsucht nach Gesehen-Werden zusammenhängt, denn in simulierten und in Cyberspace-Arealen sehen und erleben alle nur sich selbst, der Blick des anderen auf einen selbst fällt weg. Offenbar liegt der Reiz dieser Inszenierung in dem Wechselspiel von Sehen und Gesehen-Werden.

*B. B.*: Es geht doch dabei um soziale Situationen. Möglicherweise hat Gesellschaft – als Form des Zusammenlebens, die auch die Art und Weise unserer Wahrnehmung bestimmt – etwas nicht gänzlich Reduzierbares. Man kann soziale Verhältnisse, soziale Kontakte nicht über eine gewisse Grenze hinaus reduzieren, nicht nur auf medial oder technologisch vermittelte Formen beschränken. Es gibt zahlreiche Beispiele dafür, wie wir mit Widerständen auf solche Prozesse reagieren: beispielsweise die Versuche eines Rückzugs auf definierte Orte, wie die Region, die lokalen kulturellen Eigenheiten, die ethnischen Besonderheiten. Oder die Betonung der Körperlichkeit. All dies sind jedoch Antworten, die keineswegs mehr etwas mit dem vermeintlich Ursprünglichen, Authentischen zu tun haben, sondern die vollständig im System funktionieren. Die Auflösung von für uns bedeutsamen sozialen Orten durch das neue Universum der medialen Gleichzeitigkeit kann nicht einfach zurückgenommen werden. Eben deshalb nimmt die verzweifelte Suche nach authentischer Erfahrung so schnell gewalttätige Formen an – das ist der Kontext, in dem wir über Rostock diskutieren müßten.

*U. B.*: Dieses ›Sich spiegeln im Anderen‹ muß damit offenbar immer noch ein reales sein, es würde nicht ausreichen, dieses durch ein Kamera-Auge oder andere mediale Inszenierungen zu ersetzen.

*B. B.*: Ich vermute, ja. Wir können uns zwar ausmalen, daß der Mensch nicht mehr eine geschlossene Einheit ist, sondern beispielsweise durch Implantate vielfältig zusammensetzbar und mit beliebigen Technologien zu verschalten, aber wir halten trotzdem an dem Modell der Identität fest – selbst wenn wir uns ihrer durch Extremerfahrungen zu vergewissern suchen.

*U. B.*: Zumindest scheinen wir daran festzuhalten, ohne wahrscheinlich noch zu wissen, warum, oder was diese Identität sein kann, ob wir sie noch haben, auch, ob wir sie noch brauchen. Aber es ist richtig, es gibt ein fast archaisches Vorbild, ein vorhergehendes Bild von dem, was als identisch galt.

*B. B.*: Was geschieht, wenn wir uns in diese wahrnehmungstechnologischen Zusammenhänge hineinbegeben, in sie verstrickt werden? Die Integrität unserer Person wird fundamental in Frage gestellt. Und deshalb halten wir an der Bestätigung unseres Selbst im Kontakt mit dem anderen fest, nur so scheinen wir uns als für uns erträgliche Wesen herstellen zu können. Selbst wenn wir mit künstlichen Augen sehen würden, eine implantierte Gehirnhälfte hätten, selbst dann noch würde dieser Vergewisserungsmechanismus weiterarbeiten – auch wenn er als Gegenüber nurmehr ein ähnlich zusammengestztes Wesen vorfinden würde.

**23**

●  Seh-Schwachsinn

*U. B.:* Für einen Hirnforscher ebenso wie für einen Psychologen wäre es sicher interessant zu überlegen, was das für eine psychische Identität bedeuten würde. Fühlt sich diejenige Person, bei der die eine Gehirnhälfte ausgefallen ist, nur noch halb-identisch oder als halbes Subjekt, wird diese Panik in der funktionierenden Gehirnhälfte verdrängt oder gar verarbeitet? – Auf jeden Fall sind das wichtige neue und sehr eindrückliche Erkenntnisse, die eben auch die Kulturwissenschaften und die Erforschung von Alltagskultur wesentlich beeinflussen und darüberhinaus auch einen Kulturkontext neu konturieren werden.

*B. B.:* Wobei die Frage ja bleibt, ob nicht bei dieser zusammengesetzten Persönlichkeit die Annahme der Identität die Grundlage des Weiterfunktionierens bildet. Allerdings gibt es bei diesen neuen Forschungen etwas, was mich irritiert. So ist beispielsweise die Entwicklung von künstlichen Augen durch Sinnesphysiologie und Robotik äußerst avanciert in dem, was sie für uns vorstellbar macht. Den Ausgangspunkt der wissenschaftlichen Arbeit bildet jedoch die Entzifferung der Funktionsweisen des Gesichtssinns. Wie lassen sich unsere Augenfunktionen in technische Abläufe übersetzen und damit einsetzbar machen? Nun entsteht jedoch als Resultat dieser Forschungen etwas fundamental anderes als unser Sehen. Hier müßten wir doch eigentlich über diese merkwürdige Fremdheit, die sich auftut, verwundert, bestürzt sein – oder neugierig werden.

*U. B.:* Interessanterweise wird dabei unproblematisiert etwas übernommen, von dem wir meinen, daß es das subjektive, das menschliche Sehen sei. Auch wenn wir nicht so genau wissen, was das Menschliche daran ist, haben wir immer dieses als Vorbild, als Modell im Kopf. Auch die fortgeschrittenen technischen, physikalischen und biologischen Wissenschaften haben das Menschen-Modell zum Ausgangspunkt, um dann technisch oder physikalisch etwas zu rekonstruieren oder nachzubilden. Vielleicht wäre es ja erkenntnisreicher, eine Sehmaschine an sich selbst zu konstruieren, um von dort aus neue Rückschlüsse auf das menschliche Sehen zu ziehen.

*B. B.:* Eigentlich müßte uns, wenn wir uns diesen Aussichten des Sehens stellen, eine ganz tiefe Irritation überkommen. Vermutlich können wir es aber gar

nicht aushalten, uns einzugestehen, daß sich dieser königliche Sinn, dieser Vorposten unserer Weltaneignung und Inbegriff unserer individuellen Souveränität, von uns befreit hat und uns als etwas Fremdes gegenübertritt.

*U. B.:* Eben. Schwachsinn Sehen.

# Gottfried Boehm
# Eine kopernikanische Wende des Blickes

● I.

Die Moderne ist unübersichtlich. Ihre Kunst favorisiert das Partikulare. Historisch betrachtet, dominieren Zäsuren vor Kontinuitäten. Seit längerem geht zwar die Rede von der klassischen Moderne, womit offensichtlich eine Aneignung beziehungsweise die Konventionalisierung ihrer ersten Generation als vollzogen gelten soll. Wir dürfen uns aber nicht täuschen lassen: Diskontinuitäten, wie der Prozeß der Abstraktion oder die progredierende Auflösung der Gattungen, haben sich tief eingeprägt. In der Kulturgeschichte des Auges wie des Bildes gibt es vermutlich nichts Vergleichbares. Die Latenzen dieser modernen Kunst bestimmen noch unsere Gegenwart, vor allem unsere Art zu sehen, das gesamte visuelle Bewußtsein. Wir sind weit davon entfernt, jenen historischen Prozeß zu verstehen, was doch bedeuten müßte: seine Ursachen, seine Dynamik und seine Legitimität zu kennen.

Damit ist das Feld grob umrissen, auf dem wir uns bewegen wollen. Zu diskutieren ist eine Wende des Blicks, ein (vielleicht säkularer) Wandel der Wahrnehmung: wozu wir die Figuration der »kopernikanischen Wende« benutzen möchten. Sie gestattet uns auch – nebenbei gesagt –, einige methodische Probleme beiseite zu lassen, die mit dem – gegenwärtig viel diskutierten – Paradigma einer Geschichte des Sehens verbunden sind.[1] Eine solche Geschichte setzt unter anderem eine relative Selbständigkeit des Augensinnes und seines Ausdrucksfeldes voraus. In der Geistesgeschichte Europas (bis ins 19. Jahrhundert) war es völlig undenkbar, eine derartige Logik der Sinne anzuerkennen. Auch heute ist sie (mitsamt der damit verbundenen Fragen, wie Übersetzbarkeit des Visuellen, sein Verhältnis zur Sprache und so weiter) mehr Vermutung oder Behauptung denn gängige Wissenschaftspraxis.

Die kopernikanische Wende, so wie wir sie hier diskutieren wollen, meint nicht primär ein disziplinäres Ereignis in der Geschichte der Astronomie. Sie meint vielmehr die exemplarische Wirkung dieses Ereignisses, die sich zu einer Formel oder Metapher verdichtet hat und im Laufe der neuzeitlichen Geschichte immer wieder dazu diente, das Modell einer Selbstdeutung des Menschen in der Welt abzugeben.[2]

Die Leistung dieses Modells besteht in seiner diagnostischen Kraft. Offenbar ist es geeignet, Erkenntnisrelationen zu untersuchen, die Inhalte, vor allem aber die Struktur visueller Erkundungen auszulegen. Es spielt eine hermeneutische Rolle. Kopernikus sah, unbe-

1 Vgl. meine zusammenfassenden Bemerkungen in: »Sehen. Hermeneutische Reflexionen«, in: *Internationale Zeitschrift für Philosophie,* Jg. 1, H. 1/ 1992, S. 50 ff.
2 Vgl. Blumenberg, Hans: *Die kopernikanische Wende,* Frankfurt a.M. 1965 und andere seiner Schriften. Vgl. auch Kaulbach, Friedrich: »Die kopernikanische Wendung von der Objektwahrheit zur Sinnwahrheit bei Kant«, in: Gerhardt, V.; Herold, N. (Hg.): *Wahrheit und Begründung,* Würzburg 1985, S. 99 bis 130.

waffneten Auges, nicht mehr als Ptolemäus: Es waren die gleichen Sterne, zum wiederholten Male beschrieben, vermessen und in Kataloge eingetragen. Er sah das gleiche, aber auf andere Weise. Was ihn unterschied, war die Reflexion seiner Beobachtungen. Er achtete ebensosehr auf die Sterne wie auf die Bedingungen seiner Wahrnehmung.

Das kopernikanische Modell enthält, wie wir sehen werden, innere Widersprüche. Sie sind aber für seine Anwendung und Übertragung außerordentlich wichtig. Wir dürfen sie sogar fruchtbar nennen. Umso mehr, als die Wirkungsgeschichte dieser Metapher vor allem um die Auflösung jener Widersprüche bemüht war zugunsten einer einseitig positiven beziehungsweise einseitig negativen Charakteristik. Folgen wir, einige Gedanken lang, dieser geteilten Aneignung.

Goethe zum Beispiel traf die Feststellung[3], daß unter allen Entdeckungen »nichts eine größere Wirkung auf den menschlichen Geist hervorgebracht habe, als diese astronomische Umschichtung des Weltbaues«, und zwar deshalb, weil sie eine »ungeahnte Denkfreiheit und Großheit der Gesinnungen« herbeigeführt hätte.

Seine eigentliche Apotheose (und Verstärkung bis in die Gegenwart) erfuhr das kopernikanische Modell allerdings durch Kant. Er übertrug es auf sein epochales Projekt einer Erkenntniskritik, eine (transzendentale) »Revolution der Denkungsart«. »Bisher nahm man an« – so heißt es in der Vorrede zur »Kritik der reinen Vernunft« –, »alle unsere Erkenntnis müsse sich nach den Gegenständen richten.« Der Erfolg dieser Hypothese sei – so Kant – gering gewesen. »Man versuche es daher einmal (...), daß wir annehmen, die Gegenstände müssen sich nach unserer Erkenntnis richten (...).« Im Zuge dieser Wendung des Gedankens beruft er sich auf Kopernikus, »der, nachdem es mit der Erklärung der Himmelsbewegungen nicht gut fort wollte, wenn er annahm, das ganze Sternenheer drehe sich um den Zuschauer, versuchte, ob es nicht besser gelingen möchte, wenn er den Zuschauer sich drehen, und dagegen die Sterne in Ruhe ließ.«[4]

Eine negative Bilanz ziehen unter anderen Nietzsche und Freud. Ersterer kam zu dem Ergebnis, daß durch die Niederlage, die Kopernikus der theologischen Astronomie beigebracht habe, das menschliche Dasein »noch beliebiger, eckensteherischer, entbehrlicher in der sichtbaren Ordnung der Dinge« geworden sei. An anderer Stelle der »Genealogie der Moral« spricht er vom »Willen zur Selbstverkleinerung«, der seit Kopernikus zugenommen habe. Seitdem »scheint der Mensch auf eine schiefe Ebene geraten – er rollt immer schneller nunmehr aus dem Mittelpunkte weg – wohin? Ins Nichts?...«[5] Nietzsches Klage über die heillose Exzentrizität und Selbsterniedrigung des Menschen fügt Freud die Diagnose einer »kosmologischen Kränkung« hinzu, die der Verlust jener narzißtischen Illusion, der Mensch sei Herr der Welt, mit sich gebracht habe.[6]

3 Goethe, Johann Wolfgang von: »Materialien zur Geschichte der Farbenlehre«, in: Beutler, E. (Hg.): *Gedenkausgabe der Werke, Briefe und Gespräche,* Bd. 17, Zürich 1949, S. 395.
4 Kant, Immanuel: *Kritik der reinen Vernunft* (Vorrede), B XVI/XVII.
5 Nietzsche, Friedrich: »Zur Genealogie der Moral«, in: Schlechta, K. (Hg.): *Werke in drei Bänden,* Bd. II, Darmstadt 1963, S. 893.
6 Freud, Sigmund: »Eine Schwierigkeit der Psychoanalyse«, in: *Werke,* Bd. VI, S. 12 ff.

Abb. 1: Georges Braque: *Broc et violon*, 1909/10,
Öl auf Leinwand

● 2.

Diese ausgewählten Beispiele zeigen die kopernikanische Metapher geeignet, die Bewußtseinslage der Neuzeit in sehr verschiedenen Situationen zu durchleuchten. Sie ist offenbar unberührt vom Wechsel des kulturellen Erscheinungsbildes (grob gesprochen zwischen 1520 und 1920), weil sie eine verdeckte und wiederkehrende Dynamik der Erkenntnis erfaßt. Das Neue der Neuzeit, so könnte man diesen Aspekt kennzeichnen, verdankt sich einer charakteristischen Wendung des Blickes, die nicht einmal, sondern immer wieder neu zu vollziehen war. Die neue Einstellung des Bewußtseins will offenbar angeeignet und geübt werden. Sie meint nicht primär: mehr oder genauer sehen, sie bezeichnet ein anderes Sehen. Anders ist: seine Selbstbezogenheit, die ihm innewohnende Reflexivität. Der Beobachter (und Kopernikus ein erstes Mal auf exemplarische Weise) sieht angemessener, weil er Ort, Zeit und Bedingung seines eigenen Standpunktes – die Welt beobachtend – mitsieht. Er beobachtet etwas, und er beobachtet sich selbst dabei. Auf eine bis dahin unbekannte Weise wird er zum Urheber und Gestalter seines Blickes. Man hat diesen Vorgang immer wieder als Subjektivierung mißverstanden. In Wahrheit handelt es sich um einen Akt der Aufhellung des Sehens (es wird nicht nur gebraucht, sondern es ergreift seine Möglichkeiten, es denkt über sich selbst nach), kurz gesagt: es ist ein Akt der Aufklärung. Er brachte in Kunst, Wissenschaft, Politik und Philosophie die verschiedensten Folgen hervor. Ihn wiederholen zu wollen, erklärt auch Konjunktur und Brisanz der kopernikanischen Metaphorik. Zu ihrem Befund gehört freilich zweierlei: Wer sehend sein eigenes Sehen mitreflektiert, mag man den Herrn seines Blickes nennen. Er muß gleichzeitig aber eine unauflösliche Ohnmacht einbekennen. Denn was auch immer er sieht, er kann die Grenzen seiner Wahrnehmung sehen. Die Welt des Auges schattet sich ab, das Unsichtbare ist ihr sichtbarer Horizont. Nicht zufällig war diese Paradoxie des Horizontes (der gleichzeitig erschließt und verschließt) ein neuzeitliches, kulturgeschichtliches Faszinosum.

Die Wendung des Blickes begleitet, recht betrachtet, ein Endlichkeitsbewußtsein. Und sie bringt eine Instanz hervor: Diese Instanz besteht schlicht darin, daß die Bedingungen der Wahrnehmung sich auch als Bedingungen des Sichtbaren (der erkannten Realität) beschreiben lassen. Mit Kant zu reden: Die Erkenntniskritik erweist die Welt durch eine Leistung des Bewußtseins konstituiert. Wir haben es, kopernikanisch den Blick gewendet, mit Erscheinungen zu tun; die Wirklichkeit als solche, schlechthin, das Ding an sich et cetera sind ein leeres X geworden.

Wir verstehen jetzt auch den Widerspruch genauer, der selbstreflektiertem Wahrnehmen innewohnt. Die Aufschlußkraft des Auges und sein blinder Fleck sind zwei Seiten des gleichen Vermögens. Damit ist das kopernikanische Modell soweit erläutert, daß man ihm in der Kunst der Moderne nachspüren kann.

Beispiele fortschreitender Wahrnehmungsbewußtheit gibt es seit der Renaissance,

7 Vgl. *Sehsucht. Das Panorama als Massenunterhaltung des 19. Jahrhunderts,* Katalog der Kunst- und Ausstellungshalle der Bundesrepublik Deutschland, Bonn 1993.

verstärkt und in wachsender Zahl seit dem Ende des 18. Jahrhunderts. Auch die damals entstehenden Panoramen gehören dazu, mit denen sich beispielsweise die Ausstellung *Sehsucht. Das Panorama als Massenunterhaltung des 19. Jahrhunderts* beschäftigt hat.[7] Schübe einer sich vertiefenden Wahrnehmungspraxis beobachten wir in der Romantik (zum Beispiel bei Caspar David Friedrich), in der Schule von Barbizon oder, nach der Mitte des Jahrhunderts, bei den Impressionisten. Das Pathos konkreten Sehens verbreitet sich: im Freien vollzogen, unter dem Sonnenlicht, mit bewegtem Auge und bewegter Staffelei. Ihm verbanden sich Impulse einer Lebensreform, der Suche nach einem einfacheren Naturleben. Die vermeintlich voraussetzungslose Betrachtung der Natur durch ein freies Auge schien geeignet, die große Stilmaschine der Kunstakademien zu demontieren. Am Ende des Jahrhunderts kulminiert diese Wendung bei Künstlern wie Monet, van Gogh, Cézanne, Gauguin et cetera, die Werner Hofmann einmal »Patres der Moderne« nannte. Ein erster kurzer Hinweis. Seinem Freund Clemenceau gegenüber beschrieb Monet sein eigenes künstlerisches Tun in einem gleichsam kopernikanischen und zugleich kantianischen Stil. »Während Sie« – so tritt er seinem Freund entgegen – »philosophisch das Ding an sich suchen (...), richte ich mein

Abb. 2: Cy Twombly: ohne Titel (Bolsena), 1969,
Öl und Bleistift auf Leinwand

Bestreben einfach auf ein Maximum von Scheinbarem in enger Wechselwirkung mit den unbekannten Wirklichkeiten (...). Ich habe weiter nichts getan als anzusehen, was die Welt mir gezeigt hat, um mit dem Pinsel davon Zeugnis abzulegen.«[8] Diese Bemerkungen ließen sich an Monets Malerei ausgiebig verifizieren.[9]

Als der eigentliche Systematiker des Epochenübergangs gilt bekanntlich Paul Cézanne. Seine Arbeit folgt der Maßgabe der kopernikanischen Metaphorik. Sie betrifft seine Malerei bis ins Detail. Cézannes Wendung des Blicks hat nichts mit einer Abwendung von der sichtbaren Realität zu tun. Im Gegenteil. Sie setzt vielmehr ein, weil er – vor dem Motiv arbeitend – seinem Auge mehr traut als seinem Wissen. Er vollzieht sehend und malend einen Akt der Einklammerung der Alltagsrealität, einen Akt des Vergessens: von allem, was man am Sichtbaren wissen kann. Diese Reflexion verhilft dem Sehen zu einer ungeahnten Klarheit und Selbständigkeit. Denn sie trennt alles Dreidimensionale, Dingliche, Symbolische, Nützliche et cetera ab zugunsten flacher Farbformen, die Cézanne selbst für Äquivalente des eigentlich Sichtbaren hielt und die er »sensation« (das heißt Sehdaten) nannte. Seine Malerei ist – wie sein Sehen – ein Scheidungsvorgang: Alles, was auf die fremde Seite des Wissens rechnet, fällt dahin, alles, was auf die evidente Seite des Sehens gehört, wird vom Auge her und für das Auge gestaltet. Die additive Elementstruktur seiner Bilder deutet an, daß die reine Visualität der Sinnesdaten die Wirklichkeit nicht abbildet, sie vielmehr erscheinen läßt. Die prozessuale Natur dieser erscheinenden Wirklichkeit ist vielfach untersucht worden. Sie impliziert auch für Cézanne keine Subjektivierung. Das Tun des Auges ist tief in den sinnlichen Körper des Menschen eingesenkt. Der Maler malt, wenn er sich auf die Leistung des Auges konzentriert, gleichwohl mit seinem ganzen Leib.[10] Und er malt, was er sieht, in seiner Alterität. Es ist insgesamt ein sinnlicher und praktischer Erkenntnisvorgang. Was die malende Hand nicht konkretisieren konnte, ist letztlich auch nicht gesehen. Cézanne umschrieb dieses Tun im Verb: realisieren. In ihm kommen Sehen und gestalterische Bewußtheit des Sehens zusammen. Es erzeugt eine visuelle Bildwelt, die ganz autonom ist und zugleich, wie Cézanne es kennzeichnete: »parallel zur Natur«, mit anderen Worten: Sie ist Metapher für Wirklichkeit.

Cézannes künstlerische Arbeit hat enge Verbindungen mit Arbeitsmaximen, die in der Philosophie seit Kant, in der Kunst seit der Jahrhundertmitte (und bis zur Minimal Art) wiederkehren. Diese Maximen fordern eine Reinigung der Sinnesvermögen und ihrer Aktivitäten (reine Vernunft, reines Sehen, reine Sichtbarkeit, reine Malerei, reines Gefühl, reine, das heißt abstrakte Kunst und so weiter). Es ist hier nicht der Ort, diesen Fragen nachzugehen. Die Forderung nach Rein-

8 Clemenceau, Georges: *Claude Monet. Betrachtungen und Erinnerungen eines Freundes,* Frankfurt a. M. 1989, S. 101.

9 Vgl. Boehm, Gottfried: »Strom ohne Ufer. Anmerkungen zu Claude Monets Seerosen«, in: *Claude Monet: Nymphéas,* Katalog Kunstmuseum Basel 1986, S. 117 ff.
Zu Cézanne, *Montagne Sainte Victoire,* Frankfurt a. M. 1988, vgl. ders.: S. 29 ff., bes. das Kapitel »Eine kopernikanische Wende«.

10 Merleau-Ponty, Maurice: *Das Auge und der Geist,* Hamburg 1984. Vgl. dazu Boehm, Gottfried: »Der stumme Logos«, in: Métreaux A.; Waldenfels, A. (Hg.): *Leibhaftige Vernunft. Spuren von Merleau-Ponty's Denken,* München 1986, S. 289 ff.

Abb. 3: Paul Klee: *Federpflanze,* 1919,
Öl und Feder in Tusche auf Leinwand

heit der Wahrnehmung und des Gestaltens scheint aber nichts anderes zu sein als die Einlösung einer bekannten aufklärerischen Intention. Für einen aufgeklärten Blick ist nichts erkannt, was konventionell und unreflektiert einfach hingenommen, gegebenenfalls auf diese Weise auch abgebildet würde. Eine solche unentwickelte Realität hätte keine Wahrheit. Wahrheit arbeitet erst jene Thematisierung des Sehens heraus, die mitlaufendes Wissen ausschaltet. Nicht wegen einer ästhetischen Selbstfeier des Auges. Im Gegenteil: wegen eines angemesseneren Bildes von Wirklichkeit. Der häufig wiederholte Vorwurf, im Purismus der Moderne kompensierten sich ihre Weltflucht, ihre elitäre Distanz zur Gesellschaft und zum Leben, zielt zweifellos zu kurz. Auch hier bewährt sich die diagnostische Kraft der kopernikanischen Metapher: Sie zeigt, wie sich die Exzentrizität des Sehens (gegenüber der Wirklichkeit) mit der ihr eigenen Aufschlußkraft überkreuzt. Erst diese Verbindung erfaßt die Realität moderner bildnerischer Praxis.

• 3.

Auf dem Felde der Kunstwerke, das wir hiermit betreten haben, wartet eine große Arbeit auf uns. Von Cézanne aus wäre die Folge bildgeschichtlich einschlägiger Veränderungen durchzugehen. Das ist in diesem Zusammenhang möglich. Am Ende stehen deshalb eine Art Resümee und ein Ausblick.

Der aufschließende Blick eines jeden Künstlers ist notwendigerweise partikular. Es ist ein Punkt seiner Wahl, seines »tempérament« und so weiter. Die Entwicklung der Moderne hat gezeigt, wieviele solcher partikularer Arbeitsstandpunkte möglich sind, ihre Zahl ist unabsehbar. Für Braque ging es zum Beispiel nicht mehr um den Horizont eines sichtbaren Motivs, das in situ zu gestalten wäre. Im Unterschied zu Cézanne entwirft er ein abstraktes Facettensystem, gleichsam aus der Kraft eines inneren autopoietischen Vermögens. In diese Ordnung kubistischer Facetten sind Passagen eingebaut, die gleichwohl den Übergang zu jenen illusionistischen Dingfragementen (eines Nagels, eines Gitarrenhalses, eines Kruges und so weiter) niemals herstellen. Das Bild führt den Betrachter zur Erfahrung einer Wirklichkeit, der er sich nicht bemächtigen kann. Es gibt den Begriff nicht, und es wird ihn nie geben, der die Vieldeutigkeit des hier Sichtbaren zu vereindeutigen, die Lücke, die das Bild auftut, zu schließen vermöchte.

Im Akt der Malerei (ihm folgend im Akt der Betrachtung) erschließt sich im Blick eine Sache, ohne daß dieser Blick sich wieder, auf sich zurückkommend, mit sich völlig vereinigen könnte. Diese Erfahrung partiellen Versinkens gehört zur Suggestion dieser Bilder. Das Fundament, auf dem sich Auge und Sache widerspruchsvoll begegnen, mag man mit

11  Vgl. Boehm, Gottfried: »Die Logik der Verwandlung. Zur Bildgeschichte der klassischen Moderne«, in: *Die Metamorphosen der Bilder*, Sprengel Museum Hannover 1992, S. 16 ff.
12  Vgl. Boehm, Gottfried: »Mnemosyne. Zur Kategorie des erinnernden Sehens«, in: Boehm, G.; Stierle, K. H.; Winter, G. (Hg.): *Modernität und Tradition* (Festschrift Max Imdahl), München 1985, S. 37 ff. und die Aufsätze »Erinnern/Vergessen«, in: *Cy Twombly, Serien auf Papier* (1957–87), Katalog Kunstmuseum Bonn 1987, S. 1 ff. und »Die Farbe der Erinnerung«, in: *Raimer Jochims*, Katalog Kunstmuseum Bonn 1994, S. 19 ff.

einem Wort Schellings, »unvordenklich« nennen. Mit anderen Worten: Der Akt der künstlerischen Wirklichkeitsaneignung geschieht in dieser Malerei nicht ein für allemal, geschieht nicht definitiv, sondern gleichsam werkweise, in immer neuen Anläufen, in Serien, vom Mißlingen bedroht.[11] Und trotzdem ist dieses immer nur auszulotende Fundament tragend. Malerei ist nicht Täuschung, Maschinerie des Scheins, Schwindel der Sinne. Die kopernikanische Metapher mündet, was die Kunst anbelangt, in eine theoretische Bescheidenheit. Aussagen gelten jetzt fallweise, für dieses eine Mal und provisorisch. Werke induzieren Erfahrungen und – wie der Blick auf Malewitsch, Matisse, Mondrian et cetera zeigt – unerhörte Sensibilisierungen, die dem Auge unbekannte Reiche eines sinnlichen Sinnes erschließen.

Zu dem weiten Felde dieser kopernikanischen Recherche der Moderne abschließend einige Bemerkungen.

Wir erinnern uns an Cézannes Verknüpfung des Auges mit dem »tempérament«: seiner körperlich-seelisch-biographischen Verankerung. Hier wird bereits die Perspektive erkennbar, die physische und psychische Kapazität des Körpers selbst zur künstlerischen Arbeitsbasis zu machen. Dieser Blick mit dem Körper überschreitet recht bald das Feld der Malerei, verändert die Plastik (zum Beispiel bei Brancusi), wird selbst zum Medium, in der Aktions-, zuletzt in der Körperkunst seit den 70er Jahren.

In anderer Weise wandte sich das selbstreflektierte Sehen auch dem Inneren zu: Gefühlen, Träumen, der Welt der Erinnerung. An Cy Twombly ließe sich zum Beispiel zeigen, wie Bilder als Palimpseste eines komplexen, memorialen Prozesses gesehen werden können, in dem Spuren individueller und kollektiver Vergangenheit lesbar werden. Der Akt der Betrachtung taucht in ein erinnerndes Sehen ein, in dem sich Mythologisches, Historisches, Biographisches et cetera überkreuzen und überdecken. Diese Bilder Twomblys zeichnet ein Zwielicht aus, eine Situation an der Grenze: zwischen Vergessen und Präsenz.[12] Nicht nur für diese Bilder gilt, daß die Trennung zwischen äußerem Sehen und innerem Gewahren verschiebbar, daß sie aufhebbar ist. Seit dem Surrealismus (bei Max Ernst, Wols und anderen) gibt es dafür reichhaltige Belege.

Eine letzte Figuration dieser Wende des Blickes. Sie betrifft die Auseinandersetzung mit der Natur. Gewiß läßt sich die kopernikanische Revolution auch in die Genealogie der Naturwissenschaften einreihen, ihrem Beherrschungswillen, ihrer Objektivierung und Verfremdung alles Natürlichen. Die Kunst der Moderne hat sehr viel mehr von der Mischung aus Macht und Ohnmacht gelebt, die in der Selbstreflexion ihres Tuns

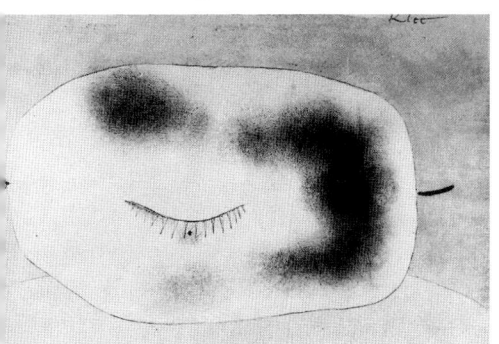

Abb. 4: Paul Klee: *Leidende Frucht,*1934,
Aquarell, Öl und Bleistift auf Karton

enthalten ist, als von jenen anfangs gekennzeichneten Widersprüchen. Charakteristisch ist etwa der Versuch, jene überlieferte Formierung des Blickes auf Natur, wie sie das Bild der Landschaft enthält, abzuschütteln. Seit Turner, Monet, Delaunay, Klee und anderen ist dies geschehen.[13] Neue Blicke und Bilder spielen sich ein. Sie insistieren auf Prozessen, auf der Natur in actu, blicken nicht auf das Ende der Schöpfung, deren Produkte auf dem bühnenartigen Landschaftsprospekt zur Betrachtung dargeboten wurden. Paul Klee hat dieses Thema besonders intensiv bearbeitet. Ausgangspunkt war seine Einsicht, daß der Mensch (der Künstler) selbst Natur sei. Pollock wird diese Option später auf die lapidare Formel bringen: »I am nature« – und danach handeln.[14]

Für Klee bedeutet diese Anerkenntnis weder eine »kosmologische Kränkung« noch eine »Selbstverkleinerung«. Die Natur in ihm selbst wird zum Aufschlußpunkt eines Sehens, das sich mit der äußeren Natur in vielfache Korrespondenzen versetzt. Klee hat dieses Problem geradezu systematisiert, wenn er davon spricht, dem optischen Weg der Betrachtung Wege einer empathischen Teilhabe an der Natur hinzuzugesellen (nicht-optische Wege irdischer Verwurzelung beziehungsweise kosmischer Gemeinsamkeit).[15] Ein kurzer Blick auf einschlägige Bilder zeigt sein Verfahren, diese Wendung des Blickes zu realisieren: Er benutzt bildnerische Zeichen (Punkt, Linie und so weiter, deren inhärente Sprachkraft und Dynamik) als Transfer zur Natur. Der Punkt ist dann zum Beispiel Samenkorn. Zeichen und bezeichnete Sache verschränken sich: wechselweise. Denn auch umgekehrt vermag Klee mit Blick auf Pflanze, Baum, Blüte und so weiter Augen, Gesichter, Attitüden (das heißt Anthropomorphes) zu entschlüsseln. Klees Auge befindet sich niemals nur gegenüber der Realität, es hat ebensosehr auch Anteil, es bewegt sich. Das Bild des Weges, der Reise »ins Land der besseren Erkenntnis« (wie er in der »Schöpferischen Konfession« von 1920 sagt), ist sein Paradigma künstlerischen Tuns überhaupt.[16] Der Punkt ist nicht starrer Blickpunkt, er zeigt sich unendlich verwandelbar, als unerschöpfliche Potenz.

Allzu kurze Hinweise – gewiß! Vielleicht machen sie aber deutlich, womit eine »Geschichte des Sehens« befaßt sein könnte. Die Latenz der Metapher von der kopernikanischen Wende des Blickes scheint alles andere als erschöpft. Ihre aufklärerische Kraft besteht weiter. Kritische Selbstreflexion der eigenen Wahrnehmung der Wirklichkeit ist immer noch eine unverächtliche Basis: der Kunst und der Argumentation.

13  Vgl. Boehm, Gottfried: »Das neue Bild der Natur. Nach dem Ende der Landschaftsmalerei«, in: Smuda, M. (Hg.): *Landschaft*, Frankfurt a.M. 1986, S. 87 ff.
14  Vgl. Rose, Bernice: *Drawing into Painting*, Katalog Kunsthalle Düsseldorf 1979, S. 9 ff.
15  Einschlägig die Erörterung Paul Klees in den Aufsätzen: »Schöpferische Konfession«, »Wege des Naturstudiums«, »Über die moderne Kunst«, neuerdings unter dem Titel *Paul Klee: Kunst-Lehre*, Leipzig 1991. Vgl. auch die Materialien der Bauhauszeit, die Jürg Spiller unter den Titeln *Das bildnerische Denken*, Basel 1964, und *Unendliche Naturgeschichte*, Basel 1970, ediert hat.
16  Klee, Paul: *Kunst-Lehre*, a.a.O., S. 61.

# Klaus Michael Meyer-Abich
## Das instrumentelle Sehen und die Degeneration
## der Wahrnehmung

Niels Bohr, der dänische Physiker und Philosoph, sagte gelegentlich, er wolle nicht genauer reden, als er denke. Viele seiner naturwissenschaftlichen Kollegen meinten, er solle sich lieber etwas weniger unbestimmt ausdrücken, damit klarer würde, was er denn nun eigentlich sagen wolle. Bohr aber bestand darauf, sein Denken in »Gemälde von Worten«[1] zu bringen, um das von ihm Gesehene nicht durch eine Klarheit zu verfälschen, die es nicht hatte. Die Frage ist also: Waren ihm die Antworten auf die von ihm gestellten Fragen noch nicht klar genug oder entbirgt sich das, wonach er fragte, wesensgemäß nicht »clare et distincte«? In seiner persönlichen Bescheidenheit hätte Bohr vielleicht die Unklarheit auf sich genommen. Wirklich gemeint hat er aber, so wie ich ihn verstehe, daß die eigentlichen Wahrheiten nur dann genau gesagt werden können, wenn man eine unklare Ausdrucksweise wahrt. In Nietzsches Worten: Die Wahrheit bleibt nicht Wahrheit, wenn man ihr die Schleier abzieht.[2]

Mehr noch als Bohr hat Platon es regelrecht zu einer Kunst entwickelt, Wahrheit im Offenen zu lassen. Das Eine, dem wir gegenwärtig zu werden suchen, kann nicht einfach gesagt, sondern mit vielen Worten nur umschrieben werden. Platons Werke sind deshalb ebenfalls Gemälde von Worten. Seine Texte aporetisch zu finden ist so ähnlich, als wenn man die Arbeit des Bildhauers als die Produktion der auf dem Boden umherliegenden Steinsplitter beschreiben und die dadurch hervorgebrachte Plastik übersehen würde. Platons Texte sind ein Prozeß von solchen Abtragungen in Worten. Was dabei freigelegt wird, kann man selbst nicht lesen, sondern man muß es sehen. Wer es nicht sieht, schöpft leicht den Verdacht, hier werde etwas verschwiegen, und dabei können die abenteuerlichsten Unterstellungen herauskommen.

Nun könnte man meinen, Bohr sei im modernen, die Wahrheit in der Gewißheit suchenden Denken eine Ausnahme, wohingegen Platon eine zum antiken Schauen passende und besonders gelungene Form der Wahrheit als Unverborgenheit (»alétheia«) gefunden habe. Dies ist nur teilweise richtig, denn in der Moderne sind auch Grenzen der Gewißheit gesehen worden. Sogar im Kantschen Denken ist es nur die eine Seite, unserem Verstand die Grenzüberschreitungen ins Ungewisse zu verweisen, zu denen er nicht legitimiert ist. Einerseits anzuerkennen, »daß wir, nach der Beschaffenheit und den Prinzipien unseres Erkenntnisvermögens, die Natur, in ihren uns bekannt gewordenen zweckmäßigen Anordnungen, nicht anders als das Produkt

1 Bohr, Niels: *Atomtheorie und Naturbeschreibung.* Vier Aufsätze mit einer einleitenden Übersicht. Berlin 1931, S. 13.
2 Colli, G.; Montinari, M. (Hg.): Friedrich Nietzsche: *Sämtliche Werke. Kritische Studienausgabe,* Bd. III, München 1980, S. 352.

eines Verstandes, dem diese unterworfen ist, denken können«[3], daraus andererseits aber unter keinen Umständen schließen zu dürfen, dieser schaffende Verstand sei der eines – somit anzunehmenden – göttlichen Schöpfers, ist die etwas zwanghafte Form, in der die kritische Philosophie von Kant selbst entworfen ist und tradiert wird. Es liegt mir fern zu bestreiten, daß Kant mit seiner kritischen Enthaltung durchaus recht hat. Gewißheiten von der Existenz oder gar den Eigenschaften Gottes gibt die Erfahrung der Lebewesen – insbesondere die ihrer Unwahrscheinlichkeit – in der Tat nicht her. Dies ist aber nur die eine Seite der Kritik. Ist es nicht, und hierin sehe ich die andere Seite, obendrein die bessere Theologie, ein bestimmteres Wissen von Gott als »vermessen«[4] abzuweisen? In einer sehr schönen Formulierung erklärt Kant, es sei »wohl eine gewisse Ahnung unserer Vernunft, oder ein von der Natur uns gleichsam gegebener Wink«[5], über die Lebewelt und die Natur überhaupt hinaus den Gedanken an eine höchste Ursache zu fassen, die verständig nach Absichten wirkt, und dadurch ein Licht auf die Verständigkeit der (besonderen) Naturgesetze zu werfen. Wenn wir uns die Möglichkeit vieler Naturdinge »gar nicht anders denken und begreiflich machen (können), als indem wir sie und überhaupt die Welt uns als ein Produkt einer verständigen Ursache (eines Gottes) vorstellen«[6], so ist dies ein Ahnungswissen, mit dem uns in religiösen Fragen dankbar zufrieden zu geben uns in der Tat wohl ansteht. Gerade so ist es uns »durch unsere eigene Natur vergönnt«[7] und nicht als eine Gewißheit, über die sich verfügen ließe.

Platon, Kant und Bohr ging es in den erwähnten Zusammenhängen um die Bedingungen der menschlichen Existenz und Erkenntnis. Hier hat Wahrheit nicht die Form der Gewißheit, sondern es gibt Grenzen, die wir nicht überschreiten dürfen. Von diesen Grenzen her zu denken, ist allen drei Denkern gemeinsam. Sind solche Grenzen aber nur dort zu wahren, wo wir die Bedingungen unseres Daseins ahnen können? Wir kennen auch andere Grenzen, beispielsweise die, über die hinaus wir anderen Menschen und diese uns nicht zu nahe treten sollen, Grenzen der Intimität und persönlichen Achtung. Und wenn es solche Grenzen im Umgang mit der menschlichen Mitwelt gibt, gibt es sie nicht vielleicht auch hinsichtlich der natürlichen Mitwelt? Daß es für das Handeln Grenzen gibt, ist in der Umweltkrise keine weitergeholte Behauptung. Allerdings werden die stattfindenden Grenzüberschreitungen in der Regel nicht deswegen verurteilt, weil wir durch sie die Würde von Pflanzen, Tieren und Elementen verletzen. Wie aber steht es mit dem bloßen Erkennen bereits in der sinnlichen Wahrnehmung? Gibt es Grenzüberschreitungen auch hier? In vielen Tierversuchen verletzen wir durch unser Handeln die Würde des Tiers. Verletzen wir sie aber nicht erst durch die Quälerei, sondern bereits durch die instrumentelle Beobachtung des Tiers? Bei einem Menschen wären viele geneigt, diese Frage zu bejahen, also Experimente auch

3  Kant, Immanuel: »Kritik der Urteilskraft« (1793), in: *Werke in 6 Bänden*, hg. von Wilhelm Weischedel, Bd. V, Darmstadt 1957, B 409.
4  Ebd., B 309.
5  Ebd., B 320
6  Ebd., B 337.
7  Ebd., B 338.
8  Goethe, Johann Wolfgang von: »Wilhelm Meisters Wanderjahre«, in: *Goethes Werke*, Bd. VIII, München 1981, S. 120 f.

dann zumindest von einer Einwilligung des Betroffenen abhängig zu machen, wenn sie ungefährlich sind und nicht wehtun. Wie ist das bei Pflanzen und Tieren? Kann man einem Baum zu nahe treten, indem man ihn zum Beispiel mit Elektroden spickt und künstliche Erregungen als Potentialdifferenzen mißt? Kann man sich einem Tier schamlos nähern, indem man es in einen Angstzustand versetzt und dann zum Beispiel den Steigungswinkel des gesträubten Fells mit den angsterzeugenden Größen korreliert? Und sollten diese Fragen nicht ganz von der Hand zu weisen sein: Wo ist die Grenze, jenseits derer man dem anderen Lebewesen, Tier oder Pflanze, und vielleicht sogar dem Meer oder der Erde zu nahe tritt?

Vermutlich kommt es hier nicht nur auf mehr oder weniger aufwendige Meßinstrumente an, sondern auf das eigene Zunahetreten oder die Schamlosigkeit, in der die Beobachtung erfolgt. In der Regel gehören aber wohl auch Instrumente oder zumindest Versuchsanordnungen dazu. Goethe hat das Problem darin gesehen, daß die instrumentelle Verstärkung unserer äußeren Sinne nicht mit einer entsprechenden Einstimmung unseres Innern oder mit dem Agrément verbunden sei, wie die neue Sicht der Außenwelt die meine ist, beziehungsweise ich es bin, der sie hat. Sein Beispiel paßt – anders als der apparative Aufwand der modernen Naturwissenschaft, der schon lange kein menschliches Maß mehr hat – auf jede Nase, die Brille nämlich. Sogar von ihr heißt es in den »Wanderjahren«, und Goethe dachte wohl selber so, »daß diese Mittel, wodurch wir unsern Sinnen zu Hülfe kommen, keine sittlich günstige Wirkung auf den Menschen ausüben. Wer durch Brillen sieht, hält sich für klüger, als er ist, denn sein äußerer Sinn wird dadurch mit seiner inneren Urteilsfähigkeit außer Gleichgewicht gesetzt; es gehört eine höhere Kultur dazu, deren nur vorzügliche Menschen fähig sind, ihr Inneres, Wahres, mit diesem von außen herangerückten Falschen einigermaßen auszugleichen. Sooft ich durch eine Brille sehe, bin ich ein anderer Mensch und gefalle mir selbst nicht; ich sehe mehr, als ich sehen sollte, die schärfer gesehene Welt harmoniert nicht mit meinem Innern, und ich lege die Gläser geschwind wieder weg.«[8]

Das Beispiel kann keinem Brillenträger recht geheuer sein. Ein kleiner Trost liegt vielleicht darin, daß Goethe nur gelegentlich und versuchsweise eine Brille aufgesetzt, aber nicht regelmäßig eine getragen hat. Vielleicht ergibt sich die fragliche Kultur für Dauerbrillenträger mit der Zeit sozusagen von alleine. Daß man es sich nicht so leicht machen darf, selbst im Brillentragen keinerlei Problem zu sehen, zeigt aber wohl der Vergleich mit den Hörgeräten, soweit Schwerhörigkeit – wie häufig der Fall – ein sinnvoller Schutz ist, der gewahrt werden sollte.

Worin besteht das hier angemahnte Gleichgewicht der inneren Urteilsfähigkeit – oder des »Inneren Wahren«, – mit den äußeren Sinnen? Warum gefiel Goethe sich selbst nicht, wenn das Gleichgewicht gestört war? Wenn meine Sinne mir zeigen, was meine Urteilsfähigkeit versteht, woraufhin ich mir also ein Urteil bilden und mich zum sinnlich Gegebenen entsprechend verhalten kann, dann passe ich als sinnlich Aufnehmender zu dem, was ich aufnehme. Wenn ich etwas sehe, was mir nicht ansteht, und ich nicht so schnell wieder wegsehen kann, als sei nichts gewesen, ist dies nicht der Fall. Dann weiß ich erst einmal nicht, wie ich mich verhalten soll. Einfache Beispiele sind wiederum aus dem mitmenschlichen Umgang bekannt, nämlich alle die, in denen ein anderer in irgendeiner Weise bloßgestellt wird – durch einen zu scharfen Blick auf die Runzeln oder ein Mal in einem Gesicht, durch chemische Manipulation seines Verhaltens oder durch einen Lügendetektor. Den anderen »bloßzustellen« heißt, seine Persönlichkeitssphäre zu verletzen. Gibt es eine solche Grenze, wie sie nach geltender Rechtslage bei Menschen allenfalls im Einverständnis mit dem Betroffenen, moralisch aber vielleicht gar nicht, überschritten werden sollte, nun aber nur bei Menschen? Tiere und Pflanzen haben zwar nicht genauso eine Persönlichkeit und Würde wie Menschen, verdienen in ihrer Art aber doch wohl auch Achtung. Oder nicht? Zumindest lehrt die Naturgeschichte, daß wir mit ihnen von gleicher Abstammung sind, so daß die Tiere wie die Pflanzen unsere naturgeschichtlichen Verwandten sind und weitreichende Gemeinsamkeiten mit uns haben. Bei den höheren Tieren liegen diese besonders deutlich auf der Hand. Niemand kann einer Katze, einem Affen oder einer Kuh ins Auge sehen, ohne von einem Gefühl der Verwandtschaft beschlichen zu werden. Soweit die Gemeinsamkeiten reichen, gilt dann jedenfalls das Gleichheitsprinzip, mehreres gleich zu behandeln, soweit die Gemeinsamkeit reicht, und verschieden, soweit Verschiedenheit besteht.

Ich gehe hier nicht auf die naturphilosophische Frage ein, inwieweit nicht nur die Menschenwürde, sondern auch die von Tieren, Pflanzen und sogar die der Elemente reicht und nicht verletzt werden dürfte.[9] Ich setze im folgenden jedoch voraus, daß es solche Grenzen in bezug auf alle Dinge und Lebewesen einschließlich des Menschen gibt. Dann erst wird Goethes Nachsatz verständlich: und ich gefalle mir selbst nicht, deshalb nämlich, weil ich anderen und anderem zu nahe getreten bin, sie und es bloßgestellt habe. Als ein solcher kann ich mir nicht gefallen, nicht ja zu mir sagen. Es ist, als sei ich ein »anderer Mensch«.

Wie hängt dieses Mißfallen mit dem verlorengegangenen Gleichgewicht zwischen den äußeren Sinnen und der inneren Urteilsfähigkeit zusammen? Angesichts der Sinneseindrücke bilde ich mir ein Urteil, womit ich es in der betreffenden Situation zu tun habe. Die Urteilsfähigkeit bestimmt also mein weiteres Verhalten. Wie aber soll ich mich weiterhin verhalten, wenn ich eine Grenze überschritten habe und mich finde, wo ich nicht sein sollte, mich, so wie ich ja zu mir sagen kann, also gerade nicht finde? Es gibt nur zwei Möglichkeiten: Ich kann den Rückzug wählen oder mich in neuen Grenzen, aber jenseits der alten, wieder mit mir zu arrangieren suchen.

Daß es grundsätzlich eines Gleichgewichts bedarf, haben wir mit unseren naturgeschichtlichen Verwandten gemeinsam. Freilich ist es nicht die Urteilskraft, aufgrund derer diese wissen, womit sie es unter bestimmten

9 Vgl. Meyer-Abich, Klaus Michael: *Wege zum Frieden mit der Natur – Praktische Naturphilosophie für die Umweltpolitik*, München 1984.
ders.: *Aufstand für die Natur – Von der Umwelt zur Mitwelt*, München 1990.
10 Uexküll, Jakob von; Kriszat, G.: *Streifzüge durch die Umwelten von Tieren und Menschen. Ein Bilderbuch unsichtbarer Welten* (1934), Hamburg 1956, Frankfurt a. M. 1983, S. 68.

Sinneseindrücken zu tun haben, sondern dies ist nur die menschliche – und übrigens nicht die sicherste – Art, sich in der Sinnenwelt zu orientieren. Worin das Gleichgewicht unabhängig von der spezifischen Organisation eines Lebewesens besteht, ist das Thema der Uexküllschen Umweltlehre. Dabei werden Merkwelt und Wirkwelt unterschieden. Die Merkwelt ist die Sphäre dessen, was ein Lebewesen gewahr wird. Für die Zecke, Uexülls berühmtes Beispiel, besteht sie aus Helligkeit, Wärme und Buttersäuregeruch. Mehr merkt die Zecke nicht von allem, was sonst – aus unserer Sicht – um sie herum vorgeht. Eine Zeckenzeitung hätte also nicht viel zu berichten. Die Wirkwelt der Zecke ist ebenfalls ziemlich beschränkt. Sie besteht im wesentlichen aus Krabbeln und Blutsaugen. Beide Welten aber sind so im Gleichgewicht, daß es der Zecke, wenn sie auch noch ein Selbstgefühl hätte, nie passieren könnte, sich nicht zu gefallen. Vermöge ihres Helligkeitssinns nämlich krabbelt sie auf einen Baum und an die Spitze eines Asts. Vermöge ihres Buttersäuresinns merkt sie, wann sich ein Säugetier darunter befindet (denn alle Säugetiere riechen nach Buttersäure), und läßt sich fallen. Vermöge ihres Wärmesinns weiß sie, ob sie richtig gelandet ist, und saugt sich dann voll Blut. Ihre Merkwelt und ihre Wirkwelt passen genau zusammen.

Erinnern wir uns, daß das deutsche Wort Wahrnehmung sowohl das sinnliche Gewahrwerden als auch das handelnde Wahrnehmen, zum Beispiel einer Gelegenheit, Pflicht oder Verantwortung, bedeuten kann, so bildet die Uexküllsche Verschränkung von Merk- und Wirkwelt einen Wahrnehmungskreis im vollen Sinn. Beide Bedeutungen können, wie bei der Zecke, auch ganz integriert sein. Zum Beispiel wird der Seewetterbericht, wie jeder Seefahrer weiß, regelmäßig für einige Minuten »zur Wahrnehmung der Funkstille« unterbrochen. In dieser Zeit wird nichts gesendet, damit gegebenenfalls auch ganz schwache Notsignale noch gehört werden können. Im Sinn der Enthaltung vom Senden ist die Wahrnehmung der Funkstille ein Handeln, im Sinn des Lauschens auf Notsignale ein Gewahrwerden.

Die Grundstruktur des Uexküllschen Wahrnehmungskreises ist: So viel Verschiedenes ein Lebewesen tun kann, so viele Gegenstände vermag es in seiner Umwelt zu unterscheiden.[10] Das Gleichgewicht zwischen Gewahrwerden und Verhalten ist für den Menschen das Goethesche zwischen den Eindrücken der äußeren Sinne und dem Urteil, womit man es zu tun hat. Uexküll hat die so je für ein Lebewesen konstituierte Welt seine spezifische Umwelt genannt und daran die Frage geknüpft, mit welchem Recht wir normalerweise meinen, alle diese vielen verschiedenen Umwelten, vom Lebensraum der Zecke bis zu dem des Menschen, hingen in einer Welt zusammen.

Goethes Erlebnis mit dem instrumentellen Sehen entspricht also sinngemäß einer Veränderung des Wahrnehmungskreises. Wenn eine Zecke sich eine Brille aufsetzen könnte, so daß sie auf einmal wesentlich mehr gewahr würde als bisher, wäre sie sehr verunsichert und müßte versuchen, die erweiterte Komplexität zu erneuter Sicherheit und dann vielleicht sogar zu gesteigerter Treffsicherheit zu reduzieren. Zunächst einmal gefiele auch sie sich nicht mehr, und wenn sie sich in ihrer neuen Welt eingerichtet hätte, wäre sie nicht mehr die alte. Ohne Brille paßte sie in ihren Wahrnehmungskreis wie der Schlüssel ins Schloß. Ihre Umwelt war sozusagen ihre äußere Identität oder der Topos ihres Selbstseins. Mit Brille ist sie verändert, die Umwelt wie die Identität. Um mit ihr von innen her identisch zu werden oder diesen neuen Topos ganz zu erfüllen, müßte die Zecke eine andere werden, eben eine Brillenzecke. So geht es auch uns, wenn Goethe recht hat.

Seine These: in der instrumentellen Wahrnehmung »bin ich ein anderer Mensch«, ist für das industriegesellschaftliche Selbstbewußtsein schon unabhängig von ihrer Bewertung »und gefalle mir selbst nicht« eine starke Herausforderung. Denn zu den Aussagen, für die man jederzeit des Beifalls einer überwiegenden Mehrheit gewiß sein kann (und die dementsprechend in der politischen Rhetorik einen festen Platz haben), gehört die, daß die Instrumente selbst weder gut noch schlecht seien, wohl aber ihre Anwendungen. Wenn Goethe recht hat, liegt in der »Selbstverständlichkeit«, daß ich unabhängig davon, welcher Instrumente ich mich bediene, als derselbe durchs Leben gehen kann, eine Selbsttäuschung. Tschuang Tses Gärtner brachte sie wegen der Listigkeit aller Technik auf die einfache Formel: »die listige Hilfsgeräte haben, (...) haben List in ihren Herzen, (...) ich würde mich schämen, sie (die Hilfsgeräte) zu benützen.«[11] Daß die Welt durch Wissenschaft und Technik verändert wird, geben wir zu, bei genauerem Nachdenken sogar, daß dies bereits durch Entdeckungen in der sogenannten Grundlagenforschung geschieht. Daß aber auch wir selbst in einer anderen Welt andere Menschen sind, wird in der Regel nicht angenommen. Um zu prüfen, wie unser Selbstsein unserer Umwelt (im Uexküllschen Sinn) entspricht, müßten wir überlegen, wie sich unsere Identität bildet. Für welche »anderen« gilt der Satz: »Was du bist, das bist du anderen schuldig?« Schulden wir unser Selbstsein allenfalls unseren Eltern, dazu vielleicht Freunden und Partnern, obendrein unserem Volk und seiner Kultur, vielleicht gar anderen Kulturen und der ganzen Menschheit? Oder gehört zu den »anderen«, im Mitsein mit denen ich allmählich zu mir selber komme, auch die natürliche Mitwelt, in die ich hineinwachse? Wäre dies so, dann wären Menschen, deren Selbstsein in der wissenschaftlich-technischen Welt gebildet wird und die – nach neueren Erhebungen – zwar etwa 50 Autotypen, aber im Durchschnitt nur noch sechs Pflanzen unterscheiden können, nicht dieselben Menschen wie die, deren Identität im Mitsein mit Pflanzen, Tieren und den Elementen herangewachsen ist. Im Berufsleben kommen zu den Autos noch die Millimikromillionstel, nach denen wir zum Beispiel Kontaminationen unterscheiden können, und alle anderen Beispiele der instrumentellen Wahrnehmungskunst bis in die Tiefen des Weltraums und das Innere der Atome.

11 Tschuang-Tse: *Reden und Gleichnisse,* Deutsche Auswahl von Martin Buber, Zürich 1951, S. 101.
12 Vgl. Meyer-Abich, Klaus Michael: »Personalität im Mitsein auch der natürlichen Mitwelt – Naturphilosophische Anfangsgründe der Anthropologie«, in: Gethmann, Carl Friedrich; Österreich, Peter L. (Hg.): *Person und Sinnerfahrung,* Darmstadt 1993, S. 20–32.
13 Luhmann, Hans-Jochen: »Warum hat nicht der Sachverständigenrat für Umweltfragen, sondern der SPIEGEL das Waldsterben entdeckt?«, in: Simonis, Udo E. u.a. (Hg.): *Jahrbuch Ökologie 1992,* München 1992, S. 292–307.

Geht man der Frage näher nach, wieweit die menschliche Identität – gleich der unserer naturgeschichtlichen Verwandten – nach der Uexküllschen Vorstellung ebenfalls in unsere Umwelt hinein gebildet wird, so daß diese unsere äußere Identität ist, so kommt meines Erachtens heraus, daß wir sowohl der menschlichen als auch der natürlichen Mitwelt schulden, was wir sind.[12] Dabei wirkt die natürliche Mitwelt in derjenigen Beschaffenheit persönlichkeitsbildend, in der wir sie erleben, also in anthropogener Zurichtung. Der Grundsatz: so vielfältig mein Verhalten ist, so viel kann ich unterscheiden, erklärt dann sofort, warum nur noch so wenige Pflanzen unterschieden werden können, hingegen viele Autos, denn mit jenen hat man es in unserer Welt kaum je zu tun, mit diesen hingegen dauernd. Dementsprechend ist das rasante Artensterben der Nachkriegsjahrzehnte – etwa jede zweite in Mitteleuropa zuvor heimische Tier- und Pflanzenart ist hier mittlerweile ausgestorben oder vom Aussterben bedroht – so gut wie unbemerkt geblieben. Was aber nicht bemerkt wird, geht uns nicht zu Herzen, und was uns nicht zu Herzen geht, ist politisch nicht willensbildend. Dem entspricht die bisherige Umweltpolitik.

So war es allerdings nur, bis das Waldsterben entdeckt wurde.[13] Erscheint es ganz erklärlich, daß das Artensterben zuvor lediglich in Fachzeitschriften erörtert wurde und darüber hinaus fast nur noch die Naturschützer bewegt hat, so bleibt nun zu erklären, warum es beim Waldsterben auf einmal umgekehrt war. Manche haben gemeint, hier ein besonderes Verhältnis der germanischen Seele zum germanischen Wald annehmen zu sollen. Ich weiß eine einfachere Erklärung: daß nämlich unsere Identität nicht nur in die instrumentelle Umwelt hinein gebildet wird, sondern daß daneben auch die alte Welt noch prägend ist. Wir sind neu und alt in einem, nämlich geschichtlich. Je mehr wir in die instrumentelle Identität hineinwachsen, desto mehr verkümmert unsere Wahrnehmung der natürlichen Mitwelt zugunsten einer immer schärferen instrumentellen Wahrnehmung. Bei den Bäumen aber hat dieser Wahrnehmungsschwund unsere »alte« Identität erreicht, soweit sie noch besteht, und deshalb reagieren wir hier so, als sei es nicht egal, ob Bäume richtig wachsen oder durch pflegeleichte Plastikbäume ersetzt werden. Demgegenüber wird es bei den anderen Pflanzen ohne Protest hingenommen, daß in öffentlichen Anlagen fast nur noch acht verschiedene Sorten von Cotoneaster wachsen, der den Plastikpflanzen ja schon ziemlich nahekommt.

Anders gesagt: Die Mitweltzerstörung geht uns nur dort zu Herzen, wo sie schneller voranschreitet als die gleichzeitige Degeneration unserer Wahrnehmungsfähigkeit. Die Sinnenbildung ist deshalb meines Erachtens die entscheidende Voraussetzung dafür, daß es zu einer Umweltpolitik kommt, in der die Deiche nicht immer nur stückweise vor einzelne Dörfer oder Häuser gebaut werden, sondern eine allen gemeine Grenze nicht mehr überschritten wird.

Offen ist nun aber die weitere Frage: Was meinte Goethe mit der höheren Kultur, derer es bedürfe, vermöge derer es also doch wohl möglich sei, das instrumentelle Beobachten mit der inneren Urteilskraft wieder zu einem Ausgleich zu bringen? Hier gibt es grundsätzlich drei Möglichkeiten:

1. Das alte Selbst, dem das Waldsterben noch zu Herzen geht, stirbt allmählich ab, und die menschliche Wahrnehmung wird einheitlich instrumentell.

2. Das alte Selbst kann gar nicht verlassen werden, weil die instrumentelle Identität nur unter der Voraussetzung eines mitweltlichen Grundverhältnisses möglich ist. Die instrumentelle Wahrnehmung wird deshalb wieder aufgegeben.

3. Das alte Selbst kann zwar aus dem genannten Grund nicht verlassen werden; die instrumentelle Wahrnehmung wird aber auch nicht aufgegeben.

Goethes Wort von der höheren Kultur bezieht sich wohl auf die dritte Möglichkeit, die ja auch die wahrscheinlichste ist. Er selbst aber hat die Brille immer gleich wieder abgesetzt. So bleibt es uns überlassen, den Weg zu jener höheren Kultur selbst zu finden. Dies ist eine große Aufgabe, jedenfalls aber gehört dazu, daß die Kulturwissenschaften die Natur nicht mehr nur den Natur- und Ingenieurwissenschaften überlassen, wie dies seit dem 19. Jahrhundert geschehen ist. Wenn unserem Umgang mit der natürlichen Mitwelt heute kaum noch anzusehen ist, daß wir eigentlich ein Kulturvolk sind, so hat die Naturvergessenheit der Kulturwissenschaften dazu wesentlich beigetragen. Diese Publikation könnte einen Anstoß dazu geben, daß hier neue Wege gegangen werden.

# Alfred Krovoza
## Gesichtssinn, Urbanität und Alltäglichkeit

● Zur Einführung und Übersicht

Kaum eine andere Erscheinung hat die Leistungen der menschlichen Sinne, allen voran den Gesichtssinn, einer derartigen Probe unterzogen, in eine Krise geführt und zur Neuorganisation bestimmt wie die moderne Großstadt und der Prozeß der Urbanisierung, in dem das sogenannte Projekt der Moderne erst recht eigentlich sich materialisiert hat und greifbar geworden ist. Dieses Projekt tritt vorzüglich in dem hervor, was ich den Doppelcharakter der Stadt nennen werde: Abstraktionen und reine Gedankendinge, »Nuomena«, wie Kant sagt, werden in ihr sinnliches, vorzüglich visuelles Ereignis, wobei eigentlich »der Begriff eines Nuomenon (...) bloß ein Grenzbegriff (ist), um die Anmaßung der Sinnlichkeit einzuschränken«.[1] Fernrohr und Mikroskop, die andere, der Urbanisierung zeitlich vorausliegende Wahrnehmungsschwelle, veränderten paradoxerweise als direkte Folge eher Vorstellung und Struktur des Unsichtbaren, als daß sie die visuelle Wahrnehmung selber erschütterten – im Gegenteil: Sie führten zunächst zu einer neuen Selbstgewißheit der sinnlichen Wahrnehmung, insbesondere der visuellen. Erst die moderne Stadt irritiert und destruiert nachhaltig etablierte Muster der Wahrnehmung, worauf allerdings der philosophisch-erkenntnistheoretische Wahrnehmungszweifel, der jene neue Gewißheit fast ab ovo unterminierte, bereits hingearbeitet hatte. An der modernen Stadtwahrnehmung imponieren zunächst und sind immer wieder hervorgehoben worden Beschleunigung, Abstraktion, Virtualisierung, Semiotisierung, Reizüberlastung und Reizschutzdurchschlag. Davon zeugen etwa Benjamins an Freud geschulte Theorie des Chocks oder Baudrillards Konzept des Simulacrum, das auf antike Vorstellungen über die Unterscheidung des Götterbildes von einem Gott sich zurückverfolgen läßt. Und Simmel notiert in seiner »Soziologie des Raumes«: »Wo (...) der Zwang der Umstände Beziehungen auf eine Distanz hin, zu deren Überwindung das Bewußtsein eigentlich nicht reif ist, unausweichlich machen, da muß dies zur Ausbildung der Abstraktion, gleichsam zur Streckfähigkeit des Geistes viel beigetragen haben, die soziologische Notwendigkeit mußte sich ihr individualpsychologisches Organ züchten.«[2] Zweifellos ist der visuelle Wahrnehmungsapparat in dem von Simmel vermeinten Sinne im Zuge der Urbanisierung gezüchtet worden. Diese sich selber zeitweilig desorganisierende und die Gegenstände virtualisierende Dynamik des urbanen Blicks hat aber in Gestalt der Alltäglichkeit einen Kompensationsmechanismus gefunden, der dem Chock seinen traumatischen Gehalt nimmt.

1 Kant, Immanuel: *Kritik der reinen Vernunft,* A 255/ B 310 f.
2 Simmel, Georg: »Soziologie des Raumes. Eine Auswahl«, in: ders.: *Schriften zur Soziologie,* Frankfurt a. M. 1983, S. 234.

43

»Die Revolution der Städte« bringt »Das Alltagsleben in der modernen Welt« hervor – wie die zwei Buchtitel des französischen Marxisten Henri Lefebvre lauten.[3] (Er selber hat allerdings diesen Zusammenhang in dem Sinne nicht hergestellt.) Nicht so, daß der Alltag, das Durchschnittsleben und die Normalität sich nicht im Sinne der genannten Merkmale modernisiert hätten, sondern so, daß dieser, zur Alltäglichkeit prinzipialisiert, einen Herabsetzungsmodus von humanspezifischer Welt, deren Inbegriff Urbanität ist, zu gleichsam subhumaner Umwelt darstellt. Alltäglichkeit ist ein exquisit modernes Phänomen, das mit kapitalistischer Produktionsweise, Industrialisierung und Urbanisierung einhergeht. Als es noch Werk- und Feiertage gab, gab es noch keine Alltäglichkeit.

- Die Hierarchisierung der Sinne – stammesgeschichtlich, kulturell, gesellschaftlich

Stammesgeschichtlich sehr früh, vermutlich als Folge des Zusammenwirkens des Erwerbs der aufrechten Körperhaltung – mit der Konsequenz des freien Handgebrauchs – und der Möglichkeit der extrazerebralen Speicherung von Informationen im Gefolge der gattungsspezifischen Leistungssteigerung des menschlichen Gehirns, wurden die Fernsinne – Auge und Ohr – privilegiert zuungunsten der Nahsinne – Haut, Nase und Zunge. Diese wurden funktionsarm und leistungsschwach vor allem im Hinblick auf die erweiterte kulturelle Reproduktion, jene aggregierten Aufgaben, und traten in engste Wechselwirkung mit den Enkulturationsprozessen der Gattung, was den Nahsinnen fast völlig versagt blieb. Nur die Haut scheint hier, will man jüngsten psychoanalytischen Forschungen folgen, den Anschluß nicht völlig verpaßt zu haben.[4] In ihrer Funktion für entwicklungspsychologisch frühe, präverbale Kommunikation, als Grenze nach außen und Sicherung des Zusammenhalts nach innen, das heißt in der Analogie zwischen Haut und Ichfunktionen, ist sie, folgt man dieser Betrachtungsweise, in den kulturellen Prozeß involviert geblieben. Tätowierungen, Bemalungen, Schnitte, Schminke und die zweite Haut der Kleidung mögen das bezeugen. Gleichwohl aber werden Sexual- und Körpertabus ein übriges zu dieser ersten grundlegenden Hierarchisierung der Sinne beigetragen haben.

Insbesondere der Gesichtssinn, die visuelle Wahrnehmung, profitierte von seiner Unverzichtbarkeit für den kulturellen Prozeß, wuchs ihm doch mit der extracerebralen Speicherung von Informationen und der Übermittlung von Informationen, der Kommunikation, in Gestalt der Semiotisierung, und zwar als Literalisierung, Verzifferung et cetera, die zentrale Rolle unter den Sinnen zu. Diese kultu-

3  Vgl. Lefebvre, Henri: *Die Revolution der Städte*, München 1972, und ders.: *Das Alltagsleben in der modernen Welt*, Frankfurt a. M. 1972.

4  Vgl. Anzieu, Didier: *Das Haut-Ich*, Frankfurt a. M. 1991.

5  Ovid: *Metamorphosen*, 1. Buch, übers. von M. v. Albrecht, München 1991, Zeilen 77 ff.

6  Vgl. Szlezák, Thomas A.: *Platon lesen*, Stuttgart/Bad Cannstadt 1993.

7  Vgl. Benjamin, Walter: »Der Erzähler. Betrachtungen zum Werk Nikolai Lesskows«, in: *Schriften*, Bd. II, Frankfurt a. M. 1955, S. 229–258.

relle Leistung des Auges, seine Fähigkeit zu lesen, feiert Ovid in der Kosmogonie der »Metamorphosen« als Vermenschlichung der Natur:»Noch fehlte ein Lebewesen, heiliger als diese (die Tiere nämlich, Verf.), fähiger, den hohen Geist aufzunehmen, und imstande, die übrigen zu beherrschen. Es entstand der Mensch (...) Und während die übrigen Lebewesen nach vorn geneigt zur Erde blicken, gab er (der Weltschöpfer, Verf.) dem Menschen ein nach oben schauendes Antlitz, gebot ihm, den Himmel zu sehen und das Gesicht aufrecht zu den Sternen zu erheben. So nahm die Erde, die eben noch roh und gestaltlos gewesen war, verwandelt die bisher unbekannten menschlichen Formen an.«[5]

Benachteiligt war in diesem Zusammenhang von vornherein der andere Fernsinn, das Gehör, war es doch an die organische Basis des menschlichen Sprechapparats hinsichtlich des Lesens von Zeichen zurückgebunden, während die visuellen Zeichen gleichsam frei und willkürlich erfindbar waren. Unter religiösen Vorzeichen allerdings, insbesondere unter monotheistischen, schien sich zeitweilig ein Gleichgewicht zwischen auditivem und visuellem Sinn herzustellen: Das göttliche Gesetz oder die Offenbarung konnte gesprochenes oder geschriebenes Wort sein, wobei das gesprochene Wort sogar für authentischer galt. Es gab eine verschwiegene Konkurrenz zwischen dem Wort Gottes und der Heiligen Schrift. Und charakteristischerweise hat Platons berühmte Kritik der Schriftlichkeit in den letzten Passagen des »Phaidros«, die besagt, daß die Leistung des geschriebenen Logos in keiner Weise an die des mündlichen heranreicht, ja daß jener in einer bloßen Erinnerungshilfe bestünde,[6] den Siegeszug der Schrift auch als Medium der Philosophie nicht aufhalten können. Aber in der Musik, und zwar sowohl in der Instrumentalmusik wie im Gesang, haben wir es dann mit einer Art Rebellion gegen die Hierarchisierung im Bereich der Fernsinne selber zu tun, die die kulturelle Prädominanz der visuellen Wahrnehmung allerdings letztlich nicht hat gefährden können.

Diese brach sich, Signum der Moderne, endgültig Bahn mit neuen Semiotisierungsschüben und der neuzeitlich-naturwissenschaftlichen Bindung der Wahrheit an die sinnliche, vorzüglich visuelle Wahrnehmung. Diese Semiotisierungsschübe bestanden in der Durchsetzung des Prinzips der Schriftlichkeit, der Erfindung des Buchdrucks, der Notwendigkeit der Fixierung von Meßergebnissen sowie ihrer symbolgestützten mathematischen Weiterverarbeitung, der Rolle von Ziffern in der sich ausbreitenden Geldwirtschaft und so weiter. Hinzu traten überlegene Organisations- und Darstellungsprinzipien der visuellen Wahrnehmung wie die Zentralperspektive und – seit neuestem – die visuellen Medien. Für den Bereich der Literatur hat Walter Benjamin in seinen »Betrachtungen zum Werk Nikolai Lesskows«, dem Essay »Der Erzähler«, in unnachahmlicher Weise die Konsequenzen eines derartigen Semiotisierungsschubes mit der Verlagerung vom gesprochenen zum gelesenen Wort dargelegt.[7]

Die neuzeitlich-naturwissenschaftliche Bindung der Wahrheit an die Wahrnehmung wird durch die Erfindung von Fernrohr und – in gehörigem zeitlichen

Abstand – Mikroskop markiert. Kopernikus und Kepler entwickeln noch hypothetische Modelle des Himmels und des unendlich Fernen, sicherlich einwandfreiere als Ptolemaios, aber Galilei beginnt, diese mit der Augenprothese des Fernrohrs zu überprüfen und zu bestätigen. In einem Brief an Kepler im Jahre 1610 wendet Galilei das neue Junktim von technisch vermittelter Beobachtung und hypothetischer Modellbildung gegen die Zweideutigkeit der Wahrheit, die dem Text entnommen ist: »Was sagt Ihr über die Hauptphilosophen unserer Gymnasien, die mit der Hartnäckigkeit einer Natter, obwohl ich mir tausendmal Mühe gab und ihnen ein entsprechendes Anerbieten machte, die Planeten, den Mond oder auch nur das Fernrohr selbst nicht ansehen wollten? Wahrhaftig, wie jener (Odysseus) die Ohren, so haben diese die Augen gegen das Licht der Wahrheit (contra veritatis lucem) verschlossen. Das ist ungeheuerlich, aber es erregt keine Verwunderung bei mir. Denn diese Art von Menschen hält die Philosophie für ein Buch, wie es die Aeneis und die Odyssee sind. Sie glauben, daß die Wahrheit nicht in der Welt und in der Natur, sondern in der Vergleichung der Texte (wie sie es ausdrücken) gesucht werden müsse.«[8]

Daß mit der modernen Stadt und der Verstädterung der Gesellschaft Semiotisierung und äußere Realität sich in einem Artefakt so zusammenschließen könnten, daß die Wahrheit wieder wie ein Text am Gegenstand lesbar wird, konnte Galilei nicht ahnen. Zunächst leiteten Fernrohr und Mikroskop eine wissenschaftliche Nobilitierung von visueller Wahrnehmung und Beobachtung ein, deren unmittelbare Rückwirkung erst einmal die Veränderung der Vorstellung des Unsichtbaren war: Es mußte gleichsam entvisualisiert und logifiziert oder irrationalisiert werden. Der Widerstand der Kirche gegen Galileis Methode entsprang gerade der Angst um den Verlust der Herrschaft im Reich des Unsichtbaren, das man nun nicht mehr uneingeschränkt und vor allem unkontrolliert visualisieren konnte. In der Wissenschaft vom Unbewußten, der Psychoanalyse und ihrer methodischen Grundlegung, der Traumdeutung, haben wir übrigens den Versuch vor uns, dieses Reich mit den Mitteln der neuzeitlichen Wissenschaft zu erforschen. Aber die neue Selbstgewißheit der sinnlichen, besonders visuellen Wahrnehmung enthielt bereits ab ovo den Keim der Zersetzung in sich, wie Hans Blumenberg an Galileis Griff zum Fernrohr zeigt, in dem eine Antinomie sich verberge: »Indem er das Unsichtbare sichtbar macht und so der kopernikanischen Überzeugung Evidenz verschaffen zu können glaubte, liefert er sich dem Risiko der Sichtbarkeit als letzter Instanz der Wahrheit aus; indem er aber das Fernrohr in Dienst nimmt, um solche Sichtbarkeit herzustellen, bricht er zugleich mit dem Sichtbarkeitspostulat der astronomischen Tradition und gibt dem unbezwinglichen Verdacht Raum, daß die technisch je vermittelte Sichtbarkeit, so weit sie auch vorangetrieben werden mag, ein zufälliges, an dem Gegenstand fremde Bedingungen gebundenes Faktum ist.«[9]

8 Blumenberg, Hans (Hg.): *Galileo Galilei : Siderus Nuncius. Dialog über die Weltsysteme. Vermessung der Hölle Dantes. Marginalien zu Tasso*, Frankfurt a. M. 1965, S. 7.

9 Blumenberg, Hans: »Das Fernrohr und die Ohnmacht der Wahrheit«, in: ebd., S. 5–73.

10 Simmel, Georg: »Exkurs über die Soziologie der Sinne«, in: ders.: *Soziologie. Untersuchungen über die Formen der Vergesellschaftung*, Berlin 1968, S. 485.

Diese Entwicklung weiter zu verfolgen hieße nun allerdings, eine Geschichte der neuzeitlichen Philosophie zu schreiben, die im Kern Erkenntnistheorie ist. Uns geht es hier nur um den Hinweis, daß die visuelle Wahrnehmung auf dem Hintergrund einer gattungsgeschichtlich angelegten Hierarchisierung der Sinne und auf dem Höhepunkt ihrer kulturellen Produktivität – ich erinnere an den Synchronismus der Zentralperspektive – in eine Krise gerät.

Dieser Krise zum Trotz bleibt festzuhalten: Das Auge ist zuständig für die äußere dreidimensionale Realität, ursprünglich die Natur, in der der Mensch sich vorfand, und für die Welt der visuell zu erfassenden Zeichen, die Schrift, die Ziffern, die mathematischen Symbole und ähnliches. Unsere Träume sind visuell, aber auch noch die am höchsten organisierten geistigen Operationen, die mathematischen, die keinerlei Zusammenhang mehr haben mit etwas Existierendem, ja deren inzwischen allgemein akzeptierte Begründungsvariante diesen Zusammenhang ausdrücklich leugnet, die also eine Realität sui generis darstellen, sind auf ein materielles, besser vielleicht visuelles Restsubstrat angewiesen in Gestalt von Symbolen respektive Zeichen. Jene Doppelkompetenz macht den Gesichtssinn in einzigartiger Weise zum Medium der kulturellen Evolution, wobei es vermöge seiner Zeichenlesefähigkeit mit Einführung der Schrift sogar in die Konkurrenz mit dem Gehör als Organ der Sprachwahrnehmung eintritt und diese letztlich gewinnt. Denken wir daran, daß wir in der Sprache eine, wenn nicht die humane differentia specifica vor uns haben! Darüber hinaus hat das Auge mit Raum und Fläche gewissermaßen differente Repräsentationsmöglichkeiten zur Verfügung, was wiederum für die Stadtwahrnehmung von Bedeutung ist und die sinnlich-visuelle Voraussetzung dessen ist, was ich den Doppelcharakter von Stadt nenne. Mit der Entdeckung der Konvertibilität von Raum und Fläche durch geometrische Projektionen und Zentralperspektive steigert sich noch einmal die Leistungsfähigkeit der Gesichtswahrnehmung gegenüber den anderen Sinnen, die über derartige Möglichkeiten, das heißt ins Rezeptionsmedium selber verlegbare geistige Operationen, nicht verfügen. Das Auge ist mithin das geistig-intellektuelle und insofern kulturkonstitutive Organ.

Georg Simmel hat in seiner »Soziologie der Sinne« angesichts der »Ausdrucksbedeutung des Antlitzes«, wie er es nennt, behauptet, daß das Gesicht »sozusagen ganz theoretischen Wesens« sei.[10] Es »handele« nicht, sondern »erzähle« nur davon. Als dieses theoretische Organ hat das Auge gesellschaftskonstitutive Bedeutung. Beim »unmittelbaren Blick von Auge in Auge« ist die elementare gesellschaftliche Tatsache der Gegenseitigkeit hergestellt. Sie sei hier, wie Simmel meint, sogar in vollkommenster Weise innerhalb des gesamten Bereichs menschlicher Beziehungen hergestellt. Simmel weist dann neben Dominanz und Irritation des Gesichtssinns auf Konsequenzen dieses Sachverhalts für die Soziologie der Großstadt hin: »(...) der, der sieht, ohne zu hören, (ist) sehr viel verworrener, ratloser beunruhigter als der, der hört, ohne zu sehen. Hierin muß ein für die Soziologie der Großstadt bedeutsames Moment liegen. Der Verkehr in ihr, verglichen mit dem in der Kleinstadt, zeigt ein unermeßliches Übergewicht des Sehens über das Hören

Andrer (...) vor allem durch die öffentlichen Verkehrsmittel. Vor der Ausbildung der Omnibusse, Eisenbahnen und Straßenbahnen im 19. Jahrhundert waren die Menschen überhaupt nicht in der Lage, sich minuten- bis stundenlang gegenseitig anblicken zu können oder zu müssen, ohne miteinander zu sprechen. Der moderne Verkehr gibt, was den weit überwiegenden Teil aller sinnlichen Relationen zwischen Mensch und Mensch betrifft, diese in noch immer wachsendem Maße dem bloßen Gesichtssinn anheim und muß damit die generellen soziologischen Gefühle auf ganz veränderte Voraussetzungen stellen. Die eben erwähnte Rätselhaftigkeit des nur gesehenen gegenüber dem gehörten Menschen trägt (...) sicher zu der Problematik des modernen Lebensgefühls bei, zu dem Gefühl der Unorientiertheit in dem Gesamtleben, der Vereinsamung (...).«[11] Benjamin übrigens hat diese Bebachtungen, und zwar gegen den entschiedenen Einspruch Adornos, an zentraler Stelle seiner Stadtwahrnehmungstheorie postiert.[12]

Diese mikrologische Analyse eines selber durch den Urbanisierungsprozeß Irritierten, der gleichzeitig ein distanzierter soziologischer Beobachter ist, lehrt zweierlei: Das Auge ist in der Großstadt endgültig das dominante Sinnesorgan, und es gerät wiederum in eine Krise, und zwar diesmal hinsichtlich der Leistung für alle, die unter diesen sozialen Bedingungen leben, weil diese Bedingungen die Überbrückung des »Gegensatz(es) von Auge und Ohr« (Simmel) durch Arbeitsteilung und Kooperation nicht mehr zulassen. Hierarchie und Konkurrenz der Sinne gefährden in der Großstadt die Konsistenz der Wahrnehmung überhaupt. Benjamin hat sich im Anschluß daran und unter Rückgriff auf Freuds Ausführungen über den Zusammenhang von Reiz, Reizschutz, Gedächtnis/Erinnerung und Trauma seine eigene Auffassung des »traumatischen Chocks« gebildet, der die künstlerische Wahrnehmung der Moderne formiere und in der Großstadt ihr Ursprungsmilieu habe.[13]

- Industrialisierung und Urbanisierung als Etappen der Formierung der Sinnlichkeit und der Doppelcharakter der Stadt

Die neuzeitliche Naturwissenschaft hatte die sinnliche Wahrnehmung in den Rang eines Wahrheitskriteriums erhoben und damit paradoxerweise, wie wir gesehen haben, eine Krise der sinnlichen, vorzüglich visuellen Wahrnehmung eingeleitet in Gestalt des Verlustes von Sichtbarkeit und Anschaulichkeit, das heißt der Rückbindung an den organisch-physiologischen Wahrnehmungsapparat. Dies blieb über einen längeren Zeitabschnitt nur eine, wenn auch tiefgreifende, theoretisch-wissenschaftliche Krise, die erst mit den Formierungsschüben menschlicher Sinnlichkeit, wie sie uns in Industrialisierung und Urbanisierung entgegentreten, ein derart massenhaftes Ereignis werden, daß wir von einem anthropologischen Datum reden können.

Die Industrialisierung zielte hinsichtlich der Sinnlichkeit allerdings nicht primär auf die visuelle Wahrnehmung und die »Form aller äußeren Anschauung«

(Kant). Sie zielte in erster Linie auf die »Form des inneren Sinns« (Kant), das Zeitbewußtsein der Populationen, die der industriellen Produktionsweise inkorporiert wurden.[14] Ursprünglich auf außerökonomische Zwangsgewalt gestützt, konnte der Industrialisierungsprozeß sich zunehmend auf Dressate und Verinnerlichungskerne der Leiblichkeit und Sinnlichkeit des lebendigen Bestandteils der Produktion, das heißt des Lohnarbeiters, verlassen und erreichte damit erst die ihm wesentlichen Bedingungen der Gewaltlosigkeit, jedenfalls für den Normalfall, und der Kontinuität. In drei Dimensionen vorzüglich wird diese Durcharbeitung innerer Natur anthropologisches Ereignis:

— in der Internalisierung der Arbeitszeit, der Umrechnungsgröße und der Abstraktionsmittel von sinnlichen Qualitäten, als Norm in Erinnerung, Zeitbewußtsein und Zeitperspektive des Lohnarbeiters, kurz: in der »Internalisierung der Arbeitsnormen ins Zeitbewußtsein« (H.-J. Krahl);

— in der Neukonstitution der Gegenstandswelt durch die spezifische Objektwahrnehmung und -beziehung in der Produktion von gleichgültigen Tauschwerten, die weder das Bedürfnis der Produzenten unmittelbar befriedigen, noch in der Verteilung und Konsumption seiner Verfügung und Rückaneignung überlassen sind;

— in der Entsinnlichung und Desexualisierung des menschlichen Leibes und seiner Ausbildung zum Arbeitsinstrument.

Die neue Lebensdisziplin ist vor allem eine durch Uhren, die mechanische Zeitmessung kontrollierte Lebensdisziplin. »Die Zeit der Uhren«, konstatiert Klaus Laermann, »ist (...) eine entqualifizierte Zeit. Sie muß sich durchsetzen, damit so etwas wie Alltag überhaupt erfahrbar wird.«[15] Alltäglichkeit als Folge eines neuartigen Zeitgitters neutralisiert und kompensiert dann den Wahrnehmungsüberschuß und die Sinnenderegulierung, die sich mit der Urbanisierung einstellen. Die Neukonstitution der Gegenstandswelt als Folge der Tauschwertproduktion wäre ebenfalls in ihrer Rückwirkung auf die sinnliche, insbesondere visuelle Wahrnehmung und die Art, wie dieser Welt sich dann darbietet, zu untersuchen. Der Begriff der Warenästhetik zielt in diese Richtung, ohne die Konsequenzen zu erschöpfen.

Industrialisierung und Urbanisierung sind keinesfalls ununterscheidbare, nicht einmal durchgängig zeitgleiche Prozesse, wiewohl sie gleichsinnig und in engster Wechselwirkung verlaufen. Bevor die moderne Stadt mit ihren Prototypen London und Paris zum Treibhaus von Urbanität und Strahlzentrum von Urbanisierung werden konnte, mußte die Stadt, beginnend mit der Totenstadt beziehungsweise um Gräber gebauten Stadt,[16] über politische Stadt, Handelsstadt, Industriestadt,

11  Simmel, Georg: »Exkurs über die Soziologie der Städte«, a.a.O., S. 486.
12  Vgl. Benjamin, Walter: *Charles Baudelaire. Ein Lyriker im Zeitalter des Hochkapitalismus. Zwei Fragmente*, Frankfurt a. M. 1969, S. 38 und S. 160.
13  Ebd., S. 118 ff.
14  Vgl. Krovoza, Alfred: »Die Verinnerlichung der Normen abstrakter Arbeit und das Schicksal der Sinnlichkeit«, in: Bezzel, Chris u.a. (Hg.): *Das Unvermögen der Realität*, Berlin 1974, und ders.: *Produktion und Sozialisation*, Köln/Frankfurt a. M. 1976.
15  Laermann, Klaus: »Alltags-Zeit. Bemerkungen über die unauffälligste Form sozialen Zwangs«, in: *Kursbuch* 41/1975, S. 90.
16  Vgl. Mumford, Lewis: *Die Stadt. Geschichte und Ausblick*, 2 Bde., München 1979.

zahlreiche Metamorphosen durchlaufen. In dieser Entwicklung mußten Schranken fallen, die hier nur lemmatisch Erwähnung finden können: Die Stadt mußte ihre Inselsituation im geopolitischen Raum überwinden, das heißt, der Land-Stadt-Gegensatz mußte relativiert und schließlich aufgehoben werden. Wichtiger vielleicht noch war, daß die Stadt sich instand versetzte, Menschenmassen zu absorbieren anstatt abzustoßen. Dazu mußte der Antagonismus von wandernden Massen historisch unterschiedlichster Art – von Nomaden über Heerzüge bis zu den vom ländlichen Auskommen Enteigneten – und Stadt überwunden werden. Dem stand jahrhundertelang die innere auf Gleichgewicht und Homöostase gerichtete Gliederung der Stadt entgegen. Die Kontingentierung von Herdstellen, Heiratschancen, Arbeitsplätzen und Zunftmitgliedschaft mußte entfallen, um jene Doppelbewegung von räumlich-funktioneller Entgrenzung und Massengravitation in Gang zu setzen, die in die Verstädterung der Gesellschaft überging, um eine »neuartige städtische Lebensform«, Urbanität, herzustellen und um »schließlich zum beherrschenden Lebensstil« zu werden, »der durchaus nicht mehr an ein Leben in der Stadt gebunden war und ist.«[17]

Warum städtischer Blick und Stadtwahrnehmung im Zuge dieser Entwicklung problematisch werden, ist im Folgenden anzudeuten. Übrigens ist es gerade die Literatur, die diese Krise der Wahrnehmung dokumentiert hat: Der Name Walter Benjamin und seine Untersuchungen zum Paris des 19. Jahrhunderts brauchen in diesem Zusammenhang wohl kaum eigens erwähnt zu werden, und die literaturwissenschaftlichen Untersuchungen von Heinz Brüggemann[18] sowie Susanne Hauser[19] weisen in dieselbe Richtung. Das Auge ist, wie ich es bereits ausgeführt habe, zuständig für die Welt der optischen Zeichen und Signale einschließlich der Schrift und schriftähnlicher Repräsentationen und die dreidimensionale äußere Realität, die dem Menschen ursprünglich als Natur entgegentrat. Die Stadt nun ist – und das nenne ich ihren Doppelcharakter – gleichzeitig optische Zeichenwelt und dreidimensionaler Naturraum beziehungsweise wahrnehmungsmäßig Raum in Analogie zur ursprünglichen Natur. Als vollständig artifizielle Landschaft hat sie im Gegensatz zur natürlichen Landschaft, auf die sich Bedeutungen immer nur projizieren lassen – man erinnere sich an das Erscheinen des Menschen in Ovids Kosmologie! –, von vornherein Zeichencharakter. Was gemeint ist, kann ein Blick auf Los Angeles im Vergleich zu Venedig ›Eigenheimwüste‹« und hier »die als Monument ihrer eigenen Geschichte petrifizierte Stadt«[20]. Kommt es dort nicht zu einer

17 Reulecke, Jürgen: *Geschichte der Urbanisierung in Deutschland,* Frankfurt a. M. 1985, S. 11.
18 Vgl. Brüggemann, Heinz: *»Aber schickt keinen Poeten nach London!« Großstadt und literarische Wahrnehmung im 18. und 19. Jahrhundert,* Reinbek 1985, und ders.: *Das andere Fenster: Einblicke in Häuser und Menschen. Zur Literaturgeschichte einer urbanen Wahrnehmungsform,* Frankfurt a. M. 1989.
19 Vgl. Hauser, Susanne: *Der Blick auf die Stadt. Semiotische Untersuchungen zur literarischen Wahrnehmung bis 1910,* Reihe Historische Anthropologie, Bd. 12, Berlin 1990.
20 Hoffmann-Axthelm, Dieter: *Die dritte Stadt. Bausteine eines neuen Gründungsvertrages,* Frankfurt a. M. 1993, S. 242.
21 Canfora, Luciano: *Die verschwundene Bibliothek,* Berlin 1990.
22 Siebel, Walter: »Vorwort zur deutschen Ausgabe« in: Saunders, Peter: *Soziologie der Stadt,* Frankfurt a. M./ New York 1987, S. 1.
23 Ebd., S. 12.

wirklich räumlich-baulich-materiellen Konkretisierung der Funktionen und sozialen Beziehungen, bleibt der Doppelcharakter der Stadt sozusagen embryonal, läuft es hier auf eine Entfunktionalisierung und einen Zerfall der Sozialkörperlichkeit hinaus mit der Konsequenz einer Ästhetisierung der städtischen Hardware, die die touristischen Besuchermassen anlockt.

Aber gleichzeitig gibt es in der Stadt eine ungeheure Ansammlung von Zeichen: Reklame, Schaufenster, Verkehrszeichen, Schriftzüge jeder Art, so daß man von einem Schriftcharakter der Stadtoberfläche reden könnte. Und auch im Inneren der Stadt sind in Gestalt von Maschinen und Apparaten, Verwaltungen und Archiven, Museen und Bibliotheken Myriaden von Zeichen gelagert, gespeichert, aber auch in ständiger Bewegung. Natürlich hat auch die äußere Natur in Form der Kulturlandschaft schon früh Zeichencharakter angenommen, und selbst die von Menschenhand unberührte Natur wird in Mythologie und Religion lesbar. Und natürlich war der von mir so akzentuierte Doppelcharakter ab ovo in den Städten angelegt und in einzelnen Fällen wie etwa dem von Alexandria mit seiner »verschwundenen Bibliothek«[21] als Verbindung von politischer Stadt und Zeichenstadt schon weitreichend realisiert. Aber zur Entfaltung und gesamtgesellschaftlichen Dominanz in Gestalt der Verstädterung der Gesellschaft kommt er erst mit der modernen Großstadt, die die Doppelbewegung von Entgrenzung und Massengravitation vollzogen hat. Die Entfaltung dieses Doppelcharakters kommt nicht zuletzt in einer Inflation, ja Explosion des Visuellen im urbanen Bereich zum Ausdruck. Das Auge hat wohl von allen Organen des Menschen den größten Teil der Last der Urbanisierung zu tragen: Ich bewege mich gleichzeitig im räumlichen Gelände der gebauten Stadt, in der Stadtlandschaft, und in der imaginären Stadt der verdichteten Funktionen und komplexen sozialen Beziehungen, die aber durchaus am Körper der Stadt ablesbar sind, ja sich visuell geradezu aufdrängen. Wobei die Stadt als Text noch einmal gespalten ist in das, was sie als gebaute und räumlich wahrgenommene zeichenhaft zum Ausdruck bringt, und als Behälter akkumulierter Zeichen und Bedeutungen. Genau das ist es letzten Endes, was in der Stadtwahrnehmung als Beschleunigung, Abstraktion, Reizüberlastung et cetera imponiert.

Im Vorwort zur deutschen Ausgabe einer »Soziologie der Stadt« beklagt Walter Siebel als Soziologe, daß »die räumliche Einheit der Stadt kein eigenständiges gesellschaftliches Phänomen mehr darstellt«.[22] Die Folge davon sei: »Was in Städten sichtbar wird und was die Entwicklung der Städte bestimmt, ist nur gesamtgesellschaftlich zu erklären.«[23] Es scheint, daß sich der Stadtsoziologe geschlagen gibt. Aber mit der Verstädterung der Gesellschaft, die der Stadt Subjektcharakter einräumt, jedenfalls Aktivität und Tendenz zuspricht, und dem Doppelcharakter von Stadt, der es erlaubt, sie als räumlich-visuelles Gebilde trotz aller Verzehrung des ländlichen Raums und der Verallgemeinerung des urbanen Lebensstils festzuhalten, bliebe ihm sein Gegenstand erhalten.

- Die »Dynamik« der Urbanisierung und die »Statik« der Alltäglichkeit

Die moderne Stadt und ihr Resultat Urbanität sind der bisher prägnanteste Ausdruck humanspezifischer Welt, die prinzipiell offen ist, im Unterschied zur geschlossenen Umwelt der Tiere. Diese Stadt allerdings überfordert in spezifischer Weise die Menschen hinsichtlich ihrer natürlichen Ressourcen, speziell ihres Wahrnehmungsapparats, wie ich zu zeigen versucht habe. Innere Natur ist nicht plastischer und regenerierbarer als äußere, ihrer Formierung sind Grenzen gesetzt, wenn sie auch in den Prozessen der aktiven Adaption, der »Züchtung individual-psychologischer Organe«, wie Simmel sich ausdrückte, eine erstaunliche Elastizität bewiesen hat. Gleichzeitig wohnt der Dynamik der Urbanisierung selber, darauf sei hier nur hingewiesen, ein Moment von Statik inne in Gestalt eines Zwanghaften, sich selber als Identisches Wiederholenden in dem Sinne, wie Adorno »Über Statik und Dynamik als soziologische Kategorien« berichtet hat, das seine »eigene Verneinung« sei, »permanente Regression.«[24]

In der Alltäglichkeit finden die Menschen einen Kompensationsmechanismus und Regressionsmodus gegen die Verhaltens- und Wahrnehmungszumutungen der urbanistischen Dynamik, eine »Schutzvorrichtung«, wie Simmel es nennt.[25] Sie bindet diese Zumutungen an die Ressourcen innerer Natur zurück, wenn auch in äußerst ambivalenter Weise. Sie reduziert nämlich die letzte und höchste Ausprägung humanspezifischer Welt, die Stadt, sowohl für Individuen, wie für ganze Gruppen und Klassen von Individuen auf eine subhumane Umwelt. Alltäglichkeit stellt für die vielen ein homogenes Lebensgelände her, in der auf die »Kultur des Unterschieds«[26] hin angelegten Großstadt. Damit wird Alltäglichkeit zur »unauffälligsten Form sozialen Zwangs.«[27] Richard Sennett hat mit der Intimisierung und Familiarisierung des öffentlichen Lebens, die er als »Tyrannei der Intimität« brandmarkt, einen wichtigen Zug des Alltagslebens in der Moderne behandelt.[28] Und in dieselbe Kritikrichtung zielt Dieter Hoffmann-Axthelm in seinem Plädoyer für »Die dritte Stadt«, wenn er gegen die »Einpuppung in individuelle Wohnwelten« polemisiert, die »die Zumutungen der Atomisierung« abfedern sollen. Die Wohnung wird auf diese Weise zum »Museum gesellschaftlicher Sehnsüchte, verlorener Persönlichkeit, Familie, Örtlichkeit und Geschichte.«[29]

Dergestalt ermäßigt und lindert Alltäglichkeit zwar die Traumen der Moderne, die nicht zuletzt Wahrnehmungstraumen in der großen Stadt sind. Gleichzeitig bringt sie die Menschen aber auch um die individuelle Aneignung der in der Stadt als Urbanität beschlossenen Gattungspotenzen, zu denen bekanntlich auch die fünf Sinne zählen.

24 Adorno, Theodor W.: »Über Statik und Dynamik als soziologische Kategorien«, in: Gesammelte Schriften, Bd. 8: Soziologische Schriften I, Frankfurt a. M. 1980, S. 229.
25 Simmel, Georg: »Soziologie des Raumes«, a.a.O., S. 235.
26 Vgl. Sennett, Richard: Civitas. Die Großstadt und die Kultur des Unterschieds, Frankfurt a. M. 1991.
27 Vgl. Laermann, Klaus: »Alltags-Zeit«, a.a.O.
28 Vgl. Sennett, Richard: Verfall und Ende des öffentlichen Lebens. Die Tyrannei der Intimität, Frankfurt a. M. 1986.
29 Hoffmann-Axthelm, Dieter: Die dritte Stadt, a.a.O., S. 229.

# Wolfgang Kemp
## Sehsucht: Die Engführung


● 1. Einleitung: »Siehe, ich will dir deiner Augen Lust nehmen!«

Mit Hilfe einer Begriffsprägung von Christian Metz könnte man sagen: Das 19. Jahrhundert hat ein neues skopisches Regime errichtet.[1] Damit ist anderes gemeint als die sinnesgeschichtliche Aussage, das 19. Jahrhundert sei ein Jahrhundert des Auges gewesen, wofür die Selbstwahrnehmung der Epoche ja zahlreiche Beispiele beisteuern könnte. Ich zitiere John Ruskin, der wie im Selbstversuch sein »reines« Auge den Sensationen seiner Epoche ausgesetzt hat: »You know we have hitherto been in the habit of conveying all our historical knowledge, such as it is, by the ear only, never by the eye; all our notion of things being ostensibly derived from verbal descriptions, not from sight. Now (...) we shall discover at last that the eye is a nobler organ than the ear; and that through the eye we must, in reality obtain, or put into form, nearly all the useful information we are to have about this world.«[2] Das ist in der Mitte des Lebens und des 19. Jahrhunderts niedergeschrieben worden. Später, gegen Ende, liest man es anders: »Das Schlimmste ist, daß mir das Verlangen der Augen (the Desire of the Eyes) zuviel wird, daß es immer stärker ist als das Verlangen des Geistes.«[3]

1878 schon hatte Walter Pater in einem ebenfalls autobiographischen Text über seine Kindheit geschrieben, daß ihre Abgeschlossenheit »a more than customary sensousness« ausgebrütet habe; im besonderen hebt er »the 'lust of the eye' as the Preacher says, which might lead him, one day, how far! Could he foreseen the weariness of the way.«[4]

Damit sind wir bei der Sehsucht angelangt und auch sehr viel näher an den Implikationen des Begriffs skopisches Regime. Dahinter steckt natürlich das Ende des 19. Jahrhunderts, das sein Unbehagen an der selbst geschaffenen Kultur in neuen Pathologien und Triebschicksalen zusammenfaßt, so in diesem Falle im Tatbestand der Schaulust oder Skopophilie – für Freud bekanntlich ein Partialtrieb, der bei Störungen des Triebhaushaltes sich verselbständigt und sich durch sein Gegenteil komplementieren kann: Dann treten Schaulust und Zeigelust (sprich Exhibitio-

1  Zu diesem Begriff und zur neueren Literatur über die Geschichte der Wahrnehmung vgl. Kemp, Wolfgang: »Augengeschichten und skopische Regime«, in: *Merkur 45*, 1991, S. 1162 ff.
2  Cook, E.T.; Wedderburn, Alexander (Hg.): *John Ruskin: The Works*, London 1902–1912, Bd. 16, S. 91. Zu Ruskin als »Seher« im doppelten Sinn siehe Fellows, Jay: *The Failing Distance. The Autobiographical Impulse in John Ruskin*, Baltimore/London 1975 und Kemp, Wolfgang: *John Ruskin 1819–1900. Leben und Werk*, München 1983, S. 412 ff. (Die englische Ausgabe erschien unter dem Titel *The Desire of My Eyes*).
3  Cook, E.T.; Wedderburn, Alexander (Hg.): a.a.O., Bd. 37, S. 153.
4  Pater, Walter: »The Child in the House«, in: Templeman, William D.; Harrold, Charles Frederick (Hg.): *English Prose of the Victorian Era*, New York 1962, S. 1470 f.

**53**

nismus) im Verein auf.[5] Der Bezugsrahmen der Viktorianer ist aber noch nicht der Atlas der Zeitkrankheiten, sondern nach wie vor das Register der Sünden. Der biblischen Bezugsstellen sind tatsächlich zwei, nicht nur der »Preacher«, auf den Pater sich bezieht – das ist Johannes im ersten Brief 2, 16: »Denn alles, was in der Welt ist: des Fleisches Lust und der Augen Lust und hoffärtiges Leben, ist nicht vom Vater, sondern von der Welt.« Ihm voraus geht Ezechiel 24, 16 mit dem Gotteswort: »Du Menschenkind, siehe, ich will dir deiner Augen Lust nehmen«.

Auf den ersten Blick will es scheinen, als würden hier die Sorgen der Romantiker vom Anfang des Jahrhunderts repetiert, die wie Coleridge von der »Despotie des Auges« sprachen oder wie Wordsworth das Auge »den herrscherlichsten unserer Sinne« nannten, der Geist und Herz »in absoluter Herrschaft sich unterjochte«.[6] Der äußeren Sicht stellten sie als notwendige Ergänzung die innere gegenüber; als höchstes Ziel schwebte ihnen der »Triumph der Vision über die Optik« vor.[7] Dem späteren 19. Jahrhundert muß man aber zugutehalten, daß es sich nicht mehr in Freiheit die Ökonomie seiner Sinnes- und Geisteskräfte zusammenstellen konnte. Die Menschen dieser Zeit hatten nicht nur mehr gesehen, sie sahen auf eine andere Weise, genauer: ihr Sehen wurde auf eine andere Weise gesehen. Die Ausstellung Sehsucht betonte den optimistischen und expansiven Zug der Sehsucht und entspricht so der Formbestimmtheit der Kunstform, die in ihrer Mitte steht, des Panoramas. »Man sieht also nicht bloß weit, sondern weit und breit«, dieses Wort Johann Adam Breysigs von 1808 hat man charakteristischerweise über einen Abschnitt der Ausstellung geschrieben. Mein Beitrag wird in Fortsetzung des eingangs Gesagten die gegenläufige und nicht minder epochentypische Tendenz verfolgen, welche introvertiert der Sinnestätigkeit auf den Grund geht, durch den mechanischen Anteil hindurch zur Psychophysik und zur Psychologie der Wahrnehmung durchdringend.

Um an zwei Bildern anzudeuten, um welchen Unterschied es geht: Ledoux' großes Auge (Abbildung 1) wurde in die Ausstellung Sehsucht aufgenommen, zu Recht, denn der Auftrag dieses Blattes ist es, ein demokratisches Theatermodell zu propagieren, so wie es der Architekt in Besançon verwirklicht hatte: ein Theater, in dem alle alles gleich gut sehen können. Dafür steht dieses »all seeing eye«.[8] Ich setze dagegen den ebenso bekannten *Blick*

5   Siehe unter »Schaulust« bei Freud, Sigmund: *Gesammelte Werke, Gesamtregister*, Frankfurt a.M. 1968, S.536. Freud hat keine systematische Analyse dieses Partialtriebs geliefert; am konstruktivsten äußert er sich in »Triebe und Triebschicksale« (1915), in: ebd., Bd. X, S. 222 ff. Was die Schule Lacans, der Feminismus, der Poststrukturalismus aus den Vorgaben der Psychoanalyse gemacht haben, füllt Bibliotheken; einen guten Überblick über eine hier besonders aktive Teildisziplin, die feministische Filmanalyse, vermittelt der Sammelband Penley, Constance (Hg.): *Feminism and Film Theory*, New York/ London 1988.
6   Zit. bei Abrams, M. H.: *Natural Supernaturalism. Tradition and Revolution in Romantic Literature*, New York 1971, S.366.
7   Ebd., S. 377.
8   Vgl. *Sehsucht. Das Panorama als Massenunterhaltung des 19. Jahrhunderts*, Ausstellungskatalog der Kunst- und Ausstellungshalle der Bundesrepublik Deutschland, Basel/Frankfurt a.M. 1993, S.126. Vgl. auch Kemp, Wolfgang: »Das Revolutionstheater des Jaques-Louis David. Eine neue Interpretation des ›Schwurs im Ballhaus‹«, in: *Marburger Jahrbuch 21*, 1986, S.177 f.
9   Mach, Ernst: *Beiträge zur Analyse der Empfindungen*, Jena 1886, S.14. Vgl. Nibbrig, L. Hart: *Spiegelschrift*, Frankfurt a.M. 1987, S.38 f.

*aus dem linken Auge* (Abbildung 2), der als Illustration der Aufgabe »Selbstanschauung des Ich« zu Ernst Machs »Beiträge zur Analyse der Empfindungen« von 1886 dient, und pointiere nur das Offensichtliche: Das Auge erzeugt ein kleines, kurios geschnittenes Bild, erzeugt im wörtlichen Sinne, denn die zeichnende Hand ist seine Agentin. Indem sie ins Innere verlagert wird, ist die Darstellung des Sehens jetzt ohne Außenansicht, ohne Spiegel möglich. Aber wenn sie auch ohne Kopf und Auge auskommt, so sind ihre übrigen Bestimmtheiten eher mehr geworden: Das Auge hat jetzt einen Körper, ein Geschlecht, eine Lage, ein Subjekt. Andererseits fällt uns auf: Sehr viel mehr als seine Anhängsel sieht das Auge nicht. In dieser Beziehung ist die Lokalisierung des Experiments von Bedeutung: Es findet in einem Raum mit Fenster, aber in deutlicher Distanz zu diesem, zur Außenwelt statt.[9] Und um dieses zumindest in Parenthese loszuwerden: Die Lage des Einäugigen auf einer Art Chaiselongue in einem fast leeren Raum und das von hinten gewonnene Bild – sie erinnern uns natürlich an das Setting einer anderen Form der Analyse, welche die Psychophysik vom Schlage Machs radikal ablösen sollte, aber doch auch im Innenraum Innerem auf die Spur ging. Freud, der seine Wissenschaft und seine Behandlungsform bekanntlich parallel entwickelte, schrieb zur Verteidigung seiner Positionierung hinter dem Analysanden zwei bemerkenswerte Argumente auf:

1. »Ich vertrage es nicht, acht Stunden täglich (oder länger) von anderen angestarrt zu werden.«

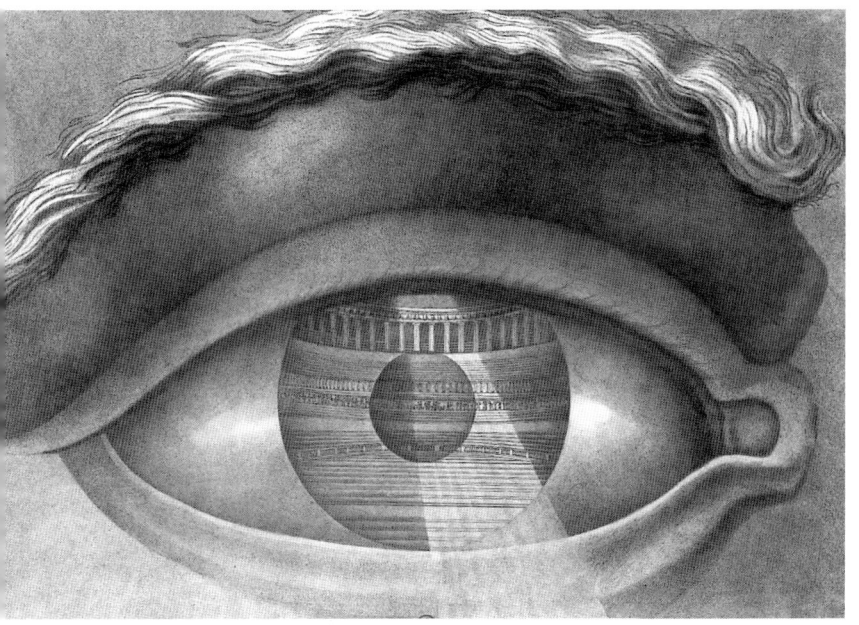

Abb. 1: Claude-Nicolas Ledoux:
*Coup d'œuil du Théâtre de Besançon,*
vor 1804, Kupferstich

2. »Der Patient faßt die ihm aufgezwungene Situation gewöhnlich als Entbehrung auf und sträubt sich gegen sie, besonders wenn der Schautrieb (das Voyeurtum) in seiner Neurose eine bedeutende Rolle spielt.«[10]

Die künstlich herbeigeführte Entbehrung, Beschränkung, Engführung und ihr anthropologischer und ästhetischer Beweiswert – dazu die folgenden, auf drei Fälle konzentrierten Analysen. Ich bleibe bei den Bildern von Innenräumen, da letztere eine starke Affinität nicht nur zum Auge selbst, sondern auch zu der introvertierten Natur der hier zu beschreibenden Forschungsrichtung besitzen.

● 2. Goethe:»Bilder, die dem Auge zugehören«

In seiner »Farbenlehre« operiert Goethe anfangs mit der ältesten Sehmaschine, der Camera obscura, nur um sie und das ihr zugrunde liegende Wahrnehmungsmodell ein für allemal zu verlassen. Er fordert seine experimentierbereiten Leser auf, durch ein kleines Loch im Fensterladen Licht in einen verdunkelten Raum zu schicken und den auf der gegenüberliegenden Wand erscheinenden hellen Kreis eine Weile zu fixieren. Darauf solle man die Öffnung schließen und in Richtung der dunkelsten Stelle im Raum schauen: »(...) so wird man eine runde Erscheinung vor sich schweben sehen. Die Mitte des Kreises wird man hell, farblos, einigermaßen gelb sehen, der Rand aber wird sogleich purpurfarben erscheinen. Es dauert eine Zeitlang, bis die Purpurfarbe von außen herein den ganzen Kreis zudeckt, und endlich den hellen Mittelpunkt völlig vertreibt. Kaum erscheint aber das ganze Rund purpurfarben, so fängt der Rand an blau zu werden, das Blaue verdrängt nach und nach hereinwärts den Purpur. Ist die Erscheinung vollkommen blau, so wird der Rand dunkel und unfärbig, usw.«[11] Erstaunlicher noch als diese Scheinbilder erscheint der Prozeß des Umdenkens, der sie ermöglicht hat. Die Camera obscura hatte als Apparat und als epistemologisches Modell menschlicher Erkenntnis so zu funktionieren, daß ein Außen einem Innen unter bestimmten Bedingungen ein Bild vermittelt. Goethe ist weder an dem Außen noch an dessen Bild interessiert. Seine Versuchsanordnung unterbricht den Austausch zwischen Außen und Innen und führt zu »Bildern« und Farben, welche »dem Auge zugehören« und »die notwendigen Bedingungen des Sehens« darstellen, wie er im gleichen Zusammenhang erklärt.[12] Die Folgerung von Jonathan Crary kann für das 19. Jahrhundert und seine Beschäftigung mit dem Gesichtssinn verallgemeinert werden:»Der Körper und die Subjektivität des Beobachters, die a priori aus der Camera obscura ausgeschlossen waren, werden mit einem Mal als die Instanz anerkannt, die Wahrnehmung möglich macht. Der menschliche Körper in all seiner Kontingenz und Spezifik erzeugt ›das Spektrum einer anderen Farbe‹ und wird so zu einem aktiven Produzenten

10 Freud, Sigmund: *Gesammelte Werke,* a.a.O., Bd. V, S. 467.
11 Habel, Reinhard (Hg.): *Johann Wolfgang von Goethe: Schriften zur Farbenlehre,* Stuttgart 1959, Bd. 1, S. 44.
12 Ebd., S. 34.
13 Crary, Jonathan: *Techniques of the Observer,* New York 1990.
14 Müller, Johannes: »Theorie der phantastischen Gesichtserscheinungen«, 1826, zit. n. Schipperges, Heinrich: *Welt des Auges,* Basel/Wien 1978, S. 104.
15 Crary, Jonathan: a.a.O., S. 15.

optischer Erfahrung«.[13] Wenig später wird Johannes Müller das »Gesetz von den spezifischen Sinnesenergien« für das Auge so formulieren: »Es ist für den Sinn gleich, ob seine Affektation von innen oder außen erregt werde, das Auge sieht in beiden Fällen Licht und Farben.«[14]

Wie das Zitat aus Goethes Farbenlehre schon angedeutet hat, waren unter den physiologisch bedingten und nur dem Auge zugehörenden Phänomenen die Nachbilder der beliebteste Forschungsgegenstand. Ihre experimentelle Untersuchung und die weitreichende Ergründung der Irritabilität und Reaktionsfähigkeit des Auges führten zu Ergebnissen, die nicht ohne Konsequenzen auf dem Gebiet der optischen Vergnügungen blieben. Wie ja überhaupt in dieser frühen Zeit des 19. Jahrhunderts Spiel und Experiment dicht beieinander wohnen und sich gegenseitig anregen. Die Beschäftigung mit den Nachbildern hatte jedenfalls ergeben, daß das Auge nicht unmittelbar, sondern verzögert und mit Nachwirkungen Reize verarbeitet – mit der durchschnittlichen Verspätung von einer Drittelsekunde, fand Joseph Plateau in den 30er Jahren heraus; die Forschung hatte weiterhin zu Tage gefördert, »daß gewisse Formen der Überblendung und Mischung entstehen, wenn Reize in sehr schneller Folge aufgenommen werden – die Langsamkeit des Auges konnte zum Ansatzpunkt werden, Wahrnehmung zu modifizieren und zu regulieren.«[15] Es ist klar, welcher Punkt damit erreicht war: Kurz einwirkende Reize erzeugen positive Nachbilder, bei denen die Erregung den Reiz überdauert – das ist die physiologische Voraussetzung des Films. Der praktische Weg dorthin, der über eine Unzahl von kleinen Apparaten führte und keineswegs geradlinig war, gehört nicht hierhin; was hier interessiert, ist die epochale Engführung von Physiologie und Medientechnik, die Verschränkung einer »Analytik der Endlichkeit des Menschen« (Foucault) mit ihrer systematischen Ausbeutung. Die Erkenntnis der Spezifik, der Kontingenz, der strukturellen Behinderungen des menschlichen Sinnesvermögens war die Voraussetzung ihrer unablässigen, planmäßigen Reizbarkeit; die Engführung der Versuchsanordnung endete in weltweit operierenden Systemen der Kulturindustrie; der Weg ins Innnere führte zu einer unendlichen Vergrößerung der optischen Oberflächen.

Abb. 2 : Ernst Mach:
*Blick aus dem linken Auge,* um 1870,
publiziert 1886, Holzschnitt

Abb. 3: Caspar David Friedrich:
*Blick aus dem Atelier* (linkes Fenster),
um 1815, Sepia auf Karton

Abb. 4: Caspar David Friedrich:
*Blick aus dem Atelier* (rechtes Fenster),
um 1815, Sepia auf Karton

## 3. Caspar David Friedrich: »Bilder, die dem Auge und dem Körper zugehören«

Mein nächstes Interesse gilt nach der Camera obscura einem zweiten Hauptinstrument optischer Kunst und Wissenschaft: der Perspektive. Unter den Bedingungen, die ich hier untersuche, verlagert sich im 19. Jahrhundert der Akzent von der Projektion zum Ursprung der Projektion, vom rationalen Darstellungssystem zum wahrnehmenden Individuum in seinen existentiellen und kategorialen Bedingtheiten.[16] Es gibt eine Gruppe von Bildern von Caspar David Friedrich, die sich quasi experimentell mit diesem Problem befassen, aber in ihrer phänotypischen Konzeption nur schwer zu erkennen sind. Ich meine die Innenansichten seines Dresdner Ateliers, besonders die beiden großen Sepiastudien in Wien (Abbildung 3 und 4) und das Bild der Frau des Malers am Fenster in Berlin (Abbildung 5). Alle drei Versionen kann man als verunglückte Interieurs oder als verunglückte Fensterbilder bezeichnen. Als Interieurs geben sie nicht viel her, weil das Atelier fast so leer geräumt ist wie die Camera obscura oder die Augenkammer. Als Fensterbilder enttäuschen sie, weil der Standpunkt des Malers zu weit ins Innere verlagert ist, um eine Aussicht zu ermöglichen. Diese Ausgangsposition entspricht der Introversion des Gesamtprojekts und dem Programm des Malers, der das innere über das äußere Sehen setzen will. Das äußere Sehen hätte seine Lust an der schönen Aussicht. Davon nimmt der Maler Abstand und zieht sich in seine Mal-/Augenkammer bis an den sensiblen Punkt zurück – nicht anders als Goethe oder Mach, die ebenfalls auf das Außenbild verzichten.

Nicht anders auch als der Psychophysiker Gustav Theodor Fechner, an dessen berühmt gewordenen Krankheitsfall ich in diesem Zusammenhang kurz erinnere, um den Ernst, man kann auch sagen: die Schattenseite solcher Versuche zu unterstreichen. Einer, wie Ruskin sagen würde, »lenticular curiosity« folgend, hatte Fechner »die Irritationen des Farbfernsehens nach starker Sonnenblendung erkunden« wollen und in äußerster Anstrengung Meßskalen durch ein enges Diopterloch fixiert.[17] Die Auswirkungen waren in direkter Folge und in psychosomatisch beschleunigter Steigerung Sehschwäche, totale Lichtempfindlichkeit, Arbeitsunfähigkeit, Apathie und eine verzehrende Seelenkrankheit, die den Forscher bis an den Rand des Grabes führten: Ein solches war sein Haus mit seinen doppelt abgedunkelten Zimmern, in denen der Kranke mit Maske oder schwarzen Tüchern vor den Augen für drei Jahre dahinvegetierte, bis nach einer wunderbaren Heilung er wieder – ich zitiere ihn – »mit einer Art Gier die Gegenstände (...) mit den Augen gleichsam verschlang«[18].

In einer sehr viel weniger dramatischen, aber doch akzentuierten Zurückgezogenheit probiert Friedrich zwei Optionen aus: In den Sepia-Studien verdoppelt er das Bild, im aus-

16  Vgl. Kemp, Wolfgang: *Der Anteil des Betrachters. Rezeptionsästhetische Studien zur Malerei des 19. Jahrhunderts*, München 1983, S. 41 ff., 67 ff.
17  Vgl. zu dieser »maladie célèbre« des deutschen 19. Jahrhunderts Mattenklott, Gerd: *Blindgänger. Physiognomische Essays*, Frankfurt a.M. 1986, S. 148, und Crary, Jonathan: a.a.O., S. 141 f.
18  Zit. n. Mattenklott, Gerd: a.a.O., S. 152.

Abb. 5: Caspar David Friedrich:
*Frau am Fenster*, 1822
Öl auf Leinwand

geführten Gemälde die Persona des Sehens. In beiden Fällen – das sollte auch noch gesagt werden –, und das gilt für Goethe und Mach genauso, sieht das Subjekt, ohne selbst gesehen werden zu können. Das scheint eine wesentliche Begleiterscheinung, ja ein Steigerungsmittel dieser Spielart der Sehlust. Ledoux' Auge sieht und wird gesehen, der Maxime seines Urhebers entsprechend, daß das Gemeinschaftserlebnis Theater Austausch, wechselseitige Kommunikation erfordere. Dagegen Ruskin, stellvertretend für die sich nicht exponierenden Schaulustigen:»My entire delight was in observing without being myself noticed.« (»Mein ganzes Vergnügen bestand darin, zu beobachten, ohne gesehen zu werden – hätte ich mich unsichtbar machen können, umso besser!«)[19]

Die doppelseitige Variante (Abbildungen 3 und 4) bildet die visuelle Reichweite des Malers vom festen Punkt seiner zurückgezogenen Stellung im Atelier ab. »Die beiden Blätter zeigen je einen Blick durch das linke und das rechte Fenster von Friedrichs Atelier ›in Dresden vor dem Pirnaischen Thore‹, wie es auf der Adresse eines auf dem linken Fensterbrett liegenden Briefes heißt – das Gesicht des Adressaten selbst erscheint auf dem rechten Blatt im vom Bildrand überschnittenen Spiegel. Das linke Fenster steht leicht schräg im Bild, das rechte dagegen erscheint frontal. Als Atelier-Raum ist das abgebildete Interieur nur andeutungsweise gekennzeichnet: in der Ecke neben dem linken Fenster lehnt ein langer Malstock, im übrigen bleibt der Raum neutral und leer.«[20] Der Effekt dieser Blätter auf den derart eingeordneten Betrachter ist aber keineswegs ein affirmativer: »Der Fußboden ist nicht mit dargestellt. Die Bilder zeigen beide nur einen knappen Wandabschnitt rund um die Fenster, so daß die in der Wandfläche zu schweben scheinen. Aus dem anschaulichen Konnex mit dem umgebenden Raum gelöst, befinden sie sich in einer schwer auszumachenden Distanz im Bild, und ähnlich wie diese Flächen ohne Vordergrund sich nur ganz ungefähr auf eine Position einpendeln, sinkt auch der Betrachterblick jenseits der Fensteröffnung ganz maßstabslos in die Tiefe der Landschaft, die sich vor ihnen auftut.«[21] Könnte man diese Probleme noch als Akkommodationsschwierigkeiten bezeichnen, so ist die Hauptirritation, die von diesen Bildern ausgeht, nicht nur stärker, sondern auch bleibend strukturell bedingt. Sie ergibt sich daraus, daß die Blätter als Pendants konzipiert und vom gleichen Standort aufgenommen sind, jedoch verschiedene Blickrichtungen nachvollziehen. So entsteht keine einheitliche und kontinuierliche Sicht auf dieselbe Zimmerwand. Die nächstliegende Assoziation, ja unmittelbare Sinnesreaktion wäre ja gewesen, in den beiden Atelierfenstern die beiden Augen des Malers zu sehen, eine Reflexion über einäugiges, zentralperspektivisches und beidäugiges, ganzheitliches Sehen zu vermuten. Aber diese Auffassung geht an der vertrackten Flucht des linken Bildes ebenso zuschanden wie andere spontane Hypothesen: Weder stereoskopisches, noch panoramatisches Sehen wird hier ermöglicht. Friedrich

19  Cook, E.T.; Wedderburn, Alexander (Hg.): a.a.O., Bd. 35, S. 166.
20  Nowald, Karlheinz: *Carl Gustav Carus »Malerstube im Mondschein«*, Kiel 1973, S. 69.
21  Ebd., S. 69 f.
22  Cook, E.T.; Wedderburn, A.: a.a.O., Bd. 26, S. 115; Bd. 22, S. 194 f.
23  Zit. n. Nowald, K.: a.a.O., S. 68.
24  Cook, E.T.; Wedderburn, Alexander: a.a.O., Bd. 37, S. 602.

hat sich und uns hier eine andere Aufgabe gestellt. Selbst wenn der Körper an derselben Stelle verharrt, sagt diese merkwürdige Bildkombination, verfügen Kopf und Auge über eine kleine zusätzliche Beweglichkeit und Reichweite. Ein Mehr, das nicht die große Alternative, nicht den qualitativen Sprung bedeutet: also nicht Erweiterung (Panorama), Vertiefung (Teleskopie) oder Verräumlichung (Stereoskopie) des Sehens bedeutet. All das wären Formen von »mechanical sight«, um noch einmal Ruskin zu zitieren[22], einer Schaulust, die den Sehapparat stimuliert. Friedrichs Versuchsanordnung erinnert uns daran, daß ihr bestimmtes Mehr nicht den Augen oder einer Organprothese verdankt sein soll, sondern aus der relativen Unabhängigkeit von Person, Körper und Sinnesorgan entsteht. Körper, Kopf und Augen können ja eigene Orientierungen aufnehmen und damit verschiedene Objekte der Begierde anvisieren. Die angestrengte Optik der mechanischen Schaulust verlangt in aller Regel die strikte Subordination der Körperteile, der Sinnes- und Geistesaktivitäten unter eine Richtung, einen Skopus, wörtlich verstanden. Die rechte Ansicht Friedrichs entspricht zumindest der dabei verlangten Grundeinstellung; als frontale Sicht macht sie gleichwohl auch auf die Standortbedingtheiten aufmerksam: durch das stärker fragmentierte Bild im Bild und durch das angeschnittene Spiegelbild des Autors, das diesen zusätzlich auf seine Position zurückwirft. Der freiere Blick, der aus der orthogonalen Normalposition sich löst und schräg den Raum durcheilt, hat dagegen mehr von der Landschaft: das vordere Flußufer, den Fluß und seine große Kehre und die Brücke. Um dahin zu kommen, eilt er wie spielerisch über den Brief auf der Fensterbank und die symbolhafte Adressierung des Maler-Ichs hinweg. Das Auge erfüllt seine fast unbegrenzten Möglichkeiten als Fernsinn, es ist ein bewegliches Organ in einem beweglichen Körperteil auf einem beweglichen Körper – und doch wird es gerade in diesem Bilderpaar wie ein Gummiband auf seinen Ursprungsort im Inneren zurückbezogen, in dem sich Ort und Zeit, individuelle und kollektive Geschichte, Freiheit und Gebundenheit kreuzen. Carus, der Freund Friedrichs, hat im weiteren Zusammenhang von solchen Werken als von »mehr subjecte(n) Bilder(n)« gesprochen, was wohl »subjektivere« Bilder meint, und davon, daß es »fixierte Blicke« seien.[23] Wenn wir subjektiv und fixiert zusammennehmen, letzteres in all den oben beschriebenen Konsequenzen, können wir uns dieser zeitgenössischen Formel anschließen. Friedrichs Pendants sind also kein verfrühtes Experiment in Stereoskopie. Was zählt, ist der doppelte Blick, nicht der einfache. Ruskin erblickte in der Stereoskopie keinen Durchbruch und riet Malern ernsthaft davon ab, ihre Effekte anzustreben. Seine Mutter, sagte er schnippisch, sei 30 Jahre lang mit einem Auge gut ausgekommen, und er sehe mit zwei Augen nur das doppelte Quantum an Unglück in der Welt.[24]

Das doppelte Quantum bedeutet im Falle Friedrichs zunächst einmal einen Schritt weg vom Konzept eines universalen und uniformen Raums hin zu einer Anerkennung einer Pluralität von Erfahrungswirklichkeiten. Das erwies sich als ein Jahrhundertprojekt, bei dem einiges für die Kunst abfiel und einiges von ihr beigesteuert wurde. Cézanne schreibt an seinen Sohn im September 1906: »Hier am Ufer des Flusses finde ich eine Fülle von Motiven. Derselbe Gegenstand, aus verschiedenen Blickwinkeln gesehen, ist ein Studienobjekt von höchstem Interesse und so vielfältig, daß ich mich wohl Monate damit beschäftigen könnte, ohne meinen Platz zu wechseln, indem ich mich einfach nur mehr nach links oder nach rechts beuge.«[25]

● 4. J. E. Millais: »Bilder, die dem Auge, dem Körper und der Begierde zugehören«

Was die *Frau am Fenster* (Abbildung 5) anbelangt, so war den Zeitgenossen die Bildidee mit ihrer zweifachen Verweigerung von Außenansicht und Vorderansicht der Frau so fragwürdig, daß der Maler den hilflosen Besuchern gleichfalls ein Pendant und damit eine gemalte Antwort versprach, die man als Absicht nicht sehr ernst nehmen muß, als Art und Weise, mit dem Problem umzugehen, aber sehr: »Eben steht die bekannte *Frau am Fenster* auf der Staffelei, und Friedrich, unwillig, daß er aber auch von Jedem gefragt wird, was das sei, verrät Fouqué seinen Entschluß, von dem ihn Jener nur mit Mühe abbringt: ins Fenster gegenüber dasselbe Haus noch einmal zu malen, aus dem die gleiche Frau, aber alt und sehr häßlich herausgucken solle.«[26] Über die Abwertung der Außenansicht durch die Antwort wäre lange nachzudenken; ich kann hier nur den vordergründigsten Aspekt des fraglichen Bildes, der *Frau am Fenster*, akzentuieren, der darin besteht, daß die Stelle des inneren Sehens verdoppelt und personal besetzt wird. Friedrichs berühmte Rückenfiguren, die ersten Betrachter im Bild, haben zum Gegenstand ihres hingebungsvollen Schauens in der Regel nicht viel mehr als den Horizont, sprich die Unendlichkeit. In einer anderen Kombination von Personenperspektive und Objektwahl wird daraus das Paradigma einer neuen Epoche der Sehgeschichte. Die personale Perspektive mußte nur in einen narrativen Kontext inseriert werden, der ja in der Regel von aufbrechenden und aufzufüllenden Mängeln handelt, kurz: die Träger des stellvertretenden Sehens mußten zu Mitspielenden und Betroffenen werden. Ein Beispiel soll genügen: Ich behandele ein Blatt aus einer unausgeführten Serie, die der englische Maler John Everett Millais um die Mitte des Jahrhunderts in enger Anlehnung an Hogarth' *modern moral subjects* geplant hat (Abbildung 6).

Eine in Schwarz gekleidete Frau wohnt auf der Galerie einer Kirche einer Trauung bei. Die Zeremonie ist vollzogen, die Brautleute haben sich umgedreht und wenden sich ihren Trauzeugen beziehungsweise Familien zu. Diesen Moment nutzt die Frau und erhebt sich, um einen besseren Blick auf das Paar zu haben. Ihr eigentliches Interesse gilt wohl dem Bräutigam, der einer anderen Frau und vielleicht auch einer anderen gesellschaftlichen Stellung den Vorzug gegeben hat. Wir ergänzen die Komposition in dieser Hinsicht nicht nur, weil sie so viele viktorianische Romane und Filme (ich erinnere an die Schlußszene von *The Graduate*) uns

25  Rewald, John (Hg.): *Paul Cézanne: Letters*, Oxford 1946, S. 262.
26  Zit. n. Nowald, K.: a.a.O., S. 71.

dies nahelegen – es gibt durchaus bildimmanente Indizien für diese Nacherzählung. Da ist zunächst die simple Vorgabe der Regie, daß der prominenten Stellung der Frau im Vordergrund auf der unteren und entfernteren Ebene allein der Bräutigam entspricht, unverstellt, frontal und gut ausgeleuchtet, wie er präsentiert wird. Er dreht sich sogar in die Richtung unserer Perspektivträgerin, aber nur, um in einer Art »mock gesture« jemand anders zu begrüßen, während die gespannte und sehnsuchtsvolle Zuwendung ein Stockwerk höher unerwidert bleibt. Andere, nicht weniger starke Sachverhalte unterstützen die gleiche Lesart: die isolierte, vom Geschehen ausgeschlossene Situation der Frau, ihre schwarze Tracht, die im Kontrast zu der Kleidung der Hochzeitsgesellschaft steht und Trauer und das Ende ausdrücken soll – es ist eine Kleidung, die ihre Trägerin so total einhüllt und entindividualisiert, daß sie jegliche Attraktivität auslöscht; und dann natürlich der Schatten, der schwarz von ihr wegfließt, direkt auf den Bräutigam zu, und sich quer vor den weiteren Weg des Paares legen will, aber abbricht und auf dem unteren Niveau der Kirche nur eine harmlose Fortsetzung findet. Die schwarze Frau wirkt wie ein negativer Scheinwerfer, auf das Geschehen ausgerichtet, aber dunkel in sich selbst und Schatten und Düsternis verbreitend.

Anders als die Filmkamera, anders als die Demonstrationszeichnung des Psychophysikers Mach, vermag die bildende Kunst nicht durch die Augen ihrer

Protagonisten/innen zu schauen. Eine radikal subjektive Perspektive ist ihr versagt – in Werken wie dem zuletzt beschriebenen sieht der Betrachter vielmehr zwiefach: Er sieht sie, die Perspektivträgerin, und mit ihr, aus ihrer Perspektive. Daß wir uns trotz dieser konstitutiven Spaltung so bereitwillig in die Beobachterin und ihre Sicht auf das Geschehen hineinversetzen, hat mit der geringen Distanz zwischen ihr und uns und mit der Heimlichkeit ihrer/unserer Position zu tun, mit der unüberwindlichen Trennung in eine Zone des Geschehens (beziehungsweise Geschehenseins) und in eine Zone des Sehens, die als Ursprungsort zwar das Übergewicht hat, denn das ganze Bild ist auf diesen Moment und diese Richtung des Sehens hin angelegt, das nicht erwidert wird, nicht erwidert werden darf. Das macht uns

Abb. 6: John Everett Millais:
*Married für Money*, 1853,
Bleistift, Tusche und Sepia auf Papier

psychologisch zum Komplizen, narratologisch zum Mit- und Besserwisser. Es ist nicht ein Geschehen, das für uns perspektivisch aufgeschlossen wird – nur als Perspektive kann man diese Geschichte haben. Perspektive – mit anderen Worten: die Anerkennung und Beteiligung der Betrachter – ist weniger ein Mittel, um die Geschichte zu einem Publikum zu transportieren: Die Technik des Point of view erzeugt vielmehr das Interesse, die Konflikte, die Spannung, ja sie erschafft die Geschichte selbst.

●  5. Coda: Das Geschlecht der Sehsucht

Die Leserinnen und – wer weiß? – auch die Leser werden meine Ausführungen seit einiger Zeit mit einem Subtext unterlegt haben, der vielleicht zum Haupttext werden könnte. Ja, es sind männliche Sichtweisen, sowohl diejenige, die sich in der inneren Distanz hält und diese experimentell ergründet, als auch die andere, die optische Begierden in Frauen Person werden läßt, die Sehsucht also an das Geschlecht delegiert, das idealer-/fatalerweise Objekt und Subjekt der Begierden ist. Ich will den Gedanken nicht überstrapazieren: Es bereitet keine Schwierigkeiten, die Konstellation von Frau und Mann, von Ursprung und Objekt des verlangenden und frustrierten Sehens umzudrehen. Vermutlich ist das eigentliche Wertobjekt auch nicht ein Individuum des jeweils anderen Sexus, sondern die gesellschaftliche Sanktion der Geschlechterbeziehungen: die Heirat. Ich halte mich an das Bild, an das als Bild Gegebene, und da ist vorrangig wirksam der positionale Sinn des Settings, der von drei Faktoren bestimmt wird: vom Rückzug des Betrachters in die Partialität des beschränkten, bedingten, heimlichen Sehens; von der verminderten Distanz zwischen Betrachter des Bildes und Betrachterin im Bild (vergleiche Friedrichs *Frau am Fenster*); von der womöglich noch vergrößerten Distanz zwischen Betrachterin im Bild und dem Gegenstand ihres Sehens: Der Horizont der Romantiker ist uneinholbar, aber das ist ihm eigen; die von Millais vorgegebene Entfernung zum Geschehen ist das Produkt einer Geschichte mit abgeschnittenen Möglichkeiten und Alternativen, das macht sie zur traurigen, nicht tragischen Geschichte. Partialität, kleine Distanz, große Distanz, das sind die Faktoren, mit denen wir die Geschlechterverhältnisse zu bestimmen haben. Die zu große Distanz bezeichnet den Mangel, den die Betrachterin im Blick auf den ehemaligen Geliebten erleidet; diese große Identifikation geht immer ins Leere. Damit erleidet die Frau, genauer: läßt der männliche Erzähler die Frau hingebungsvoll und eindeutig erleiden, was für die Hingabe des männlichen Bildbetrachters niemals eindeutig und entschieden sein kann, der immer oszillieren wird zwischen der Identifikation mit der Perspektive des Erzählers und der Identifikation mit der Erzählten, zwischen der Identifikation mit der männlichen Sehlust und der Identifikation mit ihrem bevorzugten Objekt, der Frau.

Bleibt mir nur noch ein Satz: So sehe ich das alles.

27  Siehe Katalog der Ausstellungen *The Drawings of John Everett Millais*, Boston 1979, Nr. 21, und *The Preraphaelites*, London 1984, S. 261 f.

# Bazon Brock
## Supervision und Miniatur

● 1. Rundblick, Durchblick, Überblick

Wir wollen eine Tatsache gern konstatieren: Das Panorama ist eine historische Erfindung. Aber der panoramische Blick? Seit Menschen, allgemeinen Annahmen zufolge, in afrikanischen Savannen sich zum ersten Mal aufrichteten, um stehend das Terrain zu rekognoszieren, haben sie um sich geblickt. Die Beweglichkeit ihres Kopfes reichte nicht hin, mit den beiden parallel bewegten Augen das 360-Grad-Umfeld abzusuchen nach Feinden, Futter und Kumpanen. Die rotierende Bewegung um die Körperachse schloß die Sehhorizonte zusammen – wenn nicht zu einem Panorama, wozu dann?

Die Aufrichtung aus der Vierbeinigkeit dürfte neben der Freisetzung der vorderen Extremitäten zur Differenzierung des Handgebrauchs eben den evolutionären Gewinn gebracht haben, mit erhobenem Haupt stets auch den Überblick aufs gesamte Lebensterrain in die eigenen Bewegungsformen und Bewegungsrichtungen einzubeziehen. Der Überblick ließ sich steigern durch Wahl erhöhter Standorte; daß solche Erhöhung nicht nur metaphorisch die bessere Übersicht nach sich zog, belegen alle rituellen Exponierungen, die des Anführers, des Redners, des Priesters, des Feldherrn. Erhöhungen im Terrain wurden zu weithin sichtbaren Orten, an denen sich der Überblick als Übersicht auswies: sei es bei der Anlage einer Akropolis, sei es bei der Wahl eines Burgbergs mit Burgfried oder eines Feldherrnhügels. Stets wurden die herausragenden Orte zu ausgezeichneten Orten, indem man sie baukünstlerisch optimierte durch die Errichtung von Exponierpodesten oder von Turmwerken, deren Gestalt sich weitgehend aus der Art ergab, wie man sie begehen, besteigen, befahren und versorgen konnte respektive mit welchen technischen Mitteln sie zu errichten waren.

Der durch seine Höhe ausgezeichnete Ort signalisierte auch, daß sich an ihm zentrale Funktionen des sozialen Lebens konzentrierten. Exponierung dieser Art war den Mächtigen vorbehalten, die ihre Erhöhung weithin sichtbar machten und sie gleichzeitig aus der Plazierung an dem ausgezeichneten Ort ableiteten.

Um diese Einheit von Übersicht und Erhöhung, von Besetzung markanter Punkte und Kontrolle, von faktischer Exponierung und gesteigertem Handlungspotential ging es bei den Sicherungen des panoramischen Blicks auch dann noch, als der funktionsgeleitete Überblick zur schönen Aussicht wurde – einer Umwandlung des Kontrollblicks und des Suchblicks in den selbstgenügsamen schweifenden Blick.

Horizonterfahrungen waren mit der Aufrichtung des Menschen unmittelbar verbunden. Die Weite des Horizonts und damit die Macht des Blicks steigerten sich mit der Erhöhung des Blickenden bis zu dem Punkt, wo die Grenzen der Horizontwahrnehmung des natürlichen Auges erschöpft waren. Die Bewaffnung des Auges mit optischen Horizonterweiterern konnte diese Grenze zwar noch hinausschieben; aber schon den Seefahrern des 15. Jahrhunderts wurde klar, daß die Erweiterung des Blicks, über den wie auch immer weiteren Horizont hinaus, nicht mehr vom Auge geleistet werden konnte, sondern von einer modellhaften Vorstellung horizontloser Welt, deren bestimmbare Verfassung nicht mehr sichtbar, sondern denkbar war.

Die Augen leisteten nunmehr einen Kontrollblick auf die Modelle und Instrumente, mit denen die Positionen des Menschen vor den grenzenlosen Horizonten bestimmt werden konnten. Aus dem Überblick wurde die Supervision, aus der Einheit von Übersicht und funktionaler Erhöhung wurde die Totalitätserfahrung von Endlosigkeit und Unendlichkeit, von Gedanken und Welterfassung, von Sehen und Vorstellung. Das Entscheidende: ohne Supervision, also ohne Vorstellung und modellhafte Instrumentierung von Welt als Totalität, lassen sich Ansprüche auf Führung, Orientierung und Erkenntnis nicht legitimieren. – Noch heute ist im englischen »supervisor« (Aufsichtsführender) diese Erfahrung aufbewahrt.

In der Entwicklung solcher Supervisionen spielt der panoramische Blick eine entscheidende Rolle als umfassender Blick vom fixierten Standpunkt in die Welt und aus der Ortlosigkeit auf die Welt als Modell einer Totalität. Der panoramische Blick bestätigt in einem seine utopische Dimension (die Überschreitung aller sichtbaren Grenzen in die gedachte Ganzheit) und seine weltbildende Dimension (die immer notwendige Eingrenzung der Welt in Horizonte, die Einrahmung des Blikkes, seine Fixierung auf die konkreten Bestandteile des Ganzen).

Jeder Besucher eines Panoramas macht diese Erfahrung: Er steht zwar im Prospekt eines 360-Grad-Horizonts, erfaßt aber doch nie mehr als einen begrenzten Ausschnitt der jeweils gerade von den Augen fixierten Einzelheiten der panoramischen Darstellung. Das Panorama als Ganzheit ist nur in der Supervision zu erfahren, mit der sich der Betrachter aus dem Panorama herausdenkt, allerdings um den Preis, die Einzelheiten der Darstellung nicht mehr konkret wahrnehmen zu können.

● 2. Überschreiten, Verkleinern, Vergrößern

Die Frage, wie sich die Wahrnehmung einer konkreten Einzelheit eines Bildes der Welt zu deren jeweiliger Gesamtansicht verhält, ist in einer gewissen Tradition unserer Kunst- und Kulturgeschichte schon früh erörtert worden. Es ging dabei um die Bildung eines Kontinuums der Blicke, wobei dieses Kontinuum selbst dann diskret blieb, wenn die einzelnen Elemente der bildlichen Darstellung nicht ausdrücklich voneinander abgegrenzt wurden.

Ein Beispiel dafür: der Teppich von Bayeux. Die 70 Meter lange Bildstickerei, in der die Eroberung Englands durch die Normannen erzählt wird, konnte sowohl als Rollenbild wie als lineare Wandbehängung vorgezeigt werden. Formal ist er sogar rapportfähig, könnte also in der 360-Grad-Hängung als geschlossenes Panorama gelesen werden. Im Unterschied zu den tatsächlichen Panoramen verknüpft die diskreten einzelnen Darstellungen aber nicht ein geschlossener Horizont, sondern die durchgängige Standlinie.

Das mag nach den Wahrnehmungsgegebenheiten des 11. Jahrhunderts nur eine Konvention sein, in der die räumliche Tiefenstaffelung bedeutungsperspektivisch dargeboten wird. Ein Charakteristikum des Panoramas ist aber bereits erfüllt: Der Betrachter befindet sich in immer gleicher Distanz zur bildlichen Erzählung und ihren Elementen; diese Distanz wird durch die Lesbarkeit der immer gleich großen Inskriptionen bestimmt. Allerdings ist der Betrachter des Teppichs noch gezwungen, sich an dem Bildstreifen entlang zu bewegen, weil in keinem denkbaren Präsentationsraum bei 70 Bildmetern ein Standpunkt fixiert werden kann, von dem aus alle Teile der Bilderzählung dem unbewaffneten Auge des Betrachters gleichermaßen erfaßbar wären. Diese Einschränkung gilt bis zu Giottos Ausmalung der Scrovegni-Kapelle im ersten Jahrzehnt des 14. Jahrhunderts auch für alle Bemalungen der Innenwände von Sakral- und Profanräumen. Die relative Kleinheit der Scrovegni-Kapelle ermöglichte es dem in der Mitte des Raumes stehenden Betrachter, die einzelnen Bildfelder der kontinuierlichen Erzählung des Marienlebens gleichermaßen wahrzunehmen. Aber auch bei Giotto ist die Kontinuität der Wahrnehmung eines einheitlich geschlossenen Horizonts nicht gegeben, wenigstens nicht augenfällig. Das diskrete Kontinuum panoramischer Umsicht wird allerdings durch die Erzählung ausgebildet, die die Legenda aurea (Giottos Kontext) vorgibt. Die Diskretheit der bildlichen Darstellung in der Kontinuität ihrer räumlichen Abfolge ergab sich für Giotto wie für alle Bilderzähler bis in die zweite Hälfte des 15. Jahrhunderts aus den prinzipiellen Differenzen zwischen wortsprachlicher und bildsprachlicher Erzählung.

Michael Baxandall hat diese Probleme der Malerei für das 14. und 15. Jahrhundert systematisch untersucht. Er kam zu dem Resultat, daß unabhängig von technischem Können, stilistischer Entwicklung und Bildkonzeptionen alle Künstler mehr oder weniger sich der Einsicht beugen mußten, daß eine noch so extensive Aneinanderreihung einzelner bildlicher Erzählungen nicht zu einer Darstellung des Kontextes, also des in sich abgeschlossenen Kontinuums, führen würde; noch so viele aneinandergereihte Bilder würden kein Ganzes ergeben, wenn nicht im Einzelbild die verweisende Darstellung der Welt als räumliches und zeitliches Kontinuum gelänge. Bildsprachlich ist die geschlossene Kette nur im Ornament zu erreichen, dessen Einheiten auf ihrem Rapport, also auf ihre Anschlußfähigkeit ausgelegt sind. Deswegen verläuft, so Baxandall, die Darstellung der Welt als Einheit vom 13. zum 15. Jahrhundert immer mehr von der bloßen situativen räumlichen Aneinanderreihung von Einzelbildern zu einer Differenzierung des einzelnen Tafelbildes. Die Entwicklung von Zentral- und Luftperspektive bot dazu die notwendigen Voraussetzungen, die die räumliche und zeitliche Einheit der Welt ermöglichten, indem sie den Betrachterstandpunkt in die Bildräume aufnahmen, also das einzelne Bild sowohl um den Standort des Betrachters einerseits und die Horizonterfassung der Bildjenseitigkeit andererseits erweiterten.

Diese Fensterfunktion des Bildes wurde noch gesteigert, indem die religiösen, mythologischen oder literarischen Kontexte der Bilderzählung durch Allegorisierung und Symbolisierung verkürzt werden konnten, so daß der Betrachter den Verweis auf den Gesamtkontext aus ihrer punktuellen bildsprachlichen Fixierung jederzeit erschließen konnte. Fazit: Der Blick des Betrachters wurde panoramisch, indem die einzelnen Tafelbilder durch ihre gesteigerte Binnendifferenzierung eine kontinuierliche Bewegung der Augen erzwangen. Der Blick schweifte suchend durch die bildliche Darstellung vom Standort des Betrachters aus, an dem sich Nähe- und Ferne-, Oben- und Unten-, Links- und Rechtsorientierungen prinzipiell festmachen ließen. Die nicht sichtbaren, aber in der Vorstellung ergänzbaren Elemente der Bilderzählung ließen jedes Bild als Verweis auf die Gesamterfassung der einen Ereigniswelt verstehbar werden.

Das galt für alle Genres ab dem 16. Jahhundert (Portrait, Historien, Stilleben, Landschaften et cetera), obwohl zum Beispiel Darstellungen der Heilsgeschichte oder der Weltbildarchitektur einen besonderen Anspruch auf Weltbildrepräsentanz begründen konnten. Auch die Darstellung erdferner Himmelsräume unter Einbeziehung des freien Schwebens, Taumelns und Stürzens hat diese Ansprüche auf Vergegenwärtigung der Welt als räumliche und Ereigniseinheit nicht aufgegeben, da in der Schwerkrafterfahrung des fixiert stehenden Betrachters die Orientierung an der Horizontalität erhalten blieb. Erst durch die Bewegung des Betrachters in der Schwerelosigkeit, im Wahrnehmungsraum jenseits der Kontrolle durch die Schwerkraft, ist diese Leistung des Einzelbildes aufgelöst worden. Allerdings bietet der Weltraum ohnehin keine Möglichkeit mehr, überhaupt noch panoramisch zu sehen.

Auch eine zweite Traditionskette panoramischer Totalitätswahrnehmung führt zur Aufhebung der diskreten Kontinuen. Von der *Peutingerschen Weltkarte* über die Plandarstellungen der *Restauratio romae* und der *Imago mundi* des 15. Jahrhunderts bis zu den Stadtansichten Merians führen alle Versuche, die Welt im kontinuierlich schweifenden Überblick zu erfassen, zur Aufhebung der panoramischen Bildreihung. Lewis Carrol und Jorge Luis Borges haben dafür in luciden Erzählungen die Begründung gegeben.

Tatsächlich wäre nämlich die panoramische Bildschleife als Repräsentation einer Totalität nur möglich, wenn die Welt als Ganzes in einer 1:1-Darstellung dargeboten würde. Aber eine Landkarte zu betrachten, die 1:1 das Land abbildet, das man mit Hilfe dieser Karte in panoramischer Allansicht erfassen soll, kann nur zu einer Verdoppelung der Welt führen, ohne sie indessen je dieses Blicks ansichtig werden zu lassen. Nach den Bemühungen von Alberti und Luca Pacioli war für jede Darstellung der Welt als Totalität ein für allemal klar, daß nur durch mathematisch begründete Projektion der Ganzheit (auf ein Modell) der panoramische Blick befriedigt werden könne, wenn er aus der Wahrnehmung der äußeren Welt in die innere Vorstellung und die gedankliche Begriffsbildung überführt werde. Modelle bieten seit dem 16. Jahrhundert Panoramen der kontinuierlichen Erfassung eines Gesamtzusammmenhangs, nicht in nuce, also nicht aus dem, was die Ganzheit zusammenhält, sondern in der progressiven Miniaturisierung. Von da ab wird jedes Panorama, das die Welt nicht auf den sichtbaren Horizont ihres Betrachters begrenzt, zur Miniatur, auf die sich schon die Kinder einüben in ihren Spielzeugwelten. Es ist deswegen nicht verwunderlich, daß die historische Erfindung der Panoramen der Sphäre der Modelle zugerechnet wurde, also der Jahrmarktswelt, den Tivolis und den Schauparks.

Das Panorama ist die Schnittstelle zwischen Supervision (der bloß vorstellbaren und gedanklich repräsentierbaren Totalität) und der Miniaturisierung (der modellhaften Reduktion einer Totalitätserfassung). Was das Panorama als historische Bildgattung so interessant macht, ist diese Gleichzeitigkeit von Ausweitung und Reduktion, von Kontinuität des Blicks und Diskretheit der einzelnen Wahrnehmung, von intendierter Ansicht des Ganzen und faktischer Beschränkung auf den geschlossenen Horizont.

In der historischen Bildgattung Panorama vollzieht der Betrachter, obwohl auf einen Standplatz fixiert, selber eine zugleich diskrete und kontinuierliche Bewegung, die ihn aus der Supervision in die geschlossene Raum- und Zeitwahrnehmung umzusteigen zwingt. Die historische Bildgattung Panorama erhält ihre Attraktivität daraus, daß sie den Betrachter der Welt zugleich zum Gulliver und zum Däumling macht. Sie vermittelt dem Betrachter die Möglichkeit, zugleich Bestandteil eines Gesamtzusammenhangs zu sein in je notwendig beschränkten Welten, diese Welt aber gleichzeitig von außen betrachten zu können, als bilde er sie durch seinen Blick erst selbst. Die Bildgattung Panorama bietet dem panoramischen Blick die Bestätigung, daß jede Totalität durch ihre Wahrnehmung konstituiert wird und daß dieser wahrnehmende Blick gleichzeitig nur so lange aufrechterhalten werden kann, wie er auf sich selbst zurückführt.

Diese Faszination entspringt dem Geheimnis aller zyklischen, in sich selbst zurückkehrenden Prozesse, aller Wiederholungen. Das Panorama stellt den kindlichen wie den spekulativen und wissenschaftlichen Konfrontationen mit diesem Geheimnis eine Sylvesterfrage: Auf welche Weise führt die in sich selbst zurückkehrende Wiederholung des Immergleichen am gleichen Ort der Welt zu einer Bewegung, die diesen Ort und die wiederholten Ereignisse überschreitet? Antwort mit Goethe, der keinen Spaziergang absolvierte, ohne die bedachte Möglichkeit, den Kreis zum Ausgangspunkt der Bewegung zu schließen: Von der Ansicht der Sandkörner am Meeresstrand bis zu der Wahrnehmung der kosmischen Sternennebel bleibt der panoramische Blick ein Blick ins Innere des Betrachters.

# Stephan Oettermann

## Das Panorama – Ein Massenmedium

»Ob die Gesichtseindrücke des Menschen nicht nur von natürlichen Konstanten, sondern auch von historischen Variablen bestimmt werden – das stellt eine der vorgeschobensten Fragen der Forschung dar, von der jeder Zollbreit Antwort hart zu erkämpfen ist.«[1]

Diese Feststellung – zugleich Aufruf zu hartnäckiger Befragung des Gegenstands, die sich weder mit dem bloßen Augenschein noch mit schönen Worten zufriedengeben kann – stammt aus Walter Benjamins sehr kritischer, ja bitterer und deshalb zu Lebzeiten unveröffentlicht gebliebener Rezension von Dolf Sternbergers 1938 erschienenem Werk »Panorama oder Ansichten vom 19. Jahrhundert«.

Das Panorama, dessen Erfindung und Entwicklung um die Wende zum 19. Jahrhundert den Beginn des »optischen Zeitalters« einleitet und deutlich markiert, ist – das hat bereits Sternbergers Buch kenntlich gemacht – zweifellos eines der ganz wichtigen, vielleicht das wichtigste Leitfossil in der modernen Geschichte des Sehens. Zu Recht werden deshalb das Panorama und seine Derivate, das Diorama und das Moving Panorama sowie die vielfältigen Kleinformen, in jüngsten Mediendiskussionen als Beleg und Beispiel bemüht. In gewissen medientheoretischen Diskursen ist es allerdings – man muß sagen, leider – schick geworden, nicht nur mit den Bezeichnungen der modernsten Bildmaschinen, sondern mit den technischen Termini dieser Frühformen der Massenmedien so herumzufuhrwerken, bis ihnen nicht nur ihre ursprüngliche, sondern jegliche Bedeutung ausgetrieben ist. Die Bezeichnung für das ehemals so sensationelle, daß heißt die Sinne aufrüttelnde Spektakel der Phantasmagorie ist dabei am schlimmsten betroffen, aber auch die umstandslos als vermeintlich klare Begriffe verwendeten Wörter »Panorama«, »panoramisch«, »panoramatisch«, »Diorama«, »dioramatisch«, »kaleidoskopisch« und so weiter werden in den genannten Diskursen in derart beliebiger Weise malträtiert, daß ich mir beim besten Willen nicht mehr vorstellen kann, für welche Objekte oder Realia, meinetwegen auch welche Abstrakta, diese bis zur Unkenntlichkeit befingerten, inflationären Wortmünzen denn stehen sollen. Manchmal kann ich mich einfach nicht des Eindrucks erwehren, daß diese Autoren selbst nicht wissen, wovon sie reden:

Alporama, Ballon-Cinéorama, Carporama, Cinerama, Cityrama, Circorama, Cyclorama, Dellorama, Diaphanorama, Diorama, Doppeleffekt-Diorama, Europorama, Kaiserpanorama, Kosmorama, Kyporama, Myriorama, Navalorama, Neorama, Panorama, Panstereorama, Periorama, Phellorama, Photorama, Physiorama,

1  Benjamin, Walter [Rezension]: »Dolf Sternberger: Panorama oder Ansichten vom 19. Jahrhundert«, Hamburg 1938 u. ö., in: *Gesammelte Schriften*, Bd. III, Frankfurt a. M. 1972, S. 573.

Pleorama, Poecilorama, Stereoopticon-Cyclorama, Stereorama, Tellorama, Videorama, Vitrorama, Zimmer-Panorama, Zyklorama...

Das soll nicht heißen, daß ich den Philosophen das Wort »Panorama« verbieten möchte. Doch ich für meinen Teil möchte mich eng an die Sache halten und im folgenden eine Art Gebrauchsanweisung für die Bildermaschine Panorama geben. Ich möchte sicherstellen, daß wenigstens wir wissen, über was wir reden. – Das Belehrende, das mein Beitrag dadurch bekommen wird, wird man mir hoffentlich nachsehen.

● Bilderarmut

Wir können uns nur schwer – nur einfühlend-abstrahierend – in die Bilderlosigkeit des ausgehenden 18. Jahrhunderts versetzen. Das Beispiel von Goethes späterem Sekretär Eckermann, der 22 Jahre alt war, als er 1814 zum ersten Mal ein Gemälde sah, mag ein extremer Fall gewesen sein; bedingt durch die dörflich-abgeschiedene Herkunft und die ärmlichsten Verhältnisse, in denen er aufwuchs. Doch auch für die überwiegende Mehrheit der Bevölkerung im ausgehenden 18. Jahrhundert war die Betrachtung von Gemälden nur in den Kirchen möglich oder vor den roh gemalten Schildern der Moritatensänger. Dem reisenden Bilderkrämer konnten die wenigsten einen der feilgebotenen schlechten Kupferstiche abkaufen. Kunstbesitz und Kunstkennerschaft blieben lange exklusiv. Die Eintrittspreise der ersten öffentlichen Museen waren prohibitiv hoch, oft konnte man Sammlungen nur mit Empfehlungsschreiben besuchen. In der Tat waren die angeblich öffentlichen Museen damals so wenig öffentlich und allgemein zugänglich, daß der Direktor der Dresdener Kunstsammlungen den Schlüssel zur Bildergalerie einfach mit auf seine Italienreise nahm, ohne daß sich nennenswerter Protest geregt hätte.

● Seh-krank

In diese Bilderarmut platzten die ersten Riesenrundgemälde, die gegen einen verhältnismäßig geringen Obolus für jedermann zugänglich waren, wie eine Bombe. Der kollektive Schock, der davon ausging, ist vielleicht zu vergleichen mit dem, der durch die neuen Bundesländer ging, als – beinahe über Nacht – die ehemals so graue DDR mit schreienden Leuchtreklamen und grellbunten Plakaten zugepflastert wurde.

Wie auch immer. Auf die Zeitgenossen machten die Panoramen einen alle Sinne überwältigenden, geradezu umwerfenden Eindruck, der bis zu körperlicher Übelkeit gehen konnte. Mehrfach wird berichtet, daß zumindest empfindsame Damen und »zartnervige Stutzer« von Nausea, von Seekrankheit, befallen wurden beim Besuch eines Panoramas.

- Dinosaurier der Massenmedien (ausgestorben)

Plump in ihren Mitteln und harmlos in ihrem Effekt scheinen uns heute die historischen Panoramen. Doch man lasse sich nicht täuschen. Mit den Panoramen begannen das Medienzeitalter und der Bilderterror, dem sich heute niemand mehr entziehen kann.

Schon das erste Panorama war eine Art »industrialisiertes Gemälde«, jedenfalls eine komplexe und perfekt funktionierende Bildermaschine. Doch an dieser Bildermaschine ist noch nichts kompliziert, geschweige denn metaphysisch. So überraschend und die Sinne überwältigend die Wirkung des Panoramas auf die Zeitgenossen war, so techno-logisch ist sein Funktionieren. Es bedarf keiner gesuchten Metaphorik, sondern schlichter Erläuterung seiner Apparatur, um den Effekt zu begreifen. Das macht diesen heute ausgestorbenen Dinosaurier des Medienzeitalters für uns so lehrreich.

Beim Panorama kommt es – zunächst – nicht darauf an, was gezeigt, das heißt, was jeweils dargestellt wird, nicht auf den Bildinhalt, sondern auf die besondere und einzigartige Weise, wie dieser Inhalt vermittelt, wie gezeigt und dargestellt wird. Erst in zweiter Linie ist das Panorama Kunstwerk, ja der Kunstwert ist nicht einmal zwingend. Zuerst und vor allem ist das Panorama Kunstform. Auf den ersten Blick erscheint diese Form ebenso überraschend simpel wie überraschend aufwendig, bedenkt man die zur Aufstellung unbedingt notwendige Architektur, die verarbeitete Materialmenge, die lange Produktionszeit. Das ist zwar vertrackt, klärt sich aber rasch, wenn man die Entstehung des Effekts sukzessive und analysierend abschreitet.

- Definition

Ein Panoramabild ist ein großes, zylindrisches Gemälde, das einen vollständigen 360-Grad-Rundumblick darstellt. Ausgestellt wird dieses Gemälde in eigens konstruierten Gebäuden (gleichen Namens), wo es gegen Eintrittsgeld betrachtet werden kann. Erst Bild und Gebäude – beides zusammen – bilden das Panorama, dessen ausschließliche Bestimmung die öffentliche, allgemein zugängliche Schaustellung ist.

- Schnitt durch ein Panorama

Von der hellen, belebten Straße einer Großstadt tritt man in die Eingangshalle (A). Nachdem man hier die Eintrittskarte gelöst hat, gelangt man durch einen abgedunkelten Gang (B), der unter dem Gemälde hindurchführt und in dem sich die Augen auf das im Gebäude herrschende Dämmerlicht einstellen sollen, dann über eine Treppe auf die zentrale Betrachterplattform (C) und sieht sich vollständig von dem 360-Grad-Gemälde umgeben. Durch die Geschlossenheit der Rund-

umleinwand sieht man keinen »Bilderrahmen«. Auch Bildober- und Bildunter-
kante sind den Blicken durch eine sinnreiche Konstruktion verborgen: Über der
Plattform wölbt sich ein Schirm, der die Aufhängung der Leinwand und die Ober-
lichter verdeckt; nach unten wird der Sehwinkel (D) ebenfalls durch eine Sicht-
blende begrenzt. Für den Besucher entsteht der Eindruck, als befände er sich in
einer Art Pavillon auf einem kleinen Hügel. Eine um die Plattform herumlaufende
Barriere hält den Betrachter auf Abstand zum Bild und verhindert, daß er den
Raum (F) zwischen Leinwand und Plattform betritt. Dieses sogenannte »Faux terrain« ist plastisch und höchst naturgetreu gestaltet, wobei der Übergang vom dreidimensionalen Raum zum Zweidimensionalen der Malerei durch allerlei illusionistische Tricks kaschiert wird. Beleuchtet wird mittels Tageslicht, das durch ein im
Dach umlaufendes Oberlicht einfällt und durch ein (hier nicht eingezeichnetes)
Velum auf die Leinwand (E) reflektiert wird. Zweck der Apparatur ist, daß sämtli-
ches Licht vom den Betrachter vollständig umgebenden Bild ausgeht und damit als
natürliches Körperlicht erscheint, das von vermeintlich realem ausgeht, sprich
reflektiert wird. Dieser Effekt ist nur zu erreichen, wenn die Leinwand sorgfältig
eingeordnet wird, wenn die Himmelsrichtungen – der Sonnenstand – des Rotun-
den-Standorts reziprok zu denen des Gemäldes sind. Nirgendwo kann der Blick
über einen Rahmen hinausschweifen, um die Malerei mit der Realität zu vergleichen. So, vollständig von Künstlichkeit umgeben, ergibt sich für den Betrachter
die Illusion höchster Realität.

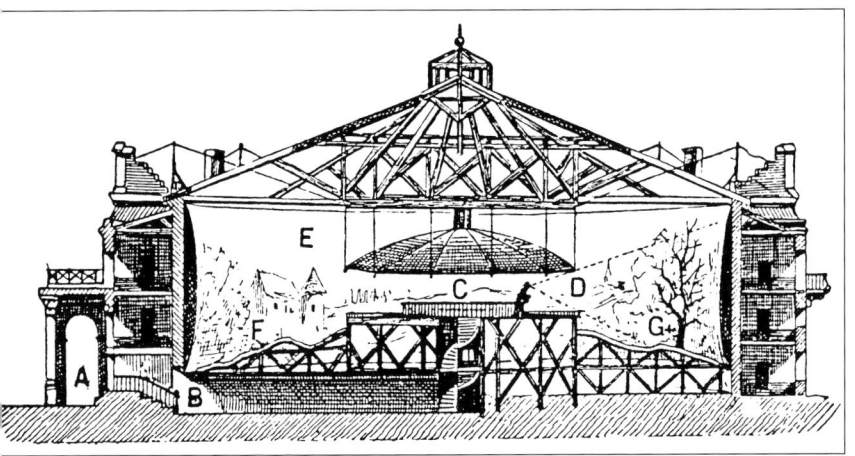

Abb. 1: Schnitt durch ein Panorama: A) Eingang und Kasse –
B) Verdunkelter Gang – C) Betrachterplattform –
D) Sehwinkel des Betrachters – E) Rundleinwand –
F) Plastisch gestalteter Vordergrund – G) In Trompe-l'œil-Technik
gemalte Gegenstände auf der Leinwand.

75

- »Ein Gemälde ohne Gleiches« – Georg Christoph Lichtenberg im »Göttinger Taschenkalender« 1794

Der heute noch in erhaltenen Großpanoramen nachvollziehbare, tatsächlich erstaunliche Effekt ist, daß der Betrachter schon nach wenigen Minuten nicht mehr zwischen Kunst und Natur unterscheiden kann und sich tatsächlich wie im Fluge, wie durch Zauberhand aus der Großstadt in die Natur, an einen vom Gemälde dargestellten touristisch interessanten Ort oder mitten ins Getümmel einer Schlacht versetzt glaubt. Für die weniger verwöhnten Betrachter von damals, die das Dargestellte zudem nur vom Hörensagen oder aus Zeitungsberichten, in den seltensten Fällen aus eigenem Augenschein kannten, war die Täuschung tatsächlich frappierend. Im Panorama ließ sich eine Reise ganz ohne die Beschwerlichkeiten damaliger Transportmittel, ohne Straßenstaub, müde Füße und schlechte Herbergen, nur mit Hilfe der Augen realisieren.

Horizont: »Als Landschaftszeichner hat mir diese große simple Linie ganz neue Gedanken gegeben« – Johann Wolfgang Goethe, 3. April 1787 auf der »Italienischen Reise«.

Selbst unter Kunsthistorikern hat sich der etwas allzu laxe Wortgebrauch eingebürgert, mit dem jedes Bild, das nur geringfügig den normalen Sehwinkel von 45 Grad überschreitet, mit der Bezeichnung Panorama zu belegen. Die historische Besonderheit des Panoramas besteht aber eben nicht darin, ein besonders breites Bild zu sein, sondern eine vollständige, geschlossene Rundumsicht von 360 Grad zu bieten, die dennoch vollständig den Gesetzen der (erweiterten) Zentralperspektive folgt. Assoziationen, die das Panorama mit prähistorischen Höhlenmalereien, römischen Fresken oder dem Teppich von Bayeux in Verbindung bringen, sind daher verfehlt. Vergleicht man das Panorama dagegen mit der barocken Decken- und Illusionsmalerei, so könnte man die These wagen, die Rundgemälde seien eine Art heruntergerutschter, irdisch gewordener Himmel. Tatsächlich wurden aber gerade hier die Traditionslinien abrupt unterbrochen: Schon Johann Adam Breysig, der »deutsche Erfinder des Panoramas«, ein versierter Theatermaler und Perspektivtheoretiker, stellt in seinen Schriften explizit heraus, daß die Werkstattgeheimnisse, wie auf kugelrunden oder kugelhohlen Flächen perspektivisch richtig zu zeichnen wäre, verlorengegangen seien und mühsam neu erarbeitet werden müßten.

Für jedes Teilelement des Panoramas ließe sich vielleicht ein mittel- oder unmittelbarer Vorläufer in der vorhergehenden Kunstgeschichte aufspüren – Bühnenmalerei oder Gartenzimmer für die malerische Ausführung, das Pantheon in Rom für die Architektur, topographische Vedute oder Historiengemälde für die Bildinhalte –, doch erst im Panorama schließen sich diese partikulären Entwicklungslinien zu einer perfekten, in sich geschlossenen und funktionierenden Bildmaschine zusammen. Katalysator für die Kristallisation der bis dahin disparaten Elemente ist die Entdeckung, die erst gegen Ende des 18. Jahrhunderts gemachte

emotionale Erfahrung des Horizonts als äußerster und körperlich nicht zu über-
windender Begrenzung der menschlichen Physis. Diese Offenbarung hat vor allem
Goethe ausführlich und höchst anschaulich beschrieben. Auf die allgemein sich
durchsetzende Entdeckung und Erfahrung des Horizonts antwortet der Wunsch
nach Horizonterweiterung. Seh-Sucht ist der Motor der jetzt für jeden Bildungsrei-
senden obligatorisch werdenden Turmbesteigungen, für die Entwicklung der
Montgolfieren und die in dieser Zeit beginnende Alpinistik.

• Industrielle Produktionsbedingungen: Arbeitsteilung, Kapital, Absatz,
  Gewinn, Reinvestition

Diejenigen Maler, die die Produktion eines Panoramas in altmeisterlicher
Weise angingen, mußten scheitern. Nicht nur, daß für Bau- und Malmaterialien
immense Summen aufgebracht werden mußten, auch das oft jahrelange Vor-sich-
hin-Werkeln eines einzigen Urhebers band das Kapital zu lange. Wenn dann als
einziger Ausweg blieb, das fertige Panorama möglichst lange an einem Ort, über
das Nachlassen des ersten Publikumsinteresses hinaus, auszustellen – dann war
der finanzielle Ruin abzusehen. Erst eine industrielle Produktionsweise, wie sie in
der zweiten Jahrhunderthälfte üblich wurde, versprach den erhofften Gewinn:
  — Fremdfinanzierung, am besten durch Aktiengesellschaften. Denn nur so
konnte das Risiko der immensen Kosten, die sich beispielsweise beim Berliner
*Sedan-Panorama* auf rund eine Million Goldmark beliefen, breit gestreut werden.
  — Arbeitsteilung, um die Produktionszeit zu verkürzen. Allerdings nach strik-
tem Plan und unter Verleugnung der individuellen Handschrift des einzelnen
Malers. Sonst konnte es wie in Hornors *Colosseum* geschehen, daß der gemalte
Rauch aus benachbarten Schornsteinen in unterschiedliche Richtungen wehte,
und die Schlagschatten drei verschiedene Tageszeiten angaben.
  — Rationelle Herstellung unter Verwendung industriell vorgefertigter Materialien wie Eisenfachwerkbau für die Rotunde und fabrikmäßig hergestellter Farben und Leinwände.
  — Rasche Gewinnerzielung durch Abschöpfen nur des ersten großen Besu-
cherandrangs. Das bedeutete unbedingte Verpflichtung zur Aktualität, was sowohl
die Wahl der Bildthemen betraf als auch die Schnelligkeit ihrer bildlichen Umset-
zung. Barkers lukrativstes Panorama Schlacht von Waterloo verdankt seinen Publi-
kumserfolg vor allem der Tatsache, daß das Bild kaum vier Monate nach dem
Ereignis fertiggestellt war.
  — Reinvestition in neue Rundgemälde unter Ausnutzung der bereits vorhan-
denen Produktionsmittel, Know-how, Werkzeuge, Produktionsstätten und Distri-
butionswege.
  — Wichtige Voraussetzung dazu ist die Normierung von Leinwand und Architektur, um die reibungslose Zirkulation der Leinwände rund um die Welt und ihre
Ausstellung in Rotunden von Moskau bis San Francisco zu ermöglichen. In gewis-

ser Weise sind die Panoramenunternehmen damit Modell für den modernen Film-
verleih – mit dem Unterschied, daß die Bildrollen noch bis zu vier Tonnen wiegen.

● Massenpublikum

Allein der monströsen Größe und der immensen Herstellungskosten wegen ist
die Rezeption eines Panoramas in stiller Versenkung durch einen einzelnen Besitzer kaum realistisch. Abnehmer – wenn man will: Auftraggeber – des Panoramas ist
nicht ein einzelner Kunstkenner, sondern die Menge der Eintritt zahlenden Besucher. Als Massenmedium ist das Panorama angewiesen auf das Massenpublikum;
dessen visuelle Bedürfnisse muß es befriedigen. Damit ist diese Kunstform viel
unausweichlicher an die schwierigen, weil kaum kalkulierbaren Bedingungen des
Marktes und der Konkurrenz gebunden als das traditionelle Maleratelier, dessen
Produkte früher oder später einen Liebhaber finden, wenn nur der Preis stimmt.
Dementsprechend allgemein fällt die Wahl des jeweiligen Panoramasujets aus. Mit
Aktualität ist die Bandbreite möglicher Themen nur unvollkommen umschrieben.
Griechische Mythologie, schwierige Allegorien, arkadische Landschaften und Ide-
enmalerei verbieten sich von selbst. Nicht für den klassisch gebildeten Connais-
seur, sondern den bürgerlichen Zeitungsleser und Touristen lieferten die ersten
Panoramen Anschauungsmaterial. Später dann bedienten sie den Hurra-Patrioten
und den bigotten Frömmler. Dem entspricht die Entwicklung des malerischen
Stils: von biedermeierlicher Detailverliebtheit am Anfang zum platten, nicht miß-
zuverstehenden und alles erschlagenden Realismus in der Spätphase.

● Gegenprobe: Gaertner-Panorama

Wer zahlt, schafft an. – Daß es sich beim Panorama um ein modernes Massenmedium handelt, zeigt auch die Gegenprobe. Eduard Gaertners *Panorama von
Berlin*, das 1834 für den freien Markt gefertigt und von König Wilhelm II. ange-
kauft, ein Jahr später für dessen Tochter, die Zarin, wiederholt wurde, gibt zwar
den vollständigen Rundumblick auf die preußische Residenz, »gesehen vom Dach
der Friedrich Werderschen Kirche«, wieder. Es mußte aber, da Käufer die Möglichkeit des privaten beziehungsweise repräsentativen Kunstgenusses erwarteten, die
geschlossene Panoramaform des 360-Grad-Bildes wieder in sechs traditionelle
Tafelgemälde mit sechs einzelnen Perspektiven zerschlagen. Einzeln gerahmt sollten diese sechs Bilder an den vier Wänden eines beliebigen Salons verteilt werden.
Und tatsächlich haben sie niemals unmittelbar nebeneinander und winklig aufein-
anderstoßend gehangen. Gaertners Berlin-Rundumsicht ist also nur vermeintlich
ein Panorama und formal gesehen eigentlich eine verunglückte Zwitterform. Meines Wissens ist das Gaertner-Panorama der einzige Versuch geblieben, die Massen-
medienform des Panoramas mit den Bedürfnissen eines privaten Besitzers zu har-
monisieren.

- This invention since has been called PANORAMA

Daß es sich beim Panorama auch in den Augen der Zeitgenossen um eine völlig neue, bis dahin noch nicht dagewesene Kunstform (um ein Medium) handelte, zeigt die Tatsache, daß Robert Barker, seinem englischen Erfinder, 1792 auf die gesamte Apparatur (Bauwerk, Gemälde, Beleuchtung) ebenso selbstverständlich ein Patent erteilt wurde wie James Watt auf die Dampfmaschine. Im Patentantrag spricht Barker übrigens noch nicht von einem Panorama. Er nennt seine Erfindung – nicht mit einem englischen Wort, sondern mit einen französischen Begriff, um das Neue und Nie-da-Gewesene der Sache herauszustellen – »la nature à coup d'œil« (die Natur auf einen Blick). Erst in der Veröffentlichung der Patentschrift findet sich die Fußnote: »Diese Erfindung wird seitdem PANORAMA genannt«. Das griechische Wort, das man mit »Alles-Schau« oder »Alles-Sehen« übersetzen könnte, war eine Neuprägung, die ein klassisch gebildeter Freund Barkers Erfindung beisteuerte. Ein Kunstwort also, kein uraltes griechisches Wort, das eine naturgegebene Seherfahrung benannte, sondern ein Terminus technicus wie Lokomotive, Automobil, Telephon oder Television, um das Ins-Bild-Setzen des gesamten Horizonts zu bezeichen. »Die Idee zu einer solchen Ansicht« sei, wie ein zeitgenössischer Kritiker bestätigte, »absolut originell und anziehend«.

- Kunst wird Natur

Im Lauf des 19. Jahrhunderts wurde der Terminus technicus in alle Sprachen der westlichen Welt übernommen. In dem Maße aber, wie die Sensation der Riesenrundgemälde verblaßte, wurde der Begriff mehr und mehr auch verwendet, um sich in der Natur bietende Rundumsichten zu bezeichnen. Heute, wo die Kunstform der Riesenrundgemälde in Vergessenheit geraten ist, definiert jedes Wörterbuch den Begriff Panorama als Benennung einer Naturerfahrung und deutet den ursprünglichen Terminus technicus für die Medienmaschine als davon abgeleiteten Begriff. So wird aus Kunst Natur.

Diese vermeintliche Verkehrung der Begriffe spiegelt einen realen historischen Prozeß. Im Panorama etablierte sich das moderne Erlebnis des Horizonts als Kunstform; indem es so an Dauer gewann, wurde das Panorama zur Schule des Blicks, zu einem optischen Simulator, in dem der zunächst extrem erfahrene Sinneseindruck, das sensationelle, weil ungewohnte Erlebnis immer wieder und wieder gefahrlos geübt werden konnte, bis es zur Selbstverständlichkeit und zum alltäglichen Bestandteil menschlichen Sehens wurde. Geprägt vom panoramatischen Blick, beginnt das Panorama, diesen panoramatischen Blick zu prägen. Es wird damit zum Muster, nach dem sich von nun an Seherfahrungen organisieren. Unentrinnbar fixiert diese patentierte Maschinerie den Blick auf die (zunächst nur scheinbare, gemalte) äußere Welt. Und ebenso unentrinnbar ist von nun an die Natur dem panoramatischen Blick, wie er in den Rundgemälden geübt wurde, ausgeliefert. Das Schweifen dieses Blicks ist nur scheinbar ziellos: Er geht aufs Ganze, ist imperialistisches Sehen. Der panoramatische Blick ist in erster Linie Zugriff. Zugriff, der das in den Blick genommene objektiv betrachtet, es nur deshalb unbeschädigt läßt, um es ganz vereinnahmen zu können.

• Horizont:»Das Innewerden einer Begrenzung bedeutet zugleich ihre Überschreitung«– Hegel

Das Panorama ist Substrat und Ausdruck eines tiefgreifenden Umwandlungsprozesses menschlichen Sehens; es setzt den Blick voraus, auf den es als Kunstform antwortet, und zugleich schult es diesen Blick. Die Entdeckung des Horizonts markiert die historische Erfahrung, daß es eine bekannte, von ihm eingeschlossene und eine unbekannte, von ihm ausgeschlossene Welt gibt, die es beide zu erforschen – und auszubeuten – gilt.

Das Panorama ist nicht nur eine Art Dampfmaschine zur Industrialisierung des menschlichen Sehens, es erweist sich in der Folge auch als mächtiger Traktor zum Anschub optischer Medien überhaupt, die in seiner Folge und nach seinem Vorbild immer rascher entwickelt werden.

Dazu nur einige knappe Thesen:

• Bewegte Bilder

Erst das perfekte Stillstellen der Zeit im Panoramabild läßt die Starre der Darstellung bewußt und damit unerträglich werden. Diese schockartige Erfahrung, die erst am Panorama, an keinem Werk der Kunst zuvor, unabwendbar wird, läßt ein Vakuum für den Augensinn entstehen und reizt das Bedürfnis nach Bewegung im Bild. Die technischen Innovationen, die dieses Bedürfnis stillen sollen, werden in immer rascherer Folge entwickelt und finden ein begeistert-entgeistertes Publikum. Kaum 20 Jahre nach der Erfindung des Panoramas bieten die Diaphanoramen zum ersten Mal die Möglichkeit der Darstellung eines zeitlichen Ablaufs (vom Sonnenaufgang bis zur Nacht). Das unmittelbar daraus entwickelte Doppeleffektdiorama von Daguerre macht die Darstellung von Bewegung im Raum auf der zweidimensionalen Fläche des Bildträgers möglich, und zwar mit rein optischen Mitteln, ohne sichtbare Mechanik.

Das ebenfalls in den 1820er Jahren entwickelte, dann um die Jahrhundertmitte populär gewordene Moving Panorama versucht auf seine Weise, den Mangel an Bewegung auszugleichen, indem es die Illusion einer Reise durch den Raum vermittelt. Begleitet von den Instruktionen des jetzt unabdingbaren Lecturers bringt es wieder das narrative Element ins Bild, das das Riesenrundgemälde durch Stillstellen der Zeit dem Anschaubaren so gründlich ausgetrieben hatte. Das war bei den Panoramen nur durch»Nachsitzen«wettzumachen, durch die quasi obligatorische Lektüre der Souvenirprogramme mit ihrer weitschweifigen Kriegsberichterstattung und ihren historisch-topographischen Erklärungen. Der Schritt zu den »lebenden Bildern« des Kinematographen ist nicht mehr weit.

● Partialisierung

Mit der bis ins kleinste Detail realistischen Darstellung des Sichtbaren und der im Augenblick quasi schock-gefrorenen Zeit nimmt das Panorama die Bannung der Realität durchs Kameraobjektiv des Photographen vorweg. Um eine etwas kühne Metapher zu wagen: Photographien sind die Fetzen eines durch Horizontüberdehnung zerplatzten Panoramas. Die extreme Ausschnitthaftigkeit der auf Knopfdruck durch die gänzlich insubjektive Kamera gelieferten Wiedergabe der sichtbaren Wirklichkeit wird für das Individuum nur erträglich aufgrund der vorhergehenden Erfahrung einer »vollständigen«, kohärenten Welt des Sichtbaren, wie sie mit der denkwürdigen Linie des Horizonts (zum letzten Mal in der Geschichte des Sehens!) zusammengeschnürt wurde.

Zwei prominente Beispiele, die in der Ausstellung Sehsucht zu sehen waren, mögen die Entwicklungslinie veranschaulichen:

Das Proto-Panorama *Rom*, von Louis Le Masson, das 1779 – also gut zehn Jahre vor der Patentierung des Panoramas–entstand, gibt zwar mit der extrem weitwinkeligen, bei nur 42 Zentimetern Höhe mehr als viereinhalb Meter langen Darstellung dem Drängen der Horizontlinie nach rechts und links so weit als irgend möglich nach. Dennoch bleibt seine Darstellung ganz konventionell, indem sie den drängenden Horizont mit einer mächtigen doppelten Rahmung durch Architektur und Bäume am rechten und linken Bildrand abzufangen versucht. – Erst Barker wagt mit seinem *Panorama von London* die konsequente vollständige Rundumsicht.

Ganz anders dagegen die Landschaftsbilder von Caspar David Friedrich. Diese Bilder, mit ihrer radikalen Betonung der Horizontlinie und der extremen, nicht schärfer zu denkenden Ausschnitthaftigkeit, sind nur als post-panoramatisch zu verstehen, als kritische Antwort auf den letztlich harmonisierenden Vollständigkeitswahn des sich so harmlos gebenden Panoramas. Wie radikal und revolutionär diese Ausschnitthaftigkeit von den Zeitgenossen empfunden wurde, zeigt die Reaktion von Heinrich von Kleist angesichts des 1810 entstandenen *Mönch am Meer*, des unter diesem Gesichtspunkt wohl extremsten Beispiels der Friedrichschen Ideenlandschaften: Es sei, »als wenn einem die Augenlider weggeschnitten wären«.

● Der obszöne Blick

Erst die vollständige Vereinnahmung der Natur durch den Panoramahorizont setzt die Möglichkeit zur visuellen Partialisierung frei (und das Bedürfnis nach ihr). Im Panorama wird Sehen zur Sucht. Hier wird – in jeder Bedeutung des Wortes – der Blick geschärft. Um den Bogen der Thesen noch weiter zu spannen, vielleicht zu überspannen: Das Panorama bereitet den Pornofilm vor.

Tatsächlich haftet dem Panorama selbst schon etwas Obszönes, etwas Voyeuristisches an. Indem hier der Betrachter auf der Plattform fixiert und damit alle sinnlichen Wahrnehmungen ganz aufs Auge reduziert werden, liefert das Panorama das Gezeigte ebenso vollständig dem vereinnahmenden Blick aus, wie es andererseits das Subjekt unentrinnbar ans Objekt kettet, »als wenn einem die Augenlider weggeschnitten wären«.

Sehen ist nicht nur ein den Gesetzen der Optik folgender, mittels Sinnesphysiologie und Wahrnehmungspsychologie erklärbarer Vorgang, sondern vor allem auch ein von der jeweiligen Zeit geprägter und historisch sich stetig verändernder Prozeß. Dafür scheint mir das Panorama ein aufschlußreiches und, weil in seiner vergleichsweise simplen und durchschaubaren technischen Konstruktion mit noch harmlosen Folgen, ein besonders instruktives Beispiel zu sein.

Ein halbes Jahrhundert nach den Einsichten von Walter Benjamin hat sich die Erkenntnis, »daß die natürlichen Bedingungen menschlicher Existenz durch die Produktionsweise der Menschen verändert werden«[2], wohl durchgesetzt.

Wie aber konkret die »Gesichtseindrücke des Menschen nicht nur von natürlichen Konstanten, sondern auch von historischen Variablen bestimmt werden«, bleibt eine Frage, die man behutsam offenhalten sollte.

2  Benjamin, Walter [Rezension]: »Dolf Sternberger: Panorama oder Ansichten vom 19. Jahrhundert«, a.a.O., S. 573.

Birgit Verwiebe

# »Wo die Kunst endigt und die Wahrheit beginnt«
# Lichtmagie und Verwandlung im 19. Jahrhundert

Mittels Malerei und Licht bezauberten Transparentbilder ganze Generationen von Liebhabern der Kunst und Unterhaltung. In einer genialen Verbindung von Kunst und Kommerz entstand eine Frühform der Art industriel, die in der Vorwegnahme photographischer und kinematographischer Mittel zu einer bedeutsamen historischen Quelle moderner Lichtmedien wurde.

Um 1780, an der Schwelle zur Neuzeit, darf der Entstehungszeitraum der Gattung Transparentbild angenommen werden.

Zu dieser Zeit häufen sich Nachrichten und Beschreibungen von geselligen Ereignissen, bei denen die auf lichtdurchlässige Materialien gemalten und beleuchteten Bilder bei Dunkelheit vorgeführt wurden. Etwas später, im zweiten Viertel des 19. Jahrhunderts entwickelt sich das Transparent im Diorama zum massenkommunikativen Medium. Entscheidend dabei war, daß neue Dialogbeziehungen von Künstler, Kunstwerk und Betrachter erprobt und gestaltet wurden. Sie differieren grundsätzlich vom traditionellen Tafelbild, was viele Künstler faszinierte. Die namhaferen unter ihnen waren Philipp Hackert, Thomas Gainsborough, Charles Wilson Peale, Karl Friedrich Schinkel, Caspar David Friedrich, Louis Jacques Mandé Daguerre oder auch Adolph Menzel.

Im Verlaufe der Entwicklung des Transparentbildes sind im Ringen um illusionistische Perfektion zwei Arten entstanden. Zunächst gab es das Transparent mit dem einfachen Diaphaneffekt. Hier waren hinter dem Bild Lichtquellen angebracht, die es illuminierten. Meist waren dies Mondscheinlandschaften. Einige Jahrzehnte später, ab 1834, wurde dann das Doppeleffekt-Transparent im Daguerreschen Diorama populär, das über eine komplizierte Mal- und Beleuchtungstechnik eine Illusion von Bewegung und Verwandlung erzeugte.

Es handelt sich bei den Transparenten um einen Versuch, mit den Mitteln der Malerei die Gattung Malerei zu verlassen und dabei – vor der Entstehung des Films – dem Traum vom Kino nahezukommen, das heißt, den Film gewissermaßen vorwegzunehmen, ohne ihn tatsächlich entwicklungsgeschichtlich vorzubereiten.

Drei wesentliche Strukturelemente lassen diese These zu:

1. Im durchscheinenden Bild ist der Lichteffekt das bestimmende Moment, das dominierende Ereignis. Das Licht ist nicht gemalt, es ist wirkliches Licht, das den Betrachter im Dunkeln trifft. Diese Art der Lichtmagie wird direkt erlebt und wirkt unmittelbar sinnlich.

2. Im an sich unbeweglichen Transparent werden Bewegungen und Verwandlungen vorgetäuscht. Es waren Jahres- oder Tageszeitenabläufe zu sehen. Gesche-

hen und Sensationen aus aller Welt konnten als Vorgang, als Prozeß betrachtet werden.

3. Die Affinität der Transparentbilder zum Film zeigt sich schließlich auch darin, daß deren Vorführungen erst bei Anwesenheit von Publikum stattfanden, folglich also temporär begrenzt waren. Diese Veranstaltungen hatten Ereignischarakter. und boten Gelegenheit zu Geselligkeit und Kommunikation. Hier leistete auch die Transparentmalerei einen Beitrag zum Phänomen der kollektiven Simultanrezeption, die im 19. Jahrhundert bekanntermaßen neue Wege für Kunst und Kunstrezeption eröffnete.

● Transparentmalerei vor und nach 1800

Die letzten Jahrzehnte des 18. Jahrhunderts sind entscheidend für die Entwicklung des optischen Schauwesens von Camera obscura, Laterna magica, Schattentheater, Guckkästen, Panorama und so weiter. Innerhalb dieser Welt der Licht- und Schattenspiele – jener experimentellen Vorfelder des Films – entsteht das sogenannte Mondscheintransparent. Derart stimmungsvoll geschilderte Natur trifft den Nerv jener Zeit um 1800, auch Empfindsamkeit genannt, in der Gefühlsstimulanz durch Kunst eine große Rolle spielt.

Philipp Hackert, einer der bekanntesten Maler im 18. Jahrhundert, hatte sich in den 80er Jahren eingehend der Transparentmalerei gewidmet. Mehr noch, man ließ ihn beinahe uneingeschränkt als den Erfinder dieser Technik gelten, die »damals noch geheimgehalten ward.(...) Über der Thür seines Kabinets in Rom hatte Hackert einen solchen Mondschein. Er führte seine Freunde Abends in dieses dunkle Zimmer, wo das Bild allein auf vorbeschriebene Art beleuchtet war. Man setzte sich vor demselben in einen Kreis. Alles schwieg. Die Empfindungen einer wohlthätigen Melancholie, welche diese Vorstellungen einer einsamen und ruhigen, auf der einen Hälfte vom Mondstrahl sanft beleuchteten, auf der anderen unterbrochen von Bäumen beschatteten, nur hie und da von einem weidenden Pferde belebten Landschaft erregt, theilen sich durch keine Worte mit.«[1] Stimmungsintensität offenbart sich hier. Auch in anderen Beschreibungen Hackertscher Transparentbilder ist vom »sanften Genuß« und von »wohlthätiger Empfindung der Schwermuth« angesichts der durch »täuschende Wahrheit« faszinierenden »Zauberlandschaften« die Rede. Hackert hatte die transparenten Mondscheinszenen nicht nur für seinen persönlichen Gebrauch im Beisammensein mit Freunden angefertigt. Sowohl für den König von Neapel, in dessen Diensten er stand, als auch für den russischen Hof schuf er solche Bilder. Darüber hinaus war das Honorar beachtlich: Für eine »Ansicht bei Rom« bezahlte man ihm 200 Zechinen – eine Summe, die er üblicherweise für seine Ölbilder einnahm.

Ein Brief von Christoph Martin Wieland an Johann Heinrich Merck, geschrieben anläßlich eines Festes, das Goethe der Herzogin

1 Meyer, Friedrich Johann Lorenz: *Darstellungen aus Italien*, Berlin 1792, S. 287.
2 Zit. n.: Bornhak, Friederike: *Anna Amalia. Herzogin von Sachsen-Weimar-Eisenach*, Berlin 1892, S. 164.

von Weimar 1778 ausrichtete, bezeugt vortrefflich Zeitgeistiges um 1800, offenbart jene Freude am Lichtspiel, am illuminierten Natur- oder Kunsterlebnis: »Und wie wir nun aufgestanden waren und die Tür öffneten, siehe, da stellte sich uns (…) ein Anblick dar, der mehr einer realisirten dichterischen Vision, als einer Naturscene ähnlich sah: das ganze Ufer der Ilm [war] (…) beleuchtet – ein wunderbares Zaubergemisch von Hell und Dunkel, das im Ganzen einen Effekt machte, der über allen Ausdruck geht (…) [Nach und nach] zerfiel die ganze Vision (…) in eine ganze Menge kleiner Rembrandtscher Nachtstücke, die man ewig hätte vor sich sehen mögen, und die nun durch die dazwischen wandelnden Personen ein Leben und ein Wunderbares bekamen, das für meine poetische Wenigkeit ganz was Herrliches war. Ich hätte Goethen vor Liebe fressen mögen. (…)«[2]

Zurückgekehrt von seiner Italienreise und noch ganz davon ergriffen, nutzte Karl Friedrich Schinkel dort gesammelte Eindrücke für ein Projekt, das ihn einige Zeit ausfüllte und auch seinem Lebensunterhalt diente. Zwischen 1807 und 1816 schuf er zum Zwecke öffentlicher Schaustellung mehr als 40 sogenannte perspektivisch-optische Bilder, die, wie Quellen belegen, auch Transparente waren. Für Schinkel waren diese Bilder eine Vorstufe für spätere Bühnenentwürfe: ein Theater ohne Dichtung, Malerei als gesellige Veranstaltung. Romantisierende Darstellungen wie aktuelle Zeitereignisse waren in Schinkels Vorführungen zu finden. Wie so oft sind auch hier keine Originale erhalten, jedoch zahlreiche Entwürfe belegen sein emsiges Schaffen. Nur wenige Monate nach den ganz Europa erschütternden Kriegsereignissen in Rußland, die 1812 einen dramatischen Höhepunkt mit dem Brand Moskaus erreichten, zeigte der Künstler sein Schaubild *Brand von Moskau*. Im gleichen Jahr stellte er auch die *Meeresgrotte bei Sorrent* aus, diesmal

Abb. 1: Thomas Gainsborough:
*Exhibition Box*, um 1781/82

mit Musikbegleitung: »Der Zuschauer glaubt sich unter einem milden Himmelsstrich, bei einer ruhigen lauen Sommernacht, an das Ufer des Meeres versetzt und die Musik (...) wiegt den Zuhörer in eine so süße Behaglichkeit, daß er bei dem Genuß, welchen das Bild und die Musik ihm gewähren, sicherlich wünschen wird, denselben über das gewöhnliche Zeitmaß einer solchen einzelnen Vorstellung hinaus verlängert zu sehen.«[3]

Der Franzose Carmontelle, Hofkünstler im vorrevolutionären Paris, veranstaltete ebenfalls Transparentbildvorführungen. Ein 12 oder 18 Meter langes, auf chinesisches Papier gemaltes Transparent wurde auf Rollen in einem zirka 50 Zentimeter hohen Kasten vor einer brennenden Kerze abgewickelt, so daß erleuchtete Bilder vorbeizogen. Jahres- und Tageszeitenfolgen sowie Feuerszenen waren zu sehen. Carmontelles »Fest für Auge und Ohr« war bei Hofe so beliebt, daß er als »König der Illusionisten« berühmt wurde.[4]

Wohl 1781 hatte Thomas Gainsborough seine sogenannte *Exhibition box* (Abbildung 1) entwickelt, mit deren Hilfe er sich seine Transparencies besah. 30 mal 30 Zentimeter maßen die auf Glas gemalten Naturszenen (Abbildung 2). Loutherbourgs Eidophusikon, ein illusionistisches mechanisches Guckkastentheater, in dem auch Transparente gezeigt wurden, machte zu dieser Zeit in London Furore und hatte für Gainsborough ganz sicher inspirierend gewirkt. An geselligen Abenden, wenn Freunde zu Gast waren und man Tee trank, wurden als Höhepunkt die Transparencies vorgeführt. Abgesehen von der Unterhaltsamkeit dieser Bildereignisse waren die Transparencies für Gainsborough ein visuelles Imaginationsmittel, das seine späte Landschaftsmalerei, in der die Lichtgestaltung eine bedeutende Rolle spielte, prägte.

In Amerika war es Charles Wilson Peale, der das neue Medium wagte. Peale war ein universeller Geist mit Interessen und Engagement in Politik, Wissenschaften, Handwerk und Landwirtschaft. Er war außerdem Sammler, Museumsgründer und Maler. 1785 eröffnete er eine Ausstellung, die eine neue Ära in seiner künstlerischen Laufbahn einleitete. Nachdem er sein Museumsgebäude baulich verändert hatte, um einen »moving picture room« einzurichten, zeigte er dort seine *Exhibition of Perspective Views, with Changeable Effects; or, Nature Delineated, and in Motion*. In seiner Anzeige in der *Pennsylvania Packet* schrieb Peale: »This manner of exhibiting pictures, imitations of natural objects, in which motion and change is given, is entirely new, at least in this part of the world, and cannot be performed without much complicated and costly machinery.«[5] Peales transparente Bilder mit Bewegungseffekten waren in Anlehnung an das Eidophusikon Loutherbourgs entstanden, das schon für Gainsborough so entscheidend war, welches aber Peale selbst nie gesehen hatte. Die zahlreichen Beschreibungen in britischen Zeitungen und Zeitschriften sowie mündliche Berichte von Reisenden waren die einzig verfügbaren Quellen der Anregung.

3 *Spenersche Zeitung*, Berlin, 21. November 1812.
4 Francastel, Pierre: »Les transparentes de Carmontelle«, in: *L'Illustration*, Paris, 17. August 1929, S. 159.
5 Zit. n.: *Pennsylvania Packet*, Philadelphia, 19. Mai 1875.
6 Peale, Charles Wilson: *Autobiography*, Manuskript, Archiv der American Philosophical Society Philadelphia.

Peales Unternehmung war anfänglich sehr erfolgreich. Erst einige Jahre später wurde ihm der technische Aufwand zu groß, und er verkaufte seine *moving picture show*. In seiner Autobiographie resümierte er rückblickend: »The exhibition of these moving pictures was continued a considerable time and much admired, visited by a great deal of company, generally much gratified with the changes produced in each piece.«[6]

• Romantik

Rund 30 Jahre nach Hackert, Gainsborough oder Peale hatte sich Caspar David Friedrich, jener bedeutende deutsche Romantiker und Lichtprophet, mit der Transparentmalerei befaßt. Auch hier dominierte der Mondschein, aber nicht allein wegen des Stimmungseffektes. Für die Romantiker hatten Licht, Transparenz und Mondschein umfassend symbolisierende, weltdeutende Hintergründe. Friedrich war fasziniert vom Lichtschein im Dunkeln. »Die Materialität der Farbe aufheben zu können«, war für ihn entscheidend. Zu Beginn der 1830er Jahre schuf

Abb. 2: Thomas Gainsborough:
*Viehherde in hügeliger Landschaft,* um 1781/82
Transparentbild, Öl auf Glas

Friedrich, auf Anregung von Wassilji Shukowski, dem Dichter, Staatsrat und Prinzenerzieher am russischen Hof, vier Transparente für den Thronfolger Alexander. Es handelte sich um einen musikallegorischen Zyklus, der in Begleitung von Musik inszeniert werden sollte, worüber Friedrich präzise Vorstellungen und umfangreiche Briefe verfaßte. Diese Bilder gelten als verschollen. Ein Transparent, aus dem Nachlaß stammend, hat sich jedoch erhalten. Es handelt sich um ein sogenanntes Doppeleffekt-Transparent, das eine gebirgige Flußlandschaft darstellt (Abbildungen 3 und 4). In einer Mischtechnik aus Aquarell und Tempera ist das Bild beidseitig bemalt. In Abhängigkeit vom Standort der Lichtquelle kann man zwischen Tag- und Nachtansicht wählen.

In der Literatur gibt es verschiedene Äußerungen zu Friedrichs Transparenten. Emil Waldmann zufolge habe der Künstler eine Lampe hinter das Bild im verdunkelten Raum gestellt, und nun ließ die »Wunderlampe (...) die Berge der mondbeglänzten Zaubernacht langsam durchscheinen und machte das Universum tiefer, und je wie man die Lampe oder was man sonst als Lichtquelle nahm, bewegte, wurde es Abend oder wurde es Nacht, und voller ward die Welt von Einzelheiten, und die Gesamterscheinung, bald melancholisch düster, bald milde verklärt (...). Es ist ganz und gar rätselhaft, und, ohne Widerstand, wie ein Zauber.«[7]

Ein anderes Transparentbild der Romantik, die *Ruine Oybin bei Mondschein* (Staatliche Galerie Moritzburg, Halle), war lange Zeit Friedrich zugeschrieben worden. Die Vermutung liegt nahe, daß es von dessen Schüler, Ernst Ferdinand Oehme, stammt. Sowohl die Stilistik dieses Bildes als auch die Tatsache, daß Oehme 1832/33 in Dresden Transparentbilder der Öffentlichkeit präsentierte, bestärken dies. Der Kunstkritiker Karl Friedrich Rumohr schrieb über diesen »Cyclus dioramatischer Darstellungen«, die Transparente würden mit ihren nur vorübergehenden Wirkungen vergänglicher als die klassische Tafelmalerei sein. Aber sie würden »unstreitig durch Vergegenwärtigung topographischer Punkte und magischer Naturwirkungen zu den Dingen gehören, welche dem modernen Leben seinen eigenthümlichen Reiz verleihn.« Es gäbe wenige, die nicht solchen Darstellungen »bald Belehrung und deutliche Anschauung entfernter Gegenden und Örtlichkeiten bald mindestens heitere Stunden verdanken.« Rumohr erläutert die »Grenzen« und die »rechte Aufgabe« dieser Kunstart, indem er zwei Transparentbilder ausführlicher beschreibt. Für ihn gehören sie »zu dem gelungensten, was darin jemals mag geleistet worden seyn.« Eines davon stellt das Innere eines Glockenturmes dar, »in welchem eine Person von schönem Charakter und trefflicher Haltung Sturm läutet, während am offenen gothischen Fenster eine andere nach einer Feuersbrunst in der unten liegenden Stadt mit glücklich ausgedrücktem ängstlichem Antheil hinaussieht. Die Auffassung dieses Bildes ist poetisch zu nennen, die Oekonomie der Mittel sowohl der Anregung des gemüthlichen Antheils, wie andererseits der äußeren Ver-

8 Rumohr, Karl Friedrich: »Über Otto Wagner's und Ernst Oehme's in Dresden aufgestellte Dioramen«, in: *Beiheft zum Jahrbuch der Preußischen Kunstsammlungen,* Berlin 1943, S. 64–66.
7 Waldmann, Emil: *Caspar David Friedrich Almanach,* Berlin 1941, S. 14.

Abb. 3: Caspar David Friedrich: *Gebirgige Flußlandschaft am Morgen,* 1830–35, Transparentbild, Aquarell und Tempera auf Papier

Abb. 4: Caspar David Friedrich: *Gebirgige Flußlandschaft bei Nacht,* 1830–35, Transparentbild, Aquarell und Tempera auf Papier

sinnlichung, gleich bewundernswert.« Merkwürdig gelungen sei »die erschrekkende Wahrheit der fernen Brunst, die glückliche Weichheit ihres Contrastes gegen das offene gothische Fenstergestänge, gegen das kältere, mehr Deutlichkeit gewährende Licht der Laterne, welche den tiefer eingehenden inneren Raum matt erhellt.« Eine Wirkung dieser Art – so Rumohr – wäre ohne die »gewandteste Berechnung aller Vortheile des Durchscheinens und Reflectirens nimmer zu erreichen« und würde zugleich die Höhe und eigentliche Bestimmung dieser Kunstart anzeigen.[8]

Abb. 5: Giorgio Sommer: *Neapel, Ansicht vom Vomero,* Megalethoscope-Photographie mit Auflichteffekt

Abb. 6: Giorgio Sommer: *Neapel mit Vesuvausbruch,* Megalethoscope-Photographie mit Durchlichteffekt

●   Diaphanorama und Diorama

Friedrichs wie Oehmes Aktivitäten auf dem Gebiet der Transparentmalerei müssen im Zusammenhang mit der Entwicklung des Dioramas gesehen werden, das etwa zehn Jahre zuvor, am 11. Juli 1822, von Louis Jacques Mandé Daguerre in Paris eröffnet wurde. Daguerre wiederum hatte sich wohl von dem Schweizer

Franz Niklaus König inspirieren lassen, der im Jahre 1815 in seiner Berner Wohnung eine öffentliche Schau von Transparentbildern veranstaltete, die er Diaphanorama nannte. Hauptsächlich Schweizer Gebirgsansichten und Szenen aus dem Bauernleben wurden gezeigt, die König mit einem Vortrag kommentierte. Zum Zwecke der Installation und Beleuchtung der Bilder hatte König einen Kasten bauen lassen. Ab 1816 unternahm er über mehrere Jahre hinweg Tourneen nach Deutschland und Frankreich. Der Erfolg seiner Reisen war beachtlich. Eine Schweizer Zeitung, die *Aarauer Zeitung*, faßte die Kommentare der deutschen Blätter zusammen: »Es ist wohl in der Malerei eine (...) mit den Farben allein gar nicht zu lösende Aufgabe, (...) alle Gegenstände mit dem wirklichen Licht der Sonne, des Mondes und des Feuers darzustellen (...). Dem Herrn König muß man in der Tat Zeugnis geben, daß seine Schweizeransichten auf dem Punkte stehen, wo die Kunst endigt und jenseits der Linie die Wahrheit beginnt.«[9] König selbst teilte diese Ansicht über das Verhältnis von Realität und Abbild, von Sein und Schein, über die Simulationskraft der Transparente. Er meinte, die Schweizer Natur sei so einzigartig, daß sie nur in der Transparentmanier überzeugend darzustellen sei.

Nur zwei Jahre nach einer einjährigen Diaphanorama-Show von König in Paris eröffnete Daguerre sein Diorama. Er wird die Vorstellung von König gesehen haben. Eigene Qualitäten als gefeierter Bühnenbildner sowie eine enorme Energie und Erfindungskraft befähigten Daguerre zu dieser Leistung. Für den Begriff Diorama hatte er sich offenbar auf Königs Diaphanorama gestützt und auf Diorama gekürzt.[10] Die Popularität und der Einfluß dieser Bilderschau waren immens. Das Diorama war ein kinoartiges Gebäude aus Stein, das zirka 300 Personen faßte. Die darin gezeigten Transparentgemälde maßen 14 mal 22 Meter und übertrafen in ihrer optischen Illusionskraft alles bisher Dagewesene.

Dieser Illusionismus erfuhr nochmals eine Steigerung mit der Erfindung des bereits erwähnten Doppeleffektes im Jahre 1834, der im an sich statischen Gemälde Bewegungseffekte vortäuschte.

*Die Mitternachtsmesse in der Kirche St. Etienne-Du-Mont* wurde das erfolgreichste aller Bilder Daguerres, das, wie die anderen Transparente, nicht erhalten ist. Laut Augenzeugenberichten lief die Veranstaltung folgendermaßen ab: Man sah in das Innere einer Kirche, welche durch einfallendes Licht erhellt wird. Langsam setzte die Dämmerung ein, gleichzeitig gingen die Lichter an. Allmählich füllten sich die bis dahin leeren Bänke mit Gläubigen. Dann erklang die Mitternachtsmesse. Die *Messe Nr. 1* von Haydn wurde auf einer Orgel gespielt. Anschließend erloschen die Lichter nach und nach, bis die Kirche dunkel und leer wie am Anfang erschien und der kommende Tag sich ankündigte. Drei Jahre kamen die Besucher, um gegen Eintrittsgeld etwas anzuschauen, was sie in der Realität kostenlos hätten erleben können. Zwischen 1836 und 1839 stellte Daguerre den nicht minder erfolgreichen *Tempel des Salomon* aus.

9   *Aarauer Zeitung*, Nr. 40, 1. April 1820, S. 158.
10  Gernsheim, Helmut: *L. J. M. Daguerre. The History of the Diorama and the Daguerrotype*, London/New York 1968, S. 14

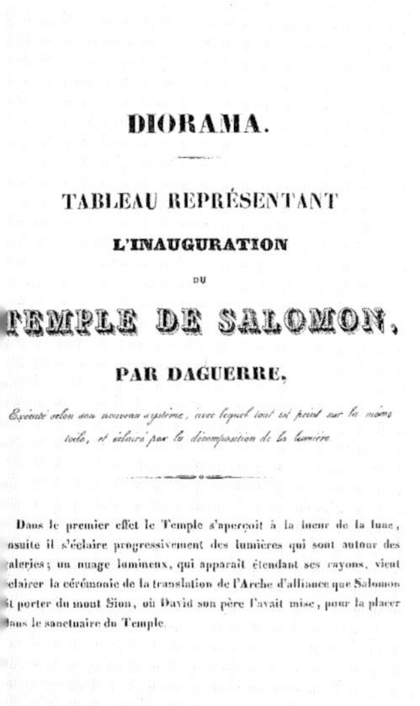

Abb. 8: Carlo Ponti: Megalethoscope (auch Alethoscope genannt), Apparat zum Betrachten transparenter Photographien, um 1865

### DIORAMA.

#### TABLEAU REPRÉSENTANT

##### L'INAUGURATION

ou

## TEMPLE DE SALOMON,

#### PAR DAGUERRE,

*Exécuté selon un nouveau système, avec lequel tout se peint sur la même toile, et éclairé par la décomposition de la lumière.*

Dans le premier effet le Temple s'aperçoit à la lueur de la lune, ensuite il s'éclaire progressivement des lumières qui sont autour des galeries ; un nuage lumineux, qui apparaît étendant ses rayons, vient éclairer la cérémonie de la translation de l'Arche d'alliance que Salomon fit porter du mont Sion, où David son père l'avait mise, pour la placer dans le sanctuaire du Temple.

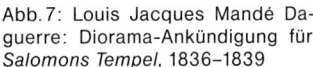

Abb. 7: Louis Jacques Mandé Daguerre: Diorama-Ankündigung für *Salomons Tempel,* 1836–1839

Abb. 9: Louis Jacques Mandé Daguerre: *Salomons Tempel,* Entwurfszeichnung für gleichnamiges Diorama-Bild, um 1836

Die Entwurfszeichnung läßt die Lichtdramaturgie im Transparentbild ahnen. Zunächst war die Szene dunkel und mondbeschienen, dann erhellte sie sich nach und nach, und man sah Gläubige in den Tempel einziehen (Abbildung 9).

Daguerres Schöpfung übte weltweit einen enormen Einfluß aus. In vielen europäischen wie amerikanischen Städten wurden vom Pariser Vorbild inspirierte Bauten errichtet oder in bereits existierenden öffentlichen Häusern Transparentbildvorführungen organisiert. Bereits ein Jahr nach der Pariser Gründung veranlaßte Daguerre die Einrichtung des Londoner Dioramas. Ein weiteres Diorama wurde fünf Jahre später, im Jahre 1827, in Berlin von dem Theatermaler Carl Gropius eröffnet. Mehr als zehn Jahre nach Schinkels eigenen Transparentbildern wirken seine Werke anregend für das Diorama. Beispielsweise wurde das Gemälde *Dom über einer Stadt* von 1813 (Kopie von Wilhelm Ahlborn in der Nationalgalerie Berlin) von Carl Gropius im Jahre 1830 in ein Transparentbild übertragen, welches eine beachtliche Publikumsresonanz erbrachte.

In New York City wurde im Jahre 1840 Daguerres *Real and New Diorama* eröffnet, importiert aus Paris durch Maffey und Lonati.

Zwischen 1840 und 1843 bereiste das Diorama Philadelphia, Boston, Baltimore, Charleston, Washington und New Orleans. Darüber hinaus belegen Quellen eine Tournee in den Südstaaten. Die amerikanischen Diorama-Transparente waren nicht immer so monumental wie die europäischen. Auch wurden, bis auf eine Ausnahme, keine Dioramagebäude errichtet. Man nutzte dafür Konzerthallen oder Theatersäle.

Der Blick auf die Entwicklung des Dioramas in Europa wie in Übersee verdeutlicht, daß bestimmte Sujets immer wieder aufgegriffen wurden:

1. Darstellungen der Fremde, Topographisches aus aller Welt dienten der Reise in der Imagination, dem Fern-Sehen.

2. Das Diorama war ein Spiegel der Zeitereignisse.

3. Katastrophen und Unglücksfälle gehörten zum Standardrepertoire.

Auch hier, wie bei der Reisethematik, offenbart sich der typische Spannungseffekt zwischen Nähe und Ferne. Der Zuschauer ist scheinbar Augenzeuge von Weltgeschehen. Er ist dabei, ohne wirklich dabei zu sein.

● Miniaturdioramen

Unter den zahlreichen Nachfolgern des Pariser Dioramas waren auch sogenannte Miniaturdioramen. Das »Polyorama panoptique«, entstanden Mitte des 19. Jahrhunderts in Frankreich, ist eines von ihnen und erfuhr als modernisierter Guckkasten des 19. Jahrhunderts eine massenhafte Verbreitung: In einem leicht handhabbaren Kästchen konnten transparente Bilder durch eine Linse betrachtet werden. Durch das Öffnen und Schließen der Deck- und Rückenklappe wurde der beliebte Verwandlungseffekt hervorgerufen. Die diaphanen Doppeleffektbilder sind kolorierte, rückseitig bemalte und be-

11  Zit. n.: *Patents for Inventions. Abridgement of Specifications Relating to Photography*, Part II 1860–1866, London 1872, S. 565.

klebte Lithographien von anonymen Schöpfern. Auch hier wird die verborgene Nachtansicht erst bei Durchleuchtung sichtbar. Die Motive, vom Diorama inspiriert, umfassen die belebte und unbelebte Vedute, Ansichten ferner Gegenden, Mondscheinszenen, Kircheninterieurs wie Naturereignisse, Kriegs- und Katastrophendarstellungen.

Das Megalethoscope, eine weitere Form der Miniaturdioramen, ist insofern bedeutend, als hier das neue moderne Medium Photographie mit der vergleichsweise antiquierten Welt der transparenten Verwandlungsbilder verschmolzen ist. Solches wurde zwar bereits in der Stereographie ab Mitte der 50er Jahre des 19. Jahrhunderts praktiziert, neu am Megalethoscope aber sind die Großformatigkeit der Bilder und die aufwendige Ausstattung der Apparate (Abbildung 8).

Am 11. Januar 1862 beantragte Carlo Ponti, der Erfinder des Megalethoscopes, am venezianischen Patentamt die Patentierung seines Megalethoscopes. Bereits in seinen Einreichungspapieren ist die kommerziell einträgliche Bilanz seiner Erfindung dokumentiert. Sieben Monate später, am 10. Juli 1862, wird sein Apparat in den englischen »Patents for Inventions« aufgeführt, jedoch unter dem Vorbehalt »provisional protection only«. Die Beschreibung lautet: »The apparatus resembles, in general form, that of a stereoscope, but it is of considerably larger dimensions, and is provided with only one large magnifying lens, and only one representation of the picture of large dimensions (…) that presents day and night and other effects.«[11]

Es war Ponti aufgrund eines administrativen Chaos in Venedig nie gelungen, dieses Patent wirklich zu erhalten, was lebenslängliche Konkurrenzkämpfe mit anderen Photographen und Nachahmern zur Folge hatte.

Durchaus aufregend ist der Blick in ein solches Megalethoscope: Zunächst weilt er auf den monochromen Photographien, die, dem Stand damaliger Technik zufolge, statisch erscheinen. Plötzlich aber, im Augenblick der Illumination, leuchten Farben, sind Figuren in ihrer Dynamik festgehalten. Der Augenblick einer Mondnacht, einer bestimmten nächtlichen Stunde eines Festes oder eines Naturereignisses ist nun eingefangen. Malerei und Photographie durchdringen sich hier, wobei das Malerische das Photographische aufhebt (Abbildungen 5 und 6).

Ob in Gestalt des Mondscheintransparentes, Diaphanoramas, Dioramas, Polyoramas oder Megalethoscopes: Das Transparent, das eine Vielfalt von Welten und Ereignissen offerierte, das, an die anonyme Öffentlichkeit gewandt, für jedermann etwas zu bieten hatte und die unterschiedlichsten Bedürfnisse nach Gefühlsstimulanz, Unterhaltung und Bildung befriedigte – dieses Transparent kann als ein künstlerisches Äquivalent für die epochentypischen Konzepte des 19. Jahrhunderts wie Großkaufhaus, Salon oder Weltausstellung interpretiert werden. Deren Gemeinsamkeiten bestehen im Versammeln, Vergegenwärtigen und im Veranschaulichen zeitlich wie räumlich ferner Welten.

Die Neigung des Transparentes zur Ereignisgeschichte – vor allem in seiner Spätphase – brachte es mit sich, daß diese Bilder schnellebiger waren und die spätere Wertschätzung trotz vereinzelter Bemühungen von Kunstkritikern und Museumsdirektoren nicht gegeben war. So sind von diesem einst so populären Medium heute nur wenige Exemplare erhalten. An seine Stelle traten letztlich die neuen massenkommunikativen Medien wie Photographie und Film. Die dem Transparent innewohnenden intermedialen Tendenzen haben jedoch Perspektiven bis in die Gegenwart eröffnet.

# Werner Nekes

## Bildwelten

Befrage ich mich als bildender Künstler, Filmmacher oder – wie es jetzt heißt – als Medienkünstler zu meiner großen Sehnsucht, der Sehnsucht, dann gestehe ich, daß ich mit großer Lust Bildwelten eräuge und gerne meine Wahrnehmung täusche. Bild an Bild reihe ich als Filmmacher aneinander und wickle diese zu einer großen Rolle um einen Kern.

Raum- und Zeitdimensionen fügen sich zu einem Kontinuum, das sich beliebig wiederholbar abrollen läßt. Wie ich zum Festhalten der Bilder auf dem langen Bildstreifen Licht benötige, so benötige ich auch wieder Licht, um die Bilder beim Abwickeln auf eine Wand werfen zu können.

Als Medienkünstler nutze ich zur Übertragung oder Erzeugung meiner Bildwelten ein Medium. Das Medium ist der Wortbedeutung nach der Vermittler zwischen Geisterwelt und Wirklichkeit. Der Baumeister der Geisterwelt ist der Magier, er schafft die Geisterwelt, und er hat Zugang zu ihr. Er kann bisher nicht Gesehenes sichtbar machen oder das, was man sieht, zum Verschwinden bringen. Er wird zum Beherrscher der Gesetze von Raum und Zeit, unter Nutzung der Alchimia und der Physica curiosa.

Vor 400 Jahren bereiste Giovanni Baptista della Porta aus Neapel Europa und gab inszenierte Aufführungen mit der Camera obscura. Die staunenden Gesellschaften an den Fürstenhäusern erlebten in dunklen Kammern die Abbilder von Jagden, Gaukeleien, Tierprozessionen und Theateraufführungen als bewegtes Spiel des farbigen Lichts auf weißen Projektionswänden.

In seiner *Magia Naturalis* aus dem Jahre 1588 beschreibt Porta unzählige mediale Künste. Ich zitiere einen kleinen Abschnitt aus der ersten deutschen Übersetzung von 1713, der einen Aspekt aus der Arbeit des Filmmachens, des Medienkünstlers vorweggreifend beschreibt:

»Wir aber haben erfunden
auf solche Weise zum Schreiben einen Faden zu gebrauchen.
Mann lasse zwey kleine Stecklein machen
eines so groß und so rund als das ander
das eine gebe man dem Freunde der weg reiset
das ander behalte man zu Hause:
Wann man nun schreiben will
so wickle man einen Faden um das Stäblein herum
daß er dicht aneinander gehet
und man kein Holtz sehen kan;

und wann also der Faden gleich gemacht ist
schreibe man der Länge nach den Brief
Und was man darauf haben will:
dann wann die Stäblein etwas dicke seyn
so kann man viel Zeilen darauf bringen.
Wann man auch den Faden erst in Alaun-Wasser duncket
so fleust die Dinte nicht
sondern läst sich gar rein und sauber schreiben.
Den Faden wickle ab
und wind ihn zu einem Kneuel. Oder
wann es ja gar geheim sey soll
kann man ihn an den Saum eines Hembdes oder Schnuptuches vernehen
und dem abwesenden Freunde also schicken.
Dann wann es gleich aufgefangen wird
so kan doch auch der allerfleissigste Nachforscher nichts am Faden finden
als etliche hin und wieder zerstreute Pünctlein.
Wann aber der Freund den Faden um sein Stäblein wickelt
und nur Achtung gibt
daß diese Pünctlein oben wohl zusammen treffen
so wird er die Meinung seines Freundes leicht vernehmen können.«[1]

Als Filmmacher arbeite auch ich mit unzähligen dieser kleinen »Pünctlein«, dem Korn des Films. Im Video oder bei den Computerbildern formen sich diese Pünktlein zu Reihen in Zeilenschriften. Die Zeilenzahl bestimmt die Bildqualität. HDTV, das hochauflösende Fernsehen, auf die Beschreibung Portas bezogen, bedeutet eine Verdopplung der Fadenwicklungen bei gleich langem Stäblein bei einer Halbierung der Fadendicke.

Wollen wir mit Freunden kommunizieren, so benötigen diese Filmprojektoren im entsprechenden Format, dasselbe Farbsystem oder Format beim Video, dieselben Betriebssysteme oder Programme in den Computern, also dieselben Stäblein. Ich könnte wohl den Faden wickeln, doch die Pünktlein fügen sich nicht recht zueinander.

Ein ähnliches Verfahren wie bei Porta findet beim Fore-Edge-Painting Anwendung. Auf einen in die Schräge gepreßten Buchschnitt wird ein Bild gemalt, das nur in der Schrägpressung zu sehen ist. Das geschlossene Buch mit seinem vergoldeten Rücken verrät nichts von dem in ihm versteckten Bild. Bringe ich den Buchschnitt jedoch wieder in eine Seitenpressung, so enthüllen die vielen einzelnen Seiten wie eine Zeilenschrift in ihrer Addition wieder das Bild. Den Zusammenprall der einzelnen bildtragenden Elemente kann man als Montage bezeichnen. Es handelt sich also bei den Fäden auf dem Stäblein um eine Vertikalmontage und beim Fore-Edge um eine Horizontalmontage. Bezogen auf den Bildraum, innerhalb dessen sie stattfindet, ist sie segmental.

1   Porta, Giovanni Baptista della: *Magia Naturalis. Oder: Hauß-Kunst und Wunder-Buch*, Nürnberg 1713.

Abb. 1: Aufführung mit der Camera obscura.

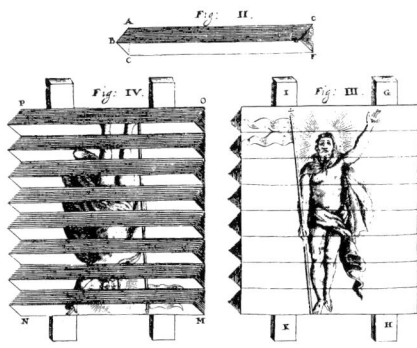

Abb. 2: Darstellung eines Riefelbildes. Fig. II: einzelnes Holzprisma, Fig. IV: Anordnung der Hölzer beim Malen des Bildes, Fig. III: fertiges Bild.

Beim Double-Fore-Edge bestimmt die Preßrichtung, welche der beiden unterschiedlichen Bilder sich in ihrer horizontalen Montage entschlüsseln. Beim Riefelbild werden zwei unterschiedliche Bildinformationen vertikal über mehrere sequentielle Träger gespreizt. Der Bildwinkel bestimmt die Bildinformation. Komprimiere ich drei unterschiedliche Bildansichten mit Hilfe der Vertikalmontage, erhalte ich ein Lamellenbild oder ein Trisceneorama.

Eine recht anschauliche Beschreibung dieser Montagetechniken findet sich schon bei Daniel Schwenter in seinen *Deliciae Physico-Mathematicae oder Mathemat: und Philosophische Erquickstunden:* »Die XXIII. Auffgab: Eine Liebliche Perspectiv zu machen / daß an einer Tafel zweyerley oder auch dreyerley unterschiedliche Figuren erscheinen.

Die Erfindung solcher Kunst ist artlich und subtil / der Gebrauch aber sehr gemein / und also beschaffen / daß nun mehr fast ein jeder Mahler damit umbgehen kan / man findet Tafeln / welche auff der rechten Hand angesehen einen Mann / auff der Lincken aber ein Weib vor das Gesicht stellen. Manche haben auff einer seiten ein Soldaten / auff der andern den Todt. Andere bringen andere Figuren. Diese Tafeln haben Falten wie ein Nürnbergisches Fälckelbrett / mögen Lateinisch genannt werden Tabulae striatae, auff die Flächen solcher Tafeln gegen der lincken Hand stehend, mahlet man eine sonderliche Figur / eine andere aber auff die Flächen gegen der rechten Hand. Nun ist gut zuerachten / wann man der Tafel zur lincken Hand stehet / daß man die Flächen zur rechten Hand sich wendend / nit sehen kan / und also bey der rechten Hand sihet man die lincken Flächen nicht /

Abb. 3: Myriorama, ein Streifenpanorama, das durch die Aneinanderreihung der Bildteile eine neue Landschaft entstehen läßt.

Abb. 4: Schattentheater mit vier Animationsphasen, Frankreich um 1870

Abb. 5: Kinder betrachten Animationsstreifen in einer Wundertrommel, Frankreich, 1870

viel weniger (was darauff gemahlet! So man aber die Tafel recht in der mitte ansihe muß nothwendig) eine verwirrte und vermischte Figur erscheinen / weil man die F ten nahe bey der mitt völlig ansehen / und so wol die rechte als die lincke Flächen die Augen bringen kan.

Die XXIV. Auffgab.

wie die Tafeln zuzurichten / auff welchen man drey unterschiedliche Bilder doch auff einmal allzeit nur eins sehen kann.

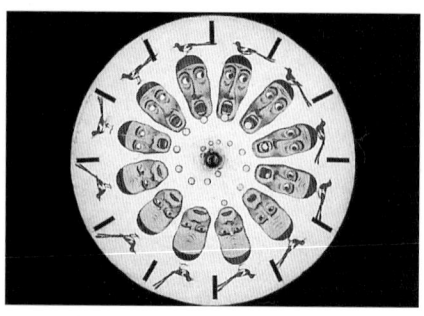

Abb. 6: Phénakistiskopscheibe von Plateau und Stampfer, 1831

Abb. 7: Chronophotographie von Etienne Jules Marey, Frankreich

So dreyerley Figuren zu unterschiedlichen Zeiten sollen gesehen werden / muß die Tafel eine andere Form bekommen / als die vorhergehende. Erstlich werden sie geschnidten ungefehr in der größe eines Bogen Papiers / darnach zu beeden theilen glatt abgehobelt / auff der einen und säubersten seiten leimet man dünne und schmale Leistlein nach der länge der Tafel herunter / so alle parallel und ungefehr eine von der andern ¼ Zoll oder Daumen stehe. So nun diese Tafel gedachter massen verfertiget / und ich gern darauff zu unterschiedlichen Zeiten sehen wolte / einen Elephanten erstlich / zum andern ein Löwen / zum dritten ein Beeren. So mahlte ich den Löwen auf die mitt-

2   Schwenter, Daniel: Deliciae Physico-Mathematicae, oder: Mathemat: und Philosophische Erquickstunden, Nürnberg 1636.

Abb. 8: Zylinder-Anamorphose, Holland, um 1720

Abb. 9: Greta Garbo im Negativ. Wer sie positiv sehen will, schaut eine Minute lang ohne Augenbewegung auf die Pünktchen auf ihrer Nase und dann auf eine weiße Wand.

lern Fläche der Tafel / den Elephanten auff die Leistlein zur Lincken / den Beeren aber auff die Leistlein zur rechten Hand. So nun einer der dreyen Personen so der Kunst unerfahren / einen Possen machen wolte / müßte er die gemahlte Tafel hoch in einem Gebrauch auffrichten / einen zur Lincken / den anderen in die mitte / den dritten aber zur Rechten stellen lassen / und sie fragen / was für ein Tier sie auff der Tafel gemahlet sehen? Würd der zur Lincken sagen: Er sehe einen Elephanten / der Mittler würde sagen: Nein es were ein Löw / der dritte aber / sie gesehen beede nicht recht: Dann es sey ein Beer / und diß ist die ganze Kunst / und stehet einem

jedem frey / nach seinem belieben / die Figuren anzugeben oder zu mahlen.«[2]

Verlangten diese Wechselbilder den vor dem Bild sich bewegenden Betrachter, so ermöglichte das Myriorama, die Vieltausendschau, die nahezu unendliche Vertikalmontage eines Panoramas durch einen aktiven, spielenden Betrachter. 1802 wurde dieses Montagespielzeug von Jean-Pierre Brés in Paris erfunden. Ein Landschaftspanorama wurde in 16 bis 24 gleich große Vertikalsegmente zerschnitten, und da die Horizontlinie dort, wo die Karten aufeinanderstoßen, immer auf derselben Höhe war, konnten die Landschaftssegmente in immer neuen Kombinationen zueinander montiert werden. Bei einem einminütigem Wechsel der Bilder würden mehr als Millionen Jahre vergehen,

Abb. 10: »Lichteratur«, das Schreiben mit Licht, aus: Werner Nekes: *Uliisses*, Spielfilm, 1982

bis alle Möglichkeiten betrachtet werden könnten. Heute würde man ein solches Bilderspiel interaktiv nennen.

Eine solch vielfältige Verästelung der Informationen bot der Stecken Portas mit seiner Fadenschrift noch nicht. Die spiralförmige Anordnung der Informationen gleicht vielmehr der Anordnung der Filmbilder in der Zeit auf der Filmrolle oder auf der Laserdisc und auf der Tonebene der Edinsonschen Tonwalze, dem Tonband, der Schallplatte oder der Compact Disc.

Das räumliche Nebeneinander der Fadenschrift Portas wird zu einem zeitlichen Nacheinander beim Film. Im gleichförmigen Rhythmus folgen im Film in einer Sekunde 24 Bilder einander. Ein Bild ersetzt das vorher Gesehene. Die Trägheit in unserer Wahrnehmung läßt sie als zusammengehörigen Bilderstrom an uns vorüberziehen. Die informationstheoretische Größe der Differenz zwischen den Bildern bestimmt den zu übermittelnden Informationsgehalt. Bei geringen Differenzen zwischen den Bildern erlebt der Betrachter die Illusion von Bewegung, bei maximalen Differenzen zwischen den Bildern lassen sich Form- und Gestaltverschmelzungen erzeugen. Das, was die Verschmelzung zweier Bilder den Betrachter sehen läßt, das »Kine«, das »dritte Bild« im Kopf des Betrachters, ist die kleinste Einheit der filmischen Information. Diese bestimmt sich aus den Raumkoordinaten x, y und der Zeitkoordinate t. Dies sind die Parameter der filmischen Information oder die Signaldimension. Die Täuschung der filmischen Information bestimmt sich als Formel der Differenz zwischen den Bildern: $K$ (für Kine) $= (a + 1)$ $(x, y, t) - (a) (x, y, t)$. Das Ereignis ist nicht das Sehen zweier Bilder. Das Eräugnis ist die Täuschung.

Es folgen Ausschnitte aus meinem Dokumentarfilm *Was geschah wirklich zwischen den Bildern?*, Beispiele aus meiner umfangreichen Sammlung zur Frühgeschichte der Medien, zur Vorgeschichte des Films.

Zu Beispielen aus meinem experimentellen Spielfilm *Uliisses:*
Lichteratur, das Schreiben mit Licht.
Laserlicht durchdringt Materie.
Molekularturbulenzen des Laserlichtes im Wasser.
Laserlicht durchschießt das Filmmaterial, verbrennt es und nimmt ihm die Sehfähigkeit.
Farb-Video-Punkte, als kleinste Träger der bildlichen Information.
Scotophorus, der Dunkelheitsträger.
Visuelle Informationen gespeichert im lichttragenden Sand, sie verschwinden in der Zeit.
Eine Hommage an Johann Heinrich Schulze, den deutschen Alchimisten, der 1726 als erster Silbersalze in einer Flasche belichtete, die Silhouettenbilder jedoch noch nicht fixieren konnte.
Zu stark erhitzte Filmchemie – die gestörte Entwicklung.
Die Perspektivseher, nach einem Stich von Abraham Bosse, um 1600 Frankreich.

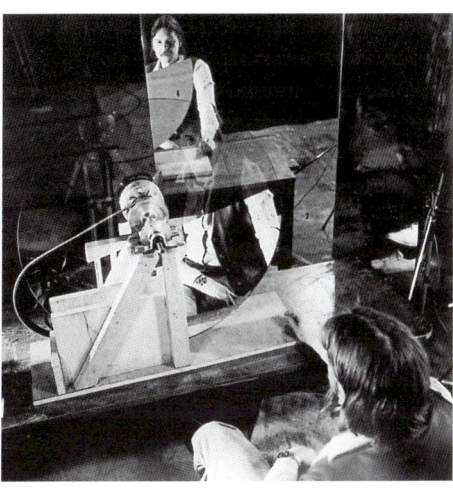

Abb. 13: Montage von Bildräumen mit einem rotierenden, halbverspiegelten Drehspiegel

Abb. 11: Zu stark erhitzte Filmchemie –
die gestörte Entwicklung, aus: Werner
Nekes: *Uliisses,* Spielfilm, 1982

Abb. 12: Simulation des Anaglyphenverfahrens
in Rot-Grün, aus: Werner Nekes: *Uliisses,*
Spielfilm, 1982

Die Kamera, die Licht ausstrahlt, ist ein Projektor.

Langzeitbelichtungen, die Verdichtung der Zeit im Einzelbild.

Der Licht-Persistenzkreisel von Euclid, Ptolemäus, d'Arcy.

Vertikalmontage des Bildraumes innerhalb der Farbschichten Cyan, Magenta und Yellow.

Alles, was sich nicht bewegt, erzeugt in der dreifachen Belichtung den natürlichen Farbeindruck. Alles, was sich nur auf einer Zeitachse bewegt, erhält den jeweiligen Farbeindruck der gewählten Filterung.

Simulation des Anaglyphenverfahrens in rot-grün zur Erzeugung eines räumlichen Eindrucks. Alles, was sich nicht bewegt, kann mit der Anaglyphenbrille räumlich gesehen werden; alles, was sich bewegt, muß sich im Augenabstand zu sich selbst befinden, um räumlich gesehen werden zu können. Wenn sich die Person zum Beispiel zu weit von sich selbst entfernt, dann werden aus ihrem Raumeindruck die Abbilder zweier farbiger Flächen.

Die Belichtung einer Szene im Wechsel der Filter Cyan, Magenta und Yellow, jeweils drei Bilder lang. Der computergesteuerte Shutter, eine sich öffnende und schließende Blende vor dem Objektiv, ermöglicht aufgrund der Persistenz den realen Farbeindruck. Montage der Bildräume mit einem rotierenden, halbverspiegelten Drehspiegel. Montage der Bildräume mittels der Intensität des Lichtes – wie bei den Transparenzbildern.

Montage in Analogie zum Ombro Cinema, mit Hilfe des Shutters.

Photographische Halbbilder – obere und untere Hälften – auf einer Rotationsachse.

Der thaumatropische Film – die Verschmelzung von Form und Gestalt.

# Timm Starl

## Wirklich und unsichtbar
## Photographische Wunschbilder des
## 19. Jahrhunderts

»In der Mitte des Zimmers stand ein sinnreicher Apparat, allwo ein Sonnenstrahl eingefangen und durch einen Kristallkörper geleitet wurde, um sein Verhalten in demselben zu zeigen und womöglich das innerste Geheimnis solcher durchsichtigen Bauwerke zu beleuchten. Schon viele Tage stand Reinhart vor der Maschine, guckte durch die Röhre, den Rechenstift in der Hand, und schrieb Zahlen auf Zahlen. (…)

Da fühlte er einen leise stechenden Schmerz im Auge; er rieb es mit der Fingerspitze und schaute mit dem andern durch das Rohr, und auch dieses schmerzte; denn er hatte allbereits angefangen, durch das anhaltende Treiben sich die Augen zu verderben, namentlich aber durch den unaufhörlichen Wechsel zwischen dem erleuchteten Kristall und der Dunkelheit, wenn er in dieser seine Zahlen schrieb.« (Gottfried Keller, »Das Sinngedicht«, geschrieben seit 1851, erschienen 1881)[1]

Wenn ich – als Prolog sozusagen – eine kurze lexikalische Reise unternehme, so verfolgt diese einen Begriff, der in mehrfacher Hinsicht mit den Sichtweisen der letzten beiden Jahrhunderte verbunden ist: Es ist der ›Augenblick‹, den wir heute als jene knappe Zeitspanne verstehen, in der etwas geschieht, wahrgenommen beziehungsweise festgehalten werden kann. Der *Brockhaus* von 1824 kennt den ›Augenblick‹ noch nicht[2], doch nach der Jahrhundertmitte definiert ihn *Meyer's Konversations-Lexikon* als »die Zeit, binnen welcher beim gewöhnlichen Blinzeln die Augen geschlossen sind«, jedoch »die Eindrücke der Gegenstände auf der Netzhaut noch einige Zeit währen, nachdem sie nicht mehr gesehen werden«.[3] Dieses Sehen mit geschlossenen Augen wird bis Anfang des 20. Jahrhunderts als Bedeutung dem ›Augenblick‹ zugeschrieben. Doch dann wird er gelöst vom Ort des Geschehens und steht nur mehr – wie im *Brockhaus* von 1936 – für eine »kurze Zeit« oder einen »Zeitpunkt«,[4] um nach dem Zweiten Weltkrieg gänzlich zu verschwinden: Die neueren Ausgaben verzeichnen den ›Augenblick‹ nicht mehr.

Ersetzt wird dieser nun durch den Terminus Moment, der in seiner maskulinen Form als Zeitpunkt und in seiner neutralen als – etwas verkürzt und zugleich erweitert – Gesichtspunkt figuriert: der Moment und das

1  Keller, Gottfried: *Gedichte, Das Sinngedicht*, Leipzig 1923, S. 478 f.
2  Vgl. *Allgemeine deutsche Real-Encyclopaedie für die gebildeten Stände (Conversations-Lexicon)*, Bd. 1, Leipzig 1924.
3  *Meyer's Konversations-Lexikon, ein Wörterbuch des allgemeinen Wissens*, unter der Redaktion von H. Krause herausgegeben von Hermann J. Meyer, Bd. 2, Hildburghausen 1862[2], S. 376. Vgl. auch *Meyer's Großes Konversations-Lexikon. Ein Nachschlagewerk des allgemeinen Wissens*, Bd. 2, Leipzig und Wien 1906[6], S. 105 mit fast gleichlautender Formulierung.
4  *Der Neue Brockhaus. Allbuch in vier Bänden und einem Atlas*, Bd. 1, Leipzig 1936, S. 169.

Moment.[5] Dies führt uns wieder ins 19. Jahrhundert, in dem wir eine bemerkenswerte Wandlung feststellen, wenn von jenen die Rede ist, die gar nicht sehen können: Bis zum ersten Drittel des Jahrhunderts bezeichnet man Blinde als »des Gesichts Beraubte«, später dann als »des Augenlichts Beraubte«.[6] Während mit ›Gesicht‹ noch der Blick des anderen eingeschlossen wird – das Gesicht als der Welt zugewandte und von ihr wahrgenommene Seite des Menschen –, bedeutet ›Augenlicht‹ nur mehr das Eindringen des Außen, das heißt die physiologische oder, wenn man will, die subjektive Fähigkeit zu sehen.

Ich will an dieser Stelle den kleinen Exkurs in die Bücher des allgemeinen Wissens beenden und die Behauptung aufstellen, daß all diese begrifflichen Veränderungen mit dem Aufkommen und der Weiterentwicklung der Photographie zu tun haben, die das Unsichtbare und das Unwirkliche als Sichtbares dargestellt hat und damit zur Begründerin aller modernen Illusionstechniken wurde. Um aber etwas wahrzunehmen, das es nicht gibt, und es als Äquivalent eines Realen anzusehen, es für wahr zu halten, bedurfte es zunächst der Erkenntnis, daß die seit der Renaissance vorherrschende Sichtweise selbst auf einer Illusion beruhte, die von der Anordnung des Raumes nach der geometrischen Perspektive und der Gleichzeitigkeit von Gegebenheit und Anblick ausging.

Wenn um das Jahr 1839 drei namhafte Physiker zeitweilig erblindeten beziehungsweise ihre Sehfähigkeit stark beeinträchtigt war, weil sie im Zuge ihrer unabhängig voneinander durchgeführten und verschiedenen Fragen nachgehenden Untersuchungen zu lange direkt in die Sonne geblickt hatten, so mag dieses zeitliche Zusammentreffen zunächst verblüffen und auch, daß im selben Jahr die Kenntnis des Verfahrens der Daguerreotypie das Licht der Öffentlichkeit erblickt hatte. Jedoch war die Daguerreotypie – ebenso wie die Photographie – bereits einige Jahre davor erfunden worden: Die ersten Experimente gehen auf das zweite Jahrzehnt des 19. Jahrhunderts zurück, in dem wiederum von anderen umfassende Studien zur Physiologie des Sehens betrieben wurden.

Insbesondere die Nachbildforschung führte zu der Einsicht, »daß Wahrnehmung nicht etwas momentanes ist« und daß zwischen Gegenstand »und Auge keine unmittelbare Verbindung besteht«,[7] weil bei einer raschen Folge von Eindrücken durch die Trägheit des Auges sich eine Art Mischbild entwickelt, also mehrere Objekte oder Zustände von Objekten zu einem einzigen Eindruck verschmelzen. Eines der Geräte, die dies anschaulich machten, war das Phenakistiskop (Abbildung 1), erfunden 1833 zugleich von Joseph Plateau

5 Vgl. beispielsweise *Brockhaus Enzyklopädie in zwanzig Bänden*, Bd. 12, Wiesbaden 1971[17], S. 723.
6 *Allgemeine deutsche Realencyclopaedie*, a.a.O., S. 805 und *Meyer's Konversations-Lexikon*, Bd. 3, a.a.O., S. 597, jeweils Stichwort »blind«.
7 Crary, Jonathan: »Techniken des Sehens«, aus dem Amerikanischen von Feichtenberger, Klaus: in: Wolf, Herta (Hg.): *Skulpturen, Fragmente. Internationale Fotoarbeiten der 90er Jahre,* Zürich 1992, S. 20. Ich stütze mich bei den folgenden Ausführungen zu den vorphotographischen optischen Geräten auf diesen Text.
Zu den psychophysikalischen Experimenten und Thesen jener Jahre vgl. den zusammenfassenden Beitrag von Baatz, Ursula: »Licht – Seele – Augen. Zur Wahrnehmungspsychologie im 19. Jahrhundert«, in: Clair, Jean; Pichler, Cathrin; Pircher, Wolfgang: *Wunderblock. Eine Geschichte der modernen Seele,* Ausstellungskatalog, Wien 1989, S. 357–378.

Abb. 2: Spiegelstereoskop von Charles Wheatstone

Abb. 1: Stroboskopische Scheibe Nr. XI,
nach Stampfer

Abb. 3: Louis Jacques Mandé Daguerre:
*Boulevard du Temple,* 1828/39, Daguerreotypie

**105**

(1801–1883), einem der erwähnten erblindeten Physiker, und dem Geodäten Simon Stampfer (1792 bis 1864).[8] Eine Scheibe, die in regelmäßigen Abständen mit Schlitzen versehen ist, wird mit der Bildseite zu einem Spiegel gewendet. Erfolgt nun eine Drehung der Scheibe, erscheinen die Spiegelbilder der in unterschiedlichsten Ansichten dargestellten Figur in so rascher Folge, daß sich das Bild einer einzigen bewegten Figur ergibt.

Damit wurden mehrere Tatsachen offenbar: Erstens: Der Sehvorgang ist kein augenblicklicher, der jeden Zustand des Gegenübers zu registrieren vermag. Vielmehr vermischt er zweitens aufeinanderfolgende ähnliche Gegebenheiten zu einer neuen; das heißt aber drittens, daß Wahrnehmung selbst ein zeitlicher Vorgang ist, der im menschlichen Körper abläuft, zwar in Folge dessen, was sich vor dem Auge befindet, aber auch in Opposition zu diesem, also viertens etwas gesehen wird, was es nicht gibt (in unserem Fall die Bewegung einer Figur). Das wesentliche Resultat der wahrnehmungsphysiologischen Erkundungen des ersten Jahrhundertdrittels war die Erkenntnis, daß es kein anderes Sehen gibt als ein subjektives, das unabhängig von den Objekten, die im Blickfeld liegen, stattfinden kann.

Auch wenn man sich mit anderen Betrachtungsapparaten und Vorführungstechniken der vorphotographischen Periode ab zirka 1820 beschäftigt, fällt auf, daß sie – ob nun zur wissenschaftlichen Beobachtung oder zum populären Zeitvertreib konstruiert oder verwendet – sämtlich darauf angelegt sind, etwas sichtbar zu machen, das tatsächlich nicht existiert. 1832 erfand Charles Wheatstone (1802 bis 1875) das Spiegelstereoskop (Abbildung 2), und David Brewster (1781–1868), ebenfalls einer der erblindeten Physiker, konstruierte gut eineinhalb Jahrzehnte später das erste Linsenstereoskop. Bei beiden Geräten wurde offenkundig, daß das visuelle räumliche Empfinden – verursacht durch die Überlagerung zweier geringfügig unterschiedlicher Bilder auf der optischen Achse – nicht nur von zwei flächigen Ansichten ausgelöst wurde, sondern diese – wie beim Stereoskop Wheatstones – sich nicht einmal vor beiden Augen befinden mußten, vielmehr jedes nur über einen Spiegel von jeweils einem Auge auszumachen war.

Gleichwohl konnte im Blick durch den stereoskopischen Betrachter keines der von verschiedenen Standpunkten aus dargestellten Bilder als einzelnes gesehen werden, sondern ihre Ähnlichkeiten wurden zu einer neuen Perspektive vereint. Oder anders ausgedrückt: Die Unterschiede wurden übersehen, damit ein Bild entstehen konnte, dessen Räumlichkeit eine eingebildete ist, jedoch als mit dem Raum der Wirklichkeit übereinstimmend angesehen wird. Das Unvermögen des Auges, bestimmte Differenzen wahrzunehmen, beziehungsweise seine Fähigkeit, aus mehreren Ansichten Raum und Bewegung halluzinatorisch zu entwerfen, machte sich auch der Erfinder des Dioramas, Louis Jacques Mandé

8 Vgl. Eder, Josef Maria: *Geschichte der Photographie*, Halle 19324 (Ausführliches Handbuch der Photographie, Bd. 1, erster Teil), Bd. 2, S. 685–688. In der Art, wie die Scheiben betrachtet wurden, unterscheiden sich die beiden Erfindungen, nicht jedoch hinsichtlich des Effekts. Die nachfolgende Beschreibung meint das Plateausche Modell.
9 Zum Diorama sowie zu den Anfängen des Panoramas vgl. Oettermann, Stephan: *Das Panorama. Geschichte eines Massenmediums*, Frankfurt a. M. 1980, S. 7–84.

Daguerre (1787–1851), zunutze, wenn er die gleiche Szene auf Vorder- und Rück-seite einer Leinwand deckungsgleich auftragen ließ, so daß bei Lichteinfall von vorne die Ansicht am Tage, bei Beleuchtung von hinten jene zur Nacht sichtbar wurde. Durch entsprechende Lichtregie konn-ten wechselnde Tageszeiten inszeniert wer-den, in wenigen Minuten die 24 Stunden wie im Zeitraffer ablaufen, also eine Vielzahl von Bildern wahrgenommen werden, denen je-doch nur zwei zugrundelagen.[9]

Abb. 4: Unbekannter Photograph, Paris, Porte Martin, um 1862, Albuminabzug, Visitformat

Vorgänger des Dioramas war, jedenfalls was seinen massenmedialen Veranstaltungs-charakter betrifft, das Panorama, ein Rund-bild, das zwar unter strenger Beachtung der Regeln der Zentralperspektive entworfen wurde, aber aus einer Vielzahl von Einzelan-sichten zusammengesetzt war, die wegen der Wölbung der Leinwand um einen Radius bis zu 360 Grad in verzerrter Form und von diver-sen Personen nacheinander skizziert und gemalt wurden, ohne daß Verzerrungen und Montage vom Publikum zu erkennen waren.

Die Errichtung des ersten Halbrund-Panoramas um 1788 durch Robert Barker (1739–1806) erfolgte nur wenige Jahre nach

Abb. 5: Hippolyte Fizeau und Léon Foucault: *Die erste Aufnahme der Sonne*, 1845, Kupferstich nach einer Daguerreotypie

**107**

den frühesten Ballonflügen von Jean-François Pilâtre de Rozier (1754–1785) und Etienne Montgolfier (1747–1799), die ja auch als Bestreben gelten müssen, sich der Wirklichkeit von einem anderen Standpunkt aus zu versichern. Diese Aufstiege bescherten dem Passagier das Vergnügen, »die Sonne (...) zweimal am Tage untergehen zu sehen«, so ein Teilnehmer an der zweiten bemannten Ballonfahrt vom Dezember 1783.[10] Die Flüge fanden für Jahrzehnte unter breiter Beteiligung statt: Eine Kuriosität, bei der die anwesenden Personen zeitweilig beide Rollen in dem Schauspiel innehatten, die des Akteurs und die des Publikums. Nur zehn Jahre später, nämlich 1793, datiert die Idee der Brüder Joseph Nicéphore (1765–1833) und Claude Niepces (1763 bis 1828), die Bilder der Camera obscura für immer festzuhalten[11], also der Wirklichkeit ein analoges und bleibendes Bild abzuringen, das heißt, einen Standpunkt im Anblick seines Gegenübers zu fixieren. Die visuellen Massenmedien kommen demnach in einer Phase auf, in der die Wissenschaft die Subjektivität des Sehvorganges festzustellen beginnt. Die Einmaligkeit geht gleichsam über vom Objekt auf den Betrachter, der sein Verhältnis zur Außenwelt, das heißt seine Individualität nicht mehr nur erfährt, indem er dem Original gegenübertritt, sondern aus dessen Wiedergaben ein Bild formt.

Für diese Erfahrung ordnete sich der Körper den medialen Anforderungen unter; er ging nicht zu den Objekten, sondern verharrte unbeweglich, um ihre Abbilder zu betrachten: vor einer Scheibe, durch einen Betrachter, von der Plattform aus hin zu Bühne und Leinwand von Panorama und Diorama – der Zeitgenosse wurde zum Zuschauer. Es bedurfte nur noch der allergrößten Ähnlichkeit zwischen Gegenstand und Abbild, damit sie sich zu einem einzigen Eindruck vereinen, nämlich die Wiedergaben sich gleichberechtigt neben und schließlich vor die Vorlagen stellen und diese nach und nach dem Vergessen überlassen konnten. Und kaum war die Photographie bekannt, wurde dieser Anschauungswandel vollzogen: Um 1850 erklärte der Physiker und Erfinder des Augenspiegels Hermann Helmholtz (1821–1894) nach der Betrachtung stereoskopischer Aufnahmen, man gewänne »durch den wirklichen Anblick des abgebildeten Gegenstandes (...) keine neuen und genaueren Anschauungen, als man schon hat«.[12]

Doch bereits an der bekanntesten daguerreotypischen Ansicht der Jahre 1838/39 formulierten die Pariser Korrespondenten und Kommentatoren die Erwartungen an das neue Bildmedium,[13] während sich in den Versuchen ihres Schöpfers noch alle Ansätze zu Täuschungsmanövern finden, wie sie bei den herkömmlichen Techniken geläufig waren. Daguerre hatte drei Aufnahmen vom *Boulevard du Temple* angefertigt, und bei genauem Ver-

10 Charles, César zit. n.: Behringer, Wolfgang; Ott-Koptschalinjski, Constance: *Der Traum vom Fliegen. Zwischen Mythos und Technik,* Frankfurt a. M. 1991, S. 326.
11 Die Ermittlung dieses Datums gelang Baier, Wolfgang: *Quellendarstellungen zur Geschichte der Fotografie,* München 1977, S. 42 f.
12 Zit. n. Crary, Jonathan: a.a.O., S. 31.
13 Reklamiert wurden vor allem jene Differenzen, die verhinderten, Abbild und Vorbild zur Deckung zu bringen: das Fehlen der Farbe, die Abstinenz oder Unschärfe alles Bewegten, die seitenverkehrte Wiedergabe, die spiegelnde Oberfläche der Daguerreotypie, die nur aus einem bestimmten Blickwinkel das Bild erkennen ließen. Vgl. dazu und zum folgenden Starl, Timm: »Sicht und Ansicht. Zu den Aufnahmen Pariser Boulevards von Daguerre und Talbot«, in: *Camera Austria,* Nr. 24, 1987, S. 81 bis 86.

Abb. 6: Disdéri & Cie: *Napoléon III. und Kaiserin Eugénie*, Paris um 1860, Albuminabzug, Visitformat

Abb. 7. Hermann Holz: *Herr und Frau Marx*, München, 12. September 1861, Albuminabzug, Visitformat

gleich erkennt man, daß sie von verschiedenen Stockwerken aus und im Abstand von mehreren Stunden entstanden sind. Man möchte annehmen, er habe an das Diorama gedacht – oder auch an das Stereoskop – und überlegt, ob man nicht mit den wandernden Schatten aus mehreren Ansichten den Tagesfortschritt vorführen oder von zwei Ansichten zu einer gelangen könnte, die einen räumlichen Effekt hervorbringt.

Davon abgesehen hat Daguerre das Augenfällige dem Blick entzogen, nämlich das Treiben auf der Straße, die zu den belebtesten in der französischen Metropole jener Jahre zählte. Alles, was sich bewegte, ist wegen der Dauer der Belichtungszeit aus dem Bild gewichen. Lediglich auf einem der beiden Aufnahmen hat sich ein Passant abgebildet (Abbildung 3), weil er stehengeblieben war, um sich die Schuhe putzen zu lassen. Doch dies konnte nicht das gewünschte Motiv gewesen sein, denn im Gewimmel von Fuhrwerken und Spaziergängern hat ihn Daguerre mit Sicherheit nicht ausmachen können. Der Zufall hatte die Aufnahme gestaltet, eine Kategorie, die Daguerreotypie wie Photographie von allen anderen Abbildungsverfahren wesentlich unterscheiden sollte.

Wenn nun der Daguerreotypist etwas aufgenommen hatte, was ihm zuvor nicht aufgefallen war, so fand dieser Vorgang seine Entsprechung bei den Betrach-

**109**

tern des Bildes. Sie waren verblüfft über die zahllosen Details, so auch der 1839 in Paris weilende amerikanische Maler und Erfinder Samuel F. B. Morse (1791–1872), der seinem Bruder in einem Brief schilderte, wie er »die winzigsten Risse und Sprünge in den Mauern der Häuser sowie die Pflastersteine der Straße« entdeckte.[14] Im Bild wurde etwas gesehen, was das Leben vorenthielt, man war besser informiert, als wenn man sich an den authentischen Schauplätzen aufgehalten hätte. Dementsprechend sollte sich der Tourist des 19. Jahrhunderts verhalten, der zu den Sehenswürdigkeiten reiste und beim ortsansässigen Photographen, dessen Atelieranschrift häufig in den Reiseführern verzeichnet war, die entsprechenden Abzüge erwarb, aber auch Aufnahmen von Attraktionen, die zu besichtigen sich keine Gelegenheit ergeben hatte. Zu Hause konnten dann die Bilder in Ruhe betrachtet werden. (Die Abbildung 4 zeigt ein typisches Sammelfoto, wie es von Verlagen ab zirka 1860 vertrieben wurde.) Ich kann mir sogar vorstellen, daß die Sehnsucht nach Ferne und dem Unbekannten – wie auch immer motiviert – in dem Maße abnahm, wie Ansichten fremder Gegenden und ihrer Bewohner im heimischen Photogeschäft erhältlich waren.[15]

Schließlich nahm ja der Photograph meist einen bevorzugten Standpunkt ein, und das »Auge der Kamera« konnte ein größeres Terrain überblicken als das menschliche, einerseits was Vorder- und Hintergrund betraf, die beide in gleicher Schärfe gesehen wurden, andererseits hinsichtlich des Radius des Blickfeldes und der Entfernung der Objekte, zu deren Betrachtung im Abzug weder Teleskop noch Mikroskop erforderlich waren. Bereits zwischen 1834 und 1835 gelangen William Henry Fox Talbot (1800–1877), dem Erfinder des Negativ/Positiv-Verfahrens, Photomikrographien von Pflanzendurchschnitten mit Hilfe des Sonnenmikroskops. Und mit der Aufnahme der Pariser Hippolyte Fizeau (1819–1896) und Léon Foucault (1819–1868) von 1845 (Abbildung 5) konnte jeder, der zu dieser Daguerreotypie Zugang hatte, stundenlang die Sonne betrachten, ohne der Gefahr der Erblindung ausgesetzt zu sein. Nadar (eigentlich Gaspard Félix Tournachon, 1820 bis 1910) stieg schließlich 1861 unter die Erde und wenig später in den Himmel auf, um ein Paris vorzuführen, wie es beinahe niemand sonst gesehen hatte. Er tauchte die Katakomben und die unterirdischen Kanäle in helles Kunstlicht und richtete die Kamera vom Ballon aus auf die Viertel der Stadt.[16]

Den Protagonisten der Photographie war es in nur wenigen Jahrzehnten gelungen, die entlegensten Winkel des menschlichen Daseins und die Folgen seines Wirkens aufzuspüren und bildlich festzuhalten, diese An-

14 Veröffentlicht im *New Yorker Observer* vom 19. April 1839, zit. nach: Newhall, Beaumont: *Geschichte der Photographie*, aus dem Amerikanischen von Reinhold Kaiser, München 1984, S. 16.
15 Ich möchte an dieser Stelle noch weitergehen und die Vermutung anstellen, ob nicht trotz Ausdehnung des Verkehrsnetzes, vornehmlich der Eisenbahn, und der Zunahme der Möglichkeit der Anwesenheit an unbekannten Orten immer mehr Menschen durch die Verbreitung der Photographie abgehalten wurden, eine Reise zu unternehmen, und stattdessen ihre Neugierde stillten, indem sie die Bilder dieser Orte in den eigenen vier Wänden konsumierten. Dann hätte die Mobilität der Bilder jener der Rezipienten entgegengewirkt.
16 Vgl. die eigenen Schilderungen des Photographen in: *Nadar, Als ich Photograph war (Quand j'étais photographe*, Paris 1900), gekürzte Fassung, ins Deutsche übertragen von Trude Fein, Frauenfeld 1978, S. 68–102.

sichten um den Globus zu verteilen und dieserart den Horizont jener ins schier Unermeßliche zu erweitern, die sich der Abzüge bemächtigten und sie dem häuslichen Album einverleibten. Doch dieses Archiv kannte nicht die Ordnung seiner enzyklopädischen Vorgänger, es beherrschte kein Alphabet, das jeder gleichermaßen zu buchstabieren imstande war. Wie die Kamera alles, was sich vor dem Objekt befindet, mit gleicher Genauigkeit registriert, also zwischen den sichtbaren Dingen keine Unterscheidung treffen kann, sondern diese in ein chaotisches Nebeneinander überführt, kursierten die Abzüge auf dem Markt der Moden und Vorlieben, um schließlich im privaten Haushalt aufzugehen, gesammelt und gereiht nach der Willkür des bürgerlichen Besitzers.

Dieser suchte zugleich nach einem repräsentativen Bild von sich selbst, das den erreichten Status wiedergeben sollte, und fügte sich dann doch in die stereotype Pose, die das Atelierarrangement jedem Kunden vorgab und ihm ermöglichte, sich – als Abzug – neben die Größen aus Politik, Wissenschaft und Kunst zu plazieren. Wenn er dann die Haltung des Souveräns einnahm und neben ihm seine Stellung fand (Abbildung 6 und 7), geriet ihr Verhältnis zueinander zu einem bildlichen, das die tatsächlichen Gegebenheiten aufhob zugunsten jener der Komposition. Die einzig sichtbare Wirklichkeit entsprang einer photographischen Ordnung beziehungsweise dem ästhetischen Kalkül. Alle gesellschaftlichen wie individuellen Verhältnisse verloren sich an der Oberfläche von Photopapier und Albumseite, die jede Perspektive zuließen, zumal die Abzüge ohne viel Aufwand ausgetauscht werden konnten. Das private Spielfeld der Einbildungen und Eitelkeiten hatte Ähnlichkeit mit dem im Zuge zunehmender Industrialisierung und effektiverer Distribution der Produkte immer üppiger werdenden Warenangebot, dessen Vielfalt sich gleichfalls dem Geschmack der Kundschaft auslieferte. Die Auswahl aus dem Sammelsurium der Offerte bedurfte eines geschulten Auges. In diesem Zusammenhang darf der Hinweis nicht fehlen, daß die Photographie erfunden wurde, bevor das Spektakel der Weltausstellungen und die großen Kaufhäuser aufkamen.

Als der Physiologe Etienne Jules Marey (1830–1903) über die Motorik der Lebewesen nachzudenken begann, waren durch die Photographie die räumlichen Distanzen bereits desavouiert und als imaginäre vorgeführt, verleugnete die gelegentliche bildliche Aufzeichnung von Ereignissen deren chronologische Elemente, wurde das Gewesene als ständig Gegenwärtiges inszeniert. Marey gelang die photographische Fixierung des Ungleichzeitigen in visuellen Bestandteilen, die realiter nicht existieren und auch niemals so sichtbar sind (Abbildung 10). Die Bewegung erfuhr ihre Darstellung in der Negation, nämlich als das, was sie nicht ist: als die Addition von Phasen des Stillstandes. Die Dimensionen von Zeit und Raum wurden als photographische begriffen: Niemand bezweifelte, daß der Sprung eines Menschen tatsächlich aus solchen Momenten, wie in den Aufnahmen Mareys dargestellt, besteht – doch es sind nur Momente der Wahrnehmung.

Es mutet wie der Feldzug an allen Fronten der Bildwelt an, wenn wir die Schwerpunkte des Schaffens der Vertreter der Chronophotographie – oder Photo-Chronographie, wie sie kurzzeitig hieß – nebeneinanderstellen. Marey operierte auf dem Gebiet der Physiologie, Thomas Eakins (1844–1916) auf dem der Kunst, Ernst Mach (1838–1916) auf dem der Ballistik, Ottomar Anschütz (1846–1907) ebenfalls auf militärischem, Jules Janssen (1824–1907) auf dem der Astronomie und so weiter. Edward Muybridge (1830–1904) schließlich widmete seine Anstrengungen der Popularisierung der Bewegungsdarstellung von Mensch und Tier, die er in mehreren Lieferungswerken unter die Leute brachte. Die Wirklichkeit sei nicht von dieser Welt, behauptete schon am Beginn der Aktivitäten dieser ›Bewegungsphotographen‹ Gustav Theodor Fechner (1801–1887), wenn er in seiner »Vorschule der Ästhetik« von 1876 die Planeten mit Engeln bevölkerte, deren Körper aus nicht mehr als einem Auge bestanden, er den Organismus demgemäß »zu einem Wesen reinsten Sehens«[17] werden ließ. Fechner war übrigens der dritte der Physiker, von deren zeitweiliger Erblindung eingangs die Rede war.

Gegen Ende des Jahrhunderts waren mehr oder weniger alle sichtbaren Phänomene registriert, hatten sich die Knipser die private Bildwelt erobert, Wilhelm Röntgen (1845–1923) durch den menschlichen Körper geblickt, Alphonse Bertillon (1853–1914) seine ›Klienten‹ an einen Stuhl geschnallt und ihre Gesichter zu anthropometrischen Vergleichszwecken festgehalten. Jedes Reale bedurfte seiner photographischen Transformierung, um als existent angesehen zu werden. Oder an einem Beispiel verdeutlicht: 1892 gelang letztmalig die direkte visuelle Entdeckung eines Planetensatelliten, alle späteren Feststellungen erfolgten unter Nutzung von Mehrfachbelichtungen auf photographischen Platten.[18]

Zu diesem Zeitpunkt heftiger Expansion der Photographie sowohl durch Diversifikation im Bereich der Anwendungen wie durch drucktechnische Fortschritte, die ihre Bilder in Zeitschriften und auf Postkarten, auf Plakaten und Verpackungen präsentiert und zu ständig präsenten, alltäglichen macht – zu diesem Zeitpunkt vollzog sich im Lager der Autoren eine Sezession. Eine Gruppe von Amateuren nahm Herberge bei der Kunst und betrieb einen Boykott der photographischen Realität, indem sie die Schärfe der Aufnahme durch Überarbeitung verunklärte, den Ausschnitt veränderte und mittels diverser Druck- und Umdruckverfahren den Schwarzweißaufnahmen selbstgewählte Farben, deren photographische Wiedergabe eigentlich bereits gelungen war, beigab (Abbildung 8). Damit leugneten sie die Fähigkeit der Photographie, das Unsichtbare zur Wirklichkeit zu erheben und das Unwirkliche sichtbar zu machen.

Doch während diese Kunstphotographen der Illusion eine andere entgegensetzten, begannen Wissenschaftler, den Potenzen des Auges neuerlich ihre Aufmerksamkeit zu schenken. Nun aber waren es neben Physiologen auch Psychologen oder für diese tätige Techniker wie Robert Musil (1880–1942), der einen Farbvariator konstruierte,

17  Arnheim, Rudolf: »Der andere Gustav Theodor Fechner« (1985), aus dem Amerikanischen von Ammelburger, Gerhard; Wünnenberg, Brigitte in: ders., *Neue Beiträge*, Köln 1991, S. 68.
18  Vgl. Moore, Patrick; Hunt, Garry (Hg.): *The Atlas of the Solar System*, London 1983, S. 419.

Abb. 8: Theodor und Oscar Hof-
meister: *Birken,* 1900, farbiger
Gummidruck

Abb. 9: Benham-Scheibe

Abb. 10: Etienne Jules Marey:
*Hochsprung mit Anlauf,* um 1886

mit dem unterschiedliche Mischfarben übergangslos erzeugt werden konnten.[19] Mit anderen Rotationsscheiben, wie der Benham-Scheibe (Abbildung 9), ließen sich je nach Geschwindigkeit und Laufrichtung diverse Effekte erzielen. Was diese Experimente von jenen des Jahrhundertbeginns unterschied, waren unter anderem die Differenzen innerhalb der Vorlage, die aus zwei oder mehr unterschiedlichen und unterschiedlich angeordneten abstrakten Figurationen oder Farben bestanden. Nicht Bewegung sollte simuliert, sondern die visuelle Konstruktion einer Erscheinung vollzogen werden, die mit ihren ›Vorbildern‹ nichts mehr gemein hatte.[20] Es galt, aus einer Vielzahl differenter Ansichten völlig anders- und neuartige zu erzeugen.

Man ging sozusagen auf Entfernung zu den Gewißheiten des Einzelbildes, und die entschiedenste Distanzierung zu den photographischen Bildern geschah, indem die gesondert entstandenen Aufnahmen wieder zusammengesetzt wurden: im Film, bei dem die Momente des Stillstands so rasch abgespult werden, daß die aufscheinende Bewegung als mit der natürlichen identisch angesehen wird. Dadurch geraten die Einzelbilder des Unwirklichen, die solche eines innerhalb der Bewegung nicht vorkommenden Zustandes sind, zu einem Kontinuum, wie es niemals stattgefunden hat. Die ersten Betreiber der Kinos setzten bei dieser Tätigkeit ihre Sehkraft der Gefahr einer zumindest gelegentlichen Beeinträchtigung aus: Manche bekamen eine – wie es damals hieß – »photoelektrische Augenentzündung«, die vor allem bei der häufigen »Bedienung von Projektionsapparaten« auftrat.[21] Auf den raschen Wechsel von Hell und Dunkel, auf das Flimmern der Bilder, auf das plötzliche Auftauchen und Verschwinden von Ansichten waren die Augen der Zeitgenossen am Beginn des 20. Jahrhunderts noch nicht eingestellt.

Für Hinweise und anregende Gespräche danke ich Herta Wolf in Konstanz und für die Unterstützung bei der Bildrecherche Daniela Dietrich im Deutschen Filmmuseum in Frankfurt am Main.

19  Vgl. Corino, Karl: *Robert Musil. Leben und Werk in Bildern und Texten,* Reinbek bei Hamburg 1988, S. 116/117.
20  Auf die Zielsetzungen und Ergebnisse der Experimente kann hier nicht weiter eingegangen werden. Nicht unerwähnt soll aber bleiben, daß später mit ähnlich gestalteten Scheiben in Planetarien Sternschnuppen und Kometen simuliert wurden; vgl. Krausse, Joachim: »Das Wunder von Jena. Das Zeiss-Planetarium von Walter Bauersfeld«, in: *ARCH+,* Nr. 116, März 1993, S. 46.
21  *Der Stein der Weisen. Unterhaltung und Belehrung aus allen Gebieten des Wissens für Haus und Familie,* Illustrierte Halbmonatsschrift, Bd. 37. Wien und Leipzig o.J. (1906), S. 196 f.

## Rainer Rother
# Die Bewegung der Bilder und der Fluß
# der Erzählung

Die Faszination, die von den ersten bewegten Bildern ausgegangen sein muß, ist für uns heute nur noch schwerlich nachzuvollziehen. Bewegte Bilder sind uns zu gewohnt geworden, zu viele davon haben wir gesehen oder auch nur konsumiert. Und seit es Fernsehen gibt, ist selbst die leichte Anstrengung entfallen, die es bedeutete, den Ort aufzusuchen, an dem sich die Bilder bewegten – nun tun sie das im Wohnzimmer.[1] Für die Zuschauer aber, die sich über das Kinetoskop Thomas Edisons beugten und für ihren Penny die neuesten Aktualitäten oder Sketche bewundern durften, oder für das Publikum, das in den Räumen saß, wo Projektionen mit dem Cinematographen der Gebrüder Lumière – und bald schon vieler anderer Unternehmer – gezeigt wurden, war die Neuheit wohl überwältigend.

Eine Spur zu dieser Neuheit geben Anekdoten an – und wie alle Anekdoten blicken sie auf ein merkwürdiges Ereignis zurück und geben ihm eine Gestalt, die der Überlieferung bestimmt ist. Sie berichten von der Aufnahme der neuen Erfindung durch das geneigte und eher noch: das überraschte Publikum. Ihnen zufolge sprangen die Zuschauer entsetzt von ihren Sitzen, als der 1895 von den Gebrüdern Lumière produzierte Film *Ankunft eines Zuges auf dem Bahnhof La Ciotat* projiziert wurde. Eine andere Anekdote über die Reaktion auf die Filme der Lumières berichtet von der Skepsis der Zuschauer nach der Vorführung eines Films, in dem ein Boot den Hafen verläßt. Ungläubig hätten die Anwesenden nach dem Ende des Films die Leinwand begutachtet und gar mit ihren Spazierstöcken gegen sie geklopft, argwöhnend, sie sei in Wahrheit ein Wassertank oder dergleichen, und damit sei ein Trick bewerkstelligt worden, den sie nun zu durchschauen versuchten. Wieder eine andere Anekdote beschreibt das Entsetzen von Zuschauern, die erstmals in ihrem Leben mit der Großaufnahme eines menschlichen Kopfes konfrontiert wurden – und die diese Einstellung als Bild eines Geköpften wahrnahmen.

So schön diese Anekdoten fraglos sind, so unwahrscheinlich sind sie auch. Man muß sich die Neugier der Zuschauer vorstellen, denen eine großartige Erfindung annonciert wurde: eine Maschine, mit der es möglich war, Bewegung wiederzugeben.[2]

Denn die Betonung der Technik gehörte zur Faszination dazu; das war ja gerade das Aufregende, daß Bewegung nun mittels technischer Verfahren reproduzierbar geworden war. Nicht mit den Filmen wurde geworben, um Zuschauer anzuziehen, sondern mit dem Apparat. Die Filme bewiesen die Fähigkeit, die neu erworben war; so sehr sie im einzelnen von Interesse waren, das Interessanteste war allemal, was sie insgesamt belegten: nun gab es »bewegte Bilder«.

Deswegen trifft vielleicht eine Beschreibung in einem Roman die Eigenart dieser Faszination besser als die Anekdoten. Sie stammt von Frank Norris, der 1899 sein Buch *McTeague – A Story of San Francisco* veröffentlichte. Der Roman war bekanntlich die Vorlage für einen der berühmtesten Stummfilme, für *Greed*, den Erich von Stroheim 1925 realisierte – obwohl, angesichts der Kürzungen, die er hinnehmen mußte, von Realisation vielleicht nicht geredet werden kann. Im Film fehlt die Szene, in der Norris einen Ausflug McTeagues, Trinas und ihrer Mutter beschreibt. Zu den Vergnügungen gehört auch ein Besuch in einem Theater: »Während sie warteten, studierten sie das Programm. Als erstes spielte das Orchester eine Ouvertüre, danach kamen *Die Gleasons in ihrem humoristischen Musicalakt McMonnigals Brautwerbung;* darauf folgten *Die Lamont Sisters Winnie und Violet, ernst-heitere Serpentintänzerinnen,* und danach eine große Reihe anderer Artisten und Sonderdarbietungen, Musikwunder, Akrobaten, Blitzzeichner und als letztes *Das Ereignis des Abends, die höchste Errungenschaft der Wissenschaft des 19.Jahrhunderts: das Kinetoskop!*«[3]

Die Besucher sind begeistert und folgen den komischen wie den artistischen Darbietungen voller Freude. Dann aber dies: »Das Kinetoskop benahm ihnen den Atem. McTeague saß ehrfürchtig davor. ›Was kommt jetzt‹, fragte Trina maßlos erstaunt. ›Ist das nicht herrlich, Mac?‹ ›Sieh mal, wie das Pferd den Kopf bewegt!‹, rief er aufgeregt und ganz begeistert. ›Sieh mal, da kommt eine Straßenbahn – und der Mann, der da über die Straße geht. Paß auf, hier kommt ein Rollwagen! In meinem Leben hätte ich das nicht geglaubt! Was würde Marcus dazu sagen?‹ ›Das ist ein Trick‹ rief Mrs. Sieppe plötzlich voller Überzeugung. ›Ich bin nicht dumm, das ist nichts als ein Trick!‹ ›Sicherlich, Mama‹, wollte Trina erklären, ›es ist ....‹. Aber Mrs. Sieppe warf den Kopf in den Nacken. ›Ich bin zu alt, mir kann man nichts vormachen‹, beharrte sie, ›es ist ein Trick.‹ Mehr war aus ihr nicht herauszukriegen.«[4]

Tom Gunning hat diese letzte Passage zitiert und sie folgendermaßen erläutert: »The conflict in Norris' clash in cultural and generational responses does not lie in whether the kinetoscope is a trick: Trina takes this as a matter of course. Trina and Mac accept the trick as a scientific wonder. (...) Both the suspicious and the enthralled viewers immediately place the phenomenon within the context of visual illusions, the transforming tricks and magic lanterns which vaudeville at the turn of the century exhibited with increasing frequency.«[5]

Neu waren die Filme, ein wissenschaftliches Wunder auch – aber es ist kaum anzuneh-

1  Einen sarkastischen Kommentar zu dem damals noch sehr neuen Medium Fernsehen gab Raymond Chandler in einem Brief an Charles W. Morton im November 1950 ab. Vgl. Chandler, Raymond: *Die simple Kunst des Mordes,* Zürich 1975, S.168 f.
2  Zur Einführung des Cinematographen in Deutschland vgl. die TV-Produktion von Loiperdinger, Martin und Pulch, Harald: *Cinematographe Lumière,* SDR 1993.
3  Norris, Frank: *Gier nach Gold,* Berlin 1958, S.83.
4  Ebd., S.90.
5  Gunning, Tom:»›Primitive‹ Cinema. A Frame-up? Or the Tricks on us«, in: Elsaesser, Thomas: *Early Cinema. Space, Frame, Narrative,* London 1990, S.95 f.
6  Die meisten der hier – wegen ihrer einfachen Greifbarkeit – erwähnten Filme befinden sich auf zwei von Barry Salt zusammengestellten, vom British Film Institute herausgegebenen Videocassetten: *Early Cinema,* Teil 1 und 2.
7  Vaughan, Dai: »Let there be Lumière«, in: Elsaesser, Thomas, a.a.O., S.65.

men, daß sie ihr Publikum begeisterten, weil es die Filme für Realität angesehen hätte. Es gibt einen kleinen Film aus dem Jahre 1911 – *The Countryman and the Cinematograph* –, der sich schon damals über eine solche verquere Rezeption lustig macht.[6] Produziert hat ihn Robert Paul im Jahr 1911. In diesem Film werden die Anekdoten sozusagen konterkariert: Auch der Provinzler erschreckt über den heranbrausenden Zug, wie angeblich die ersten Zuschauer von Lumière-Filmen, nur tut er dies zum Vergnügen der Zuschauer dieses Films, der bei seinem Publikum eine Rezeptionsweise voraussetzt, die sich deutlich von der des *Countryman* unterscheidet. Mrs. Sieppe und der Provinzler haben beide nicht die Gelassenheit dieses Publikums, dessen Interesse ganz anderen Dingen gilt.

Um der Faszination der bewegten Bilder besser auf die Spur zu kommen, ziehen wir einige andere Beispiele heran. Die Filme der ersten Pioniere waren kurz: Sie dauerten nur so lange, wie eine Filmrolle benötigte, die in der Kamera belichtet wurde – schwerlich also länger als eine Minute. Das hatte zur Folge, daß ein Film noch kein Programm füllte, es mußten mehrere sein, möglicherweise in Verbindung mit anderen Vorführungen, um das zahlende Publikum zufriedenzustellen. So war auch der Film der Brüder Lumière *Ein Boot verläßt den Hafen* kombiniert mit weiteren Filmen (die durchaus andere Aspekte des Mediums offenbaren konnten als dieses Beispiel). Der Film aus dem Jahr 1896 ist einfach genug: Er zeigt Männer, die in einem Boot rudern, erst noch in ruhigem Wasser, dann mit etwas rauherer See konfrontiert, wodurch ihr Fortkommen mühseliger wird. Man sieht, wie sie sich anstrengen, wie ihr Boot von den Wellen hin und her geschaukelt wird. Und dann ist der Film zu Ende. Die Filmrolle gab nicht mehr her als diese kurze Spanne, die jedoch aufregend genug war. Und, in gewisser Hinsicht, noch ist. Dai Vaughan schrieb, *Ein Boot verläßt den Hafen* zeige etwas, das vorher nie – und nicht auf andere Art – zu erfahren gewesen wäre. Nicht nur die Bewegungen der Wellen und ihre unterschiedlichen Auswirkungen, auch Menschen, die auf etwas Unkontrollierbares reagieren müssen, damit sozusagen aus der Planbarkeit entlassen und Teil eines spontanen Geschehens werden. Das Besondere sei es also gewesen, daß die bewegten Bilder die Fähigkeit besaßen, Spontanes zu portraitieren, was dem Theater nicht möglich war: »The movements of photographed people were accepted without demur because they were perceived as performance, as simply a new mode of self-projection; but that the inanimate should participate in self-projection was astonishing.«[7]

Es ist vielleicht dieser Aspekt, der Filme populär machte, die nichts anderes zeigen als Wellen. Wenn ich auch glaube, daß die Popularität solcher Filme mit der Entfernung von der Küste zunahm und sie, wie Bilder aus wesentlich exotischeren Gegenden, vor allem faszinierten, weil sie etwas zuvor Ungesehenes präsentierten. *Rough Sea* zum Beispiel konzentriert sich ganz unleugbar auf die Bewegung des Unbeseelten – er zeigt in der Tat nichts anderes, als das, was sein Titel verspricht, einen rauhen Seegang. Kein Mensch erscheint in diesen Bildern, allein die an den Strand brechenden Wellen sind sein Sujet. Siegfried Kracauer hat diese Fähigkeit des Films geschätzt, solche Sujets zu präsentieren, mehr vielleicht geschätzt als alle anderen Errungenschaften des neuen Mediums. In seiner »Theorie des Films« beschreibt er eindringlich die Faszination, welche die unscheinbaren Bilder für ihn hatten: »Ich war noch sehr jung, als ich meinen ersten Film sah. Der Eindruck, den er in mir hinterließ, muß berauschend gewesen sein, denn ich beschloß dann und dort, meine Erfahrung zu Papier zu bringen. Wenn ich mich recht erinnere, war dies mein frühestes literarisches Projekt. Ob ich es je ausführte, habe ich vergessen. Aber ich habe nicht seinen umständlichen Titel vergessen, den ich, kaum aus dem Kino zurück, unverzüglich einem Fetzen Papier anvertraute. Der Titel lautete: ›Der Film als Entdecker der Schönheiten alltäglichen Lebens‹. Und ich erinnere mich, als wäre es heute, der Schönheiten selber. Was mich so tief bewegte, war eine gewöhnliche Vorstadtstraße, gefüllt mit Lichtern und Schatten, die sie transfigurierten. Einige Bäume standen umher, und im Vordergrund war eine Pfütze, in der sich unsichtbare Hausfassaden und ein Stück Himmel spiegelten. Dann störte eine Brise die Schatten auf, und die Fassaden mit dem Himmel darunter begannen zu schwanken. Die zitternde Oberwelt in der schmutzigen Pfütze – dieses Bild hat mich niemals verlassen.«[8]

Das ist eine sehr schöne Erinnerung, und es ist vor allem eine unvergleichliche Reminiszenz an vergangene Schönheit. Wie aber die Anekdoten von Zuschauern, die hinter der Leinwand ein Bassin vermuten oder vor der Abbildung eines einfahrenden Zuges aufspringen, wohl Projektionen sind, mit denen aus späteren Zeiten eine Metapher für die überwältigende Neuheit der Kinematographie geformt wird, so ist wohl auch die Betonung der Bewegungen des Unbeseelten eine Projektion der Nachgeborenen. Trina und McTeague, sie machen keinen Unterschied zwischen den Bewegungen von Menschen, Pferden und Straßenbahnen, ihr Entzücken gilt allen gleichmäßig. Vaughn und Kracauer beschrieben eine Faszination, die in den frühen Filmen eine Qualität entdeckt, die ihnen nun verloren oder mindestens bedroht scheint. In Vaughns Worten, bezogen auf *Ein Boot verläßt den Hafen:* »Successive viewings serve only to stress its pathetic brevity as a fragment of human experience. It survives as a reminder of that moment when the question of spontaneity was posed and not yet found to be insoluble: when cinema seemed free, not only of its proper connotations, but of the threat of its absorption into meanings beyond it. Here is the secret of its beauty. The promise of this film remains untarnished because it is a promise which can never be kept; its every fulfilment is also its betrayal.«[9]

Kracauer argumentiert übrigens ganz ähnlich, auch ihm soll das Kino von Bedeutungen frei bleiben; Symbole nennt er, was Filme vermeiden sollen, wenn sie Filme bleiben wollen. Ganz offenkundig ist es die spätere Entwicklung des Films, welche die frühen Exempel in solche Perspektive stellt.

Zunächst ist jedoch eine bemerkenswerte Eigentümlichkeit der beiden letztgenannten Filme hervorzuheben: Sie besitzen weder

8  Kracauer, Siegfried: *Theorie des Films*, Frankfurt a. M. 1964, S. 14.
9  Vaughan, Dai: a.a.O., S. 66 f.
10  Salt, Barry: *Film Style and Technologie. History and Analysis.* London 1922, S. 40.

einen deutlichen Anfang noch ein klares Ende. Das war nicht dem Unvermögen der Kameraleute geschuldet. Es gibt schließlich nur wenige Aktionen, die in einer knappen Minute einen vollständigen Verlauf nehmen. Will man angesichts eines länger dauernden Ereignisses auf den entscheidenden Augenblick warten, in dem es sich zu einem vollständigen Verlauf zusammenzieht, dann verpaßt man ihn möglicherweise. Das Warten ermöglicht keine Kontrolle, es bietet dafür die Chance, einmal Glück zu haben. Ein anderer Weg war es, sich größere Kontrolle über eine Aktion zu sichern. Damit konnte man gewährleisten, daß in 60 Sekunden alles Entscheidende einzufangen war – und damit erreichten die Operateure eine Art von Geschlossenheit. Das ist es, was in Lumières *Abbruch einer Mauer* ganz zwanglos erlangt wurde. Der Film hält, was der Titel verspricht, man sieht den Abriß einer Mauer. Das scheint nicht viel zu sein, und dennoch steckt in diesem kleinen Stück Film bereits eine gehörige Menge an Planung. Wir sehen die Aktion vollständig, inklusive der Vorbereitungen, dem eigentlichen Abriß und dem Beginn der Restebeseitigung. Der Film fasert nicht aus, und er läßt genügend sichtbar werden, um interessant zu sein. Immerhin, der Fall der Mauer, die dabei entstehenden Staubschwaden sind visuell befriedigende Motive. Außerdem aber hat der Film eine eigenständige Form. Eine recht simple, zugegeben. Doch innerhalb eines Programmes aus vielen solcher Filme wäre er einer gewesen, der in sich abgeschlossen war und der kaum auf den Erzählfluß des Schaustellers angewiesen war. Schwerlich aber könnte man ihn selbst schon eine Erzählung nennen.

In den ersten Jahren des neuen Mediums, etwa bis zur Jahrhundertwende, bestanden die Programme fast ausschließlich aus Folgen solcher Einzelszenen. Wenn auch nur ein Bruchteil davon überliefert ist, es scheint jedenfalls einleuchtend zu sein, daß in dieser Anfangszeit der Apparat und seine Fähigkeiten erstaunten und faszinierten. Die Filme waren Exempel, und sie zeigten auf vielerlei Art, was der Kinematograph konnte. Die Aktualitäten überwogen in dieser Zeit, wenn manche Ereignisse der Einfachheit halber auch nachgestellt wurden. Barry Salt drückt diesen Sachverhalt leicht maliziös aus: »It seems to me, in the years 1900–1906, before the Nickelodeon boom and subsequent world-wide increase in film-production, that the commercial pressures on the evolution of the form of cinema were low. The only absolute demand from audiences was that the film be photographed (and printed) sharply in focus and with the correct exposure. Even after 1900 there were still substantial audiences somewhere for just about anything that moved on the screen.«[10]

Salt schreibt eine Geschichte, die strikt in Fortschritten denkt, und hat daher wenig übrig für die Verklärung der frühen Filme, wenn er diese selbst auch sehr schätzt. Fortschritte, das waren zunächst all die Verfahren, mit denen die Beschränkung auf die eine Szene durchbrochen werden konnte. Die Schwierigkeit, eine – und zwar eine befriedigende – Szene zu filmen, beschränkten sich im wesentlichen auf zwei Bereiche. Es war für gute photographische Bedingungen zu sorgen, und das Geschehen vor der Kamera mußte möglichst so gestaltet werden, daß es in die Dauer einer Filmrolle paßte.

Mit der Verknüpfung von Szenen beginnt ein neues Feld von Schwierigkeiten – man kann sagen, daß hier jene Probleme beginnen, die sich nur filmisch lösen lassen. Denn welche Szenen sollten zusammengestellt werden, und welchen Sinn hatten sie dann? Von heute aus scheint die Antwort simpel genug: Der Sinn der Zusammenstellung mußte eine Erzählung sein, die sich in Bildern und mittels Szenen organisieren ließ. Einfach sind aber nur die Geschichten, die man von ihrem Ende her erzählt: Wenn man es kennt, dann sieht es immer so aus, als wäre alles auf dieses Ende angelegt. So kann man auch die Filmgeschichte schreiben. Dann übersieht man aber etwas. In *Eine Reise durch das Unmögliche* (1904) und in vielen anderen Filmen kann man etwas davon entdecken: einen Übermut und eine Spiellust, die gegen die Beschränkungen der 60 Sekunden einfach rebellieren mußten. Ein typischer Méliès-Film, mit all den Tricks und Farben, die seine Filme so erfolgreich sein ließen, bewahrt seinen Charme noch heute, wegen dieser Lust.[11] Kaum verwunderlich, daß Méliès' Filme mit ihren extravaganten Abenteuern, ihren vom Theater übernommenen Tricks und mit ihren vollständigen Geschichten denen der Brüder Lumière entgegengesetzt wurden. Zu verführerisch ist der Gedanke, mit diesen beiden Polen auch die Unterscheidung von Dokument und Fiktion befestigt zu haben. Der Unterschied zwischen *Eine Reise durch das Unmögliche* und *Abbruch einer Mauer* ist so beträchtlich aber nicht. In jeder Szene tut Méliès in gewisser Weise das gleiche wie die Lumières in ihrer einen Szene: Er richtet das Geschehen für die Filmkamera her. Nur denkt er schon an die nächste Szene. Beide Filme beruhen auf der Abbildung, und deswegen sind beide auch Dokumente dessen, was sich vor der Kamera ereignet hat. Abbildungen mittels der Kamera sind immer treu – nämlich treue Wiedergaben nach den Bedingungen der Apparatur.[12]

Der Unterschied zwischen einem dokumentarischen und einem erzählenden Kino macht noch aus einem anderen Grund in dieser frühen Phase keinen Sinn: Die Filme mußten das Erzählen ja erst einmal beherrschen, bevor sich die Dokumentation von den Erzählungen unterscheiden ließ.[13] Viel sinnvoller ist es, von einem frühen Kino zu sprechen, das sich sowohl von der Erzählung wie von der Dokumentation unterscheidet. Tom Gunning schreibt mit Bezug auf Lumière und Méliès: »One can unite them in a conception that sees cinema less as a way of telling stories than as a way of presenting a series of views to an audience, fascinating because of their illusory power (whether the realistic illusion of motion offered to the first audiences by Lumière, or the magical illusion concocted by Méliès), and exotism. In other words, I believe that the relation to the spectator set up by the films of both Lumière and Méliès (and many

11  Zu George Méliès vgl. *Kintopp*, Nr. 2, Frankfurt a. M. 1993.

12  Vgl. Rother, Rainer: »Die Form der Abbildung und die Struktur der Erzählung«, in: *filmwärts*, Nr. 17, 1990, S. 34 bis 39.

13  Vgl. Hohenberger, Eva: *Die Wirklichkeit des Films. Dokumentarfilm. Ethnographischer Film*, Hildesheim 1988.

14  Gunning, Tom: »The Cinema of Attraktion. Early Films, its Spectators and the Avant-Garde«, in: Elsaesser, Thomas, a.a.O., S. 57.

other film-makers before 1906) had a common basis, and one that differs from the primary spectator relation set up by the narrative film after 1906. I will call this earlier conception of cinema ›the cinema of attractions‹. I believe that this conception dominates cinema until about 1906-07. Although different from the fascination in storytelling exploited by the cinema from the time of Griffith, it is not necessarily opposed to it. In fact the cinema of attractions does not disappear with the dominance of narrative, but rather goes underground, both into certain avant-garde practices and as a component of narrative films, more evident in some genres (e. g. the musical) than in others.«[14]

Ein wesentlicher Unterschied des Kinos der Attraktionen zum Erzählkino besteht darin, daß die Kommentare des Schaustellers die Attraktion nicht mindern, sie manchmal sogar erst hervorbringen. Erzählungen aber würden dadurch gestört, und in gewisser Hinsicht kann man die Erfahrung einer solchen Störung heute durchaus machen, wenn es auch nicht die Kommentare des Kinobesitzers sind, die uns aus der Welt der Erzählung reißen, sondern die Kommentare des weniger empfindlichen Teils des Publikums. Zum Kino der Attraktionen aber gehört, daß die Welt des Films und die Welt des Publikums nicht imaginär (nämlich durch unsere Imagination, die auf die Bilder des Films reagiert) getrennt sind. Die Bilder der Attraktion beziehen sich direkt auf das Publikum. Das geschieht ganz selbstverständlich, so in einem Film aus dem Jahre 1905 – *Mary Jane's Mishap*, der denn auch oft als Beispiel herangezogen wurde. Aber auch in sehr viel weniger elaborierten Filmen ist der Blick ins Publikum nicht nur die Adressierung an den Zuschauer, sondern auch eine Gelegenheit für den Schausteller, seine Kommentare anzubringen.

Ja, man kann sagen, es ist nicht allein Mary Jane's Blick in die Kamera, ihr Kokettieren mit dem Zuschauer, das auf das Kino der Attraktionen verweist. Der Film ist in sich verständlich – und er hat einige besonders auffällige Übergänge zwischen den Szenen –, er erzählt in gewisser Hinsicht eine Geschichte. Er würde aber nicht verlieren, sondern wohl gewinnen, wenn ein begabter Schausteller uns noch Näheres über Mary Jane mitteilte.

Auf dem Wege zur Erzählung geht die Selbständigkeit der Attraktionen verloren. Dafür entsteht die Selbständigkeit des Films. Einen wesentlichen Beitrag leisten in diesem Übergang die Verfolgungsfilme. Sie lassen die Übergänge zwischen den Szenen immer mehr zu Übergängen zwischen Einstellungen werden und tragen damit zur Flüssigkeit des Erzählens bei. Die Attraktivität solcher Filme ist auch heute offensichtlich (und die Verfolgungsjagden sind eine Form, in denen das »cinema of attractions« im Erzählkino überlebt, sofern nämlich die Jagd dazu tendiert, die Story auf einen bloßen Vorwand für die Effekte zu reduzieren). Wenn auch die Struktur der »chase films« klar und eindeutig ist, wenn ihre über Figurenbewegungen motivierten Szenenwechsel auch schlüssig scheinen: Bis zu dem, was wir heute unter einer Filmerzählung verstehen, war es noch ein weiter Weg. Die Verbindung der Einstellungen ist in diesen Filmen fast ausschließlich über die

Bewegung der Figuren motiviert. Verbindungen, die zwischen verschiedenen, nicht durch solche Bewegungen verknüpften Räumen einen sinvollen Zusammenhang herstellten, und Verbindungen, die einen Raum fragmentierten, waren noch kaum gebräuchlich. Grob gesagt ist dies eine Entwicklung, die offenbar in den Jahren zwischen 1906 und 1914 vorangetrieben wurde.

Von der Seite der Dokumentation her bringt allerdings eine ganz andere Entwicklung eine Verschärfung des Unterschiedes (und des Unterscheidungsvermögens des Publikums) zwischen Dokument und Fiktion. Der Erste Weltkrieg war mit zunehmender Dauer auch für die unbeteiligten Zivilisten als eine Katastrophe deutlich, die jede bisherige Vorstellung vom Krieg überschritt. In dieser Situation erschienen Filme, die das Bild konventioneller Kämpfe ausmalten, nicht länger akzeptabel; es existierte ein Wunsch nach authentischen Bildern von der Front, mit denen die Unterscheidung erstmals an einem bestimmten Geschehen installiert wurde. Wenn auch die Dokumentarfilme aus der Zeit des Ersten Weltkrieges fast nie die Forderung nach authentischen Bildern erfüllten – was die Zeitgenossen keineswegs immer zu durchschauen vermochten –, mit ihnen und mehr noch mit dem formulierten Bedürfnis nach ihnen beginnt die Etablierung eines von allen anderen Filmen unterscheidbaren Genres des Dokumentarfilmes.[15]

Die Filmhistoriker stürzen alte Bewertungen um, und so kann es nicht verwundern, wenn David Wark Griffith nicht mehr uneingeschränkt als Erfinder und Vollender des klassischen Erzählkinos gilt. Gegen den ersten Credit spricht, daß er nur wenige von den sogenannten ersten Entdeckungen nachweislich auch als erster eingesetzt hat. Gegen den zweiten, daß er bestimmte Formen, wie etwa die Einstellung Schuß–Gegenschuß, kaum je verwendet hat. Unabhängig von diesen Korrekturen aber darf man doch sagen, daß er in seinen Filmen bis 1914 den Weg zur Erzählung am konsequentesten beschritten hat.

Die Erzählung bei Griffith wird fähig, Gleichzeitigkeit auszudrücken – verschiedene Schauplätze, auf denen Figuren an noch unverbundenen Handlungen teilhaben, sind dennoch klar miteinander verknüpft. Und natürlich finden die Handlungsstränge zueinander, laufen auf den einen Konflikt zu, in dem alle Beteiligten, die zunächst unabhängig voneinander agierten, vereint sind. Die Bewegung, die mit den Bildern des Films wiedergegeben werden konnte, ist nun nicht mehr die einzige Attraktion. Sie verschwindet nicht, aber sie ist nun in den Fluß der Erzählung integriert. Ein besonders schönes Beispiel für das Nebeneinander von Attraktionen und Erzählung bietet ein Film von Buster Keaton, *Sherlock Jr.* (1924). Hier wird ein Filmvorführer im Traum Teil des vorgeführten Films. Er dringt in die Leinwand ein – aber die Schnitte des Films kann er nicht beeinflussen. So überrascht ihn ein jeder, wirft ihn auf einen Felsen ins Meer, in die Wüste, den Schnee und zurück zum Ausgangspunkt. Und von dort startet er eine Verfolgungsjagd, die jede Attraktion bietet. Der Schnitt und die Faszination der Bewegung in diesem Film dienen beide der Komik.

15 Zum Kontext der ›authentischen Bilder‹ – und zu verschiedenen nationalen Kinematographien während des Ersten Weltkrieges – vgl. Rother, Rainer (Hg.): *Die letzten Tage der Menschheit. Bilder des Ersten Weltkrieges*, Berlin 1994.

Jeannot Simmen

# Das Prinzip Vertigo
## Sechster Sinn und Neue Medien

Peter Fischli / David Weiss: *Cochlea Labyrinth,*1986,
Polyurethan, Gaze, Farbe

Die fünf Thesen diskutieren das Verhältnis der Wahrnehmung zu den Neuen Medien, konkretisiert auf den für unsere Sinne nicht erfahrbaren Datentransfer. Digitalisierte, schnurlose Kommunikation bestimmt unser Info-Wissen, wird über körperlose Bilder vermittelt und ersetzt selbst eine photographische ›Materialität‹. Durch künstliche, geostationäre Planeten mit ›göttlicher Wirkung auf Distanz‹ werden Datenmengen (Bild, Text, Ton) tagtäglich weltweit transferiert.

Sinnliche Wahrnehmung und technische Apparatur werden zu neuen Relationen gefügt: an elektronische Apparate gekoppelt, zur Schnittstelle von Innen/ Außen, Erfahrung wird erweitert und beschleunigt. Die Resultate sind berauschend: Wie reagieren darauf unsere Sinne?

Hier interessiert vor allem der sechste Sinn, unser Gleichgewichtssinn, der die virtuell-kosmische Synchronität integriert. Raum-, Zeit- und Materiebegriff sind umfassend verändert und relativiert. Sind nicht weiter in den alten Rationalismus-Schemen und Vernunfts-Konzepten der Aufklärung (Kant, Hegel, Marx) erklärbar. Vorherrschend wird Das ›Prinzip Vertigo‹, ein modernes Syndrom schwindelerregend-alldimensionaler, multimedial-rasanter Wahrnehmung.

Das hochgejubelte ›Verschwinden der Ferne‹ scheint postmoderne Verheißung und Bedrohung von alttestamentarischer Dimension. Die Allverfügbarkeit (Zeit und Ort) von Information verspricht dem ›user‹ eine paradiesische Totalpräsenz (samt Musealisierung vom ›Prinzip Hoffnung‹). Im Aufräumungsprozeß

**123**

werden feudale Überbleibsel und Postulate der Aufklärung verabschiedet: bodenfixiertes Wahrnehmen und der für die Neuen Medien antiquierte Humanismus.

Die neuen Elektromedien wandeln radikal unser Verhältnis zur Kunst, wirken auf den schöpferischen Vorgang, relativieren den Künstlerstatus. Der Widerspruch Kunst und Produktion geht ›on line‹ zum Interface-Design. Die technische Welt wird zur Black box. Funktion ist nicht an Form ablesbar. Gestaltung wird absolut, befreit vom Maschinen-Vorbild.

●     These 1: Technik realisiert Moderne. Am Ende des 20. Jahrhunderts werden die utopischen Imaginationen der 20er-Jahre-Kunst wirklich und banal.

»Lest Nicht. Nehmt Papier, Stäbe, Klötze, Legt Aus, Malt, Baut«–so die Aufforderung zur Interaktion von El Lissitzky in seinem Avantgarde-Kinderbuch (Abbildung 1a). Die beiden Quadrate fliegen aus dem All zur Erde, es kommt zur Explosion, zum Durcheinander: »Und auf Schwarzem baut Rotes, Klarheit.« Am Beginn unseres Jahrhunderts wurde ein neuer Raumbegriff imaginiert, irdisch-beschränktes Denken antiquiert. Die Erde vermag nicht beste aller Welten zu werden, der neue Impuls erscheint aus kosmischer Dimension.

Heute ist Außerirdisches erobert und funktional. Aus geostationärer Position wird die Erde umfassend bespielt. Informationen, Bilder, Musik werden immateriell transferiert. Göttlichen Schwingen oder segnenden Armen gleich streckt der Kommunikations-Satellit seine Flügel (Abbildung 1b) aus. Mittig werden durch Parabolantennen Daten empfangen und gesendet.

Paul Valéry imaginierte in den 20er Jahren die Kunstwerke der Zukunft. In dem kleinen Essay *Die Eroberung der Allgegenwärtigkeit* beschrieb er, daß wir einmal mit »Hör- und Schaubildern versorgt werden« wie mit Gas und Strom. Der Schriftsteller überlegt, »ob je ein Philosoph in seinen Träumen sich ein Unternehmen zur Lieferung ›Sinnlich Erfahrbarer Wirklichkeit Frei Haus‹ ausgedacht« habe. Paul Valéry sieht bei der Übermittlung von Musik keine Probleme, anders bei der Malerei: »Wir sind noch ziemlich weit entfernt davon, die Welt des Sichtbaren unserem Willen bis zu diesem Punkt dienstbar gemacht zu haben. Die Farben und das Räumlich-Erhabene sind noch recht widerspenstige Gesellen. eine Sonne, die über dem Pazifik untergeht, Tizian, der in Madrid hängt, wollen noch nicht in unser Schlafzimmer kommen, um sich dort so eindringlich und truggewaltig auf die Wände zu malen, wie wir darin eine Symphonie empfangen.« Doch der Essayist ist hoffnungsvoll: »Das wird noch geschafft werden.«

Postmoderne macht's real: der Designer Ron Arad konzipierte 1991 für Philips Consumer ein elektronisches Museum für den Privatsalon (Abbildung 1c). Wie Bilder gefaßt sind die in die Wand eingelassenen Bildschirme, der dicke Rahmen strahlt traditionelle Würde aus. Wahlweise erscheinen Kunstwerke, je nach Stimmung und Programmierung. Mit Fernbedienung kann von edel-klassisch zu

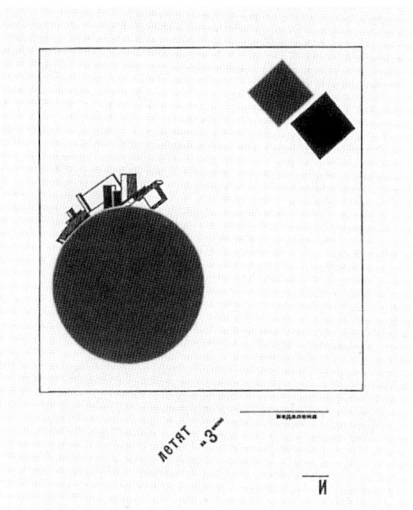

Abb. 1a: El Lissitzky: *Fliegend zur Erde/von weit her,* Blatt 4 der Suprematistischen Erzählung »Von zwei Quadraten«, in: *An Alle/Alle Kinder,* Berlin 1922

Abb. 1c: Ron Arad: *Imagination Room,* 1991

Abb. 1 b: Geostationärer Nachrichten-transfer mit *Eutelsat* über Europa/Afrika

**125**

abstrakt, von träumerisch-romantisch zu frivol-erotisch gezappt werden. Bilder-schauen ersetzt Bücherlesen, die Glotze wird zur Ikone.

- These 2: Unsere fünf Sinne sind ›Aufpasser‹ zwischen Innen und Außen, Individuum und Welt. Sequentiert werden Informationen zugelassen. Unbekanntes irritiert die fünf Sinne und bedroht das geeichte multisenso-rische Erwartungsmuster. Irritierende Erfahrung kann nicht oder nur teilweise verarbeitet werden. Erst ein Überschreiten normierter Sinnes-erfahrung führt zu Neuem.

Unsere Sinne verarbeiten ›Eindrücke‹ von Außen, wachen an den Pforten nach Innen. Die Sinneswahrnehmungen kennen unterschiedliche Bereiche und differente Reichweiten, von der unmittelbaren Berührung bis zur Fernsicht, vom direkten Hautkontakt zur abstraktiven Struktur-Wahrnehmung. Sinnesleistungen (Abbildung 2a) werden durch Tiere und allegorische Figuren dargestellt: Der Herr sitzt im ›Harem der Sinne‹ und betastet eine Frau (pickender Vogel), Blumen werden riechendes Aphrodisiakum (Hund mit guter Nase), Musik stimmt ein (Esel oder Pferd), Früchte präsentiert (gefräßiger Affe), spiegelnde Frau (Adler-Auge).

Impulsive Eindrücke irritieren die Sinne, sie verlieren die Kontrollfunktion und spielen ›verrückt‹. Eine Abundanz überwältigt die Wahrnehmung (Orgie, Glücksspiele; Abbildung 2b). Der Herr der Sinne greift aktiv zu, es wird gezecht und getrunken, gespielt und getanzt. Narren übernehmen die Herrschaft, die vormals züchtigen-gehorsamen Sinnesallegorien werden zu freizügig-attraktiven Frauen.

Fünf-Sinnes-Darstellungen sind durchaus heutiges Thema. 1981 entwarf Francesco Clemente eine Folge von Pastellarbeiten, worin ichorientiert das post-moderne Gegensatzpaar von brutal-manieristisch durchgespielt wird. Die zarten Farbtöne der Trockenmalerei zeigen sinnliche Leidenschaft und Sinnesaktivität. Ein Blatt (Abbildung 2c) veranschaulicht den Augensinn, der passiv empfindet und aktiv imaginiert. Die Frau weint und stellt sich selbst in und mit ihren Tränen als ein verführerisches Lustobjekt vor. Sie ist dieses selbst und zeigt die Gesichts-züge vom italienischen Künstler. Der moderne Narziß schafft sich das Weibliche nicht in der spiegelnden Wasserfläche, sondern imaginiert sich in den eigenen Trä-nen. Leiden wird kreativ, der Augensinn aktiviert. Die Verbindung, Vermischung der passiven und aktiven Sinne samt Wunschprojektion ergibt ein komplexes Wahrnehmen.

Der englische Arzt und Alchimist Robert Fludd versuchte am Beginn des 17. Jahrhunderts eine Einteilung (Abbildung 2d) und beschrieb drei korrespondie-rende Welten: die Sinnenwelt, der ›mundus sensibilis‹, schafft sich über die fünf Sinne ein unmittelbares Bild der Welt. Der ›mundus imaginabilis‹ stellt sich Welt indirekt als Schattenbild (umbra) vor. Der ›mundus intellectualis‹ findet Ausdruck durch Wort und Begriff, Sprache und Zeichen. ›Custos‹ ist die aufbewahrte Welt,

**126**

Audit homo, tangit, gustat, videt, olfacit. Istos
    Nominibus Sensus noscere quinque iuuat.
Addidit hæc Natura homini somenta creato,
    Atque seris, animæ consocianda suæ.

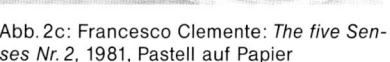

Abb. 2a: Crispin de Passe: *Die fünf Sinne,* um
1595, Kupferstich

Abb. 2b: Nach Crispin de Passe: *Orgie mit Dir-
nen,* Kupferstich als Goltzius bezeichnet

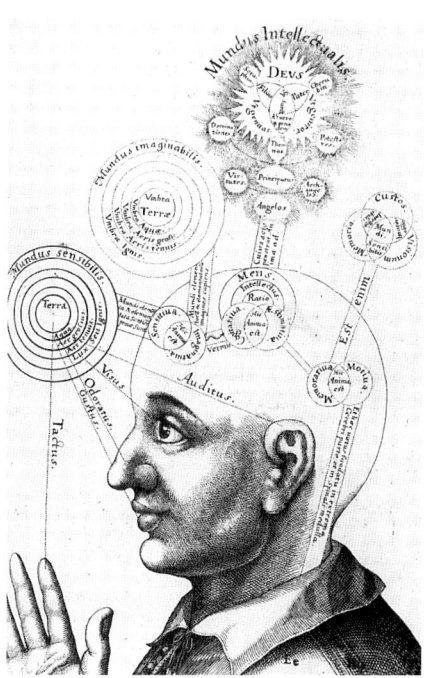

Abb. 2c: Francesco Clemente: *The five Senses Nr. 2,* 1981, Pastell auf Papier

Abb. 2d: Robert Fludd: *mundus sensibilis,
mundus imaginabilis, mundus
intelletualis,* vor 1619

das Gedächtnis, die Erinnerung an Empfindungen und Visionen. Innere und äußere Welt sind im Gehirn dreifach über die Seele (hic anima est) verbunden. Der genuinen Moderne der 20er Jahre waren die fünf Sinne Versuchsfeld. Visionen wurden durch Fehlleistungen und Exzesse ausgelotet, via Täuschung wurde neue Erfahrung möglich: Trompe l'Œil bei Salvador Dalí und Simultané bei Robert Delaunay. André Breton forderte im »Zweiten Surrealistischen Manifest« (1930), die Sinne völlig systematisch zu desorganisieren, »unser gesamtes psychisches Vermögen zurückzugewinnen auf einem Pfade, der nichts anderes ist als schwindelnder Abstieg in uns selbst, die systematische Erhellung verborgener Orte«. Sinne werden gegen den sinnesfeindlichen Rationalismus aktiviert, kontra Vernunft gesetzt. Das »Vergehen von Hören und Sehen« wird vom Auslöschungs- zum Sabotageprozeß. Sexualität nicht nur in der Kunst als Widerspruchsinstanz gegen einen Klassizismus als anonym-aseptische Neue Sachlichkeit gesetzt, kontra eine pathetisch erhöhte, faschistische Ästhetik.

Die aktuelle, absolute Datenverfügbarkeit samt virtuellem Sex oder Sado/ Maso-Gewalt auf dem Monitor bedeutet autistische Paradies-Allmacht. Alles ist virtuell präsent. Im Schlaraffenland sensibler Bildschirme werden Gefühle apparativ erweitert.

- These 3: Der sechste Sinn, unser Gleichgewichtsorgan, revoltiert seit dem letzten Drittel des 19. Jahrhunderts unsere Raum-Zeit-Wahrnehmung.
  Moderne Beschleunigung (Bahn, Auto) und neues Tempo (Arbeitsmaschinen Großstadtleben) wecken und irritieren den sechsten Sinn (Vestibularium), der in ›sleep motion‹ ruhte. Das Vestibularium ist eigenständig durch den Nervus octavus. – Der sechste Sinn wirkt absolut, Gravitationskraft ist der Vektor, Disfunktionalität verläuft tödlich.

Um 1860 wird erstmals ein neues Leiden medizinisch exakt untersucht und klinisch beschrieben. Der Patient kennt dabei keine äußerlichen oder sichtbaren Symptome. Das Leiden wurde bislang als Epilepsie, Hirnblutung oder Gehör-Disfunktion erklärt. In der zweiten Hälfte des 19. Jahrhunderts tritt diese Krankheit in den Metropolen auf, wird symptomatisch für moderne Zivilisation, wie Ermüdung und Erschöpfung. Die neuartigen Maschinen und Beförderungsmittel nötigen zu einem künstlichen Arbeits- und Lebenstakt, besonders in den Metropolen.

Durch Disfunktion wird ein neu-altes Sinnesorgan aktiviert, das via Ausfall Schwindel oder Bewußtlosigkeit hervorruft. Die Medizin wird auf ein Organ aufmerksam, das der medizinischen Forschung bislang verborgen blieb, weil es nicht auf der Körperoberfläche, sondern verborgen hinter dem Ohr liegt, diesem bislang zugeordnet wurde.

Prosper Menière (1801-1862), ein Pariser Taubstummenarzt, berichtet 1861 über Schwindelkranke in der kaiserlichen Akademie und bestimmt das neue Leiden nicht als Mittelohraffektion oder Gehirnkongestion, sondern analysiert es als

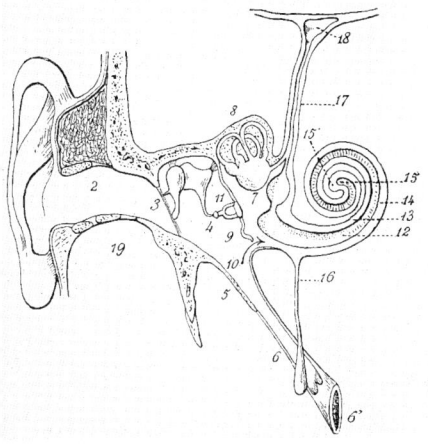

Abb. 3a: Das Innenohr mit Gehörschnecke und Gleichgewichtsorgan: Utriculus (8), bestehend aus dem runden Sack und den Bogengängen für die Wahrnehmung von Ortsveränderung.

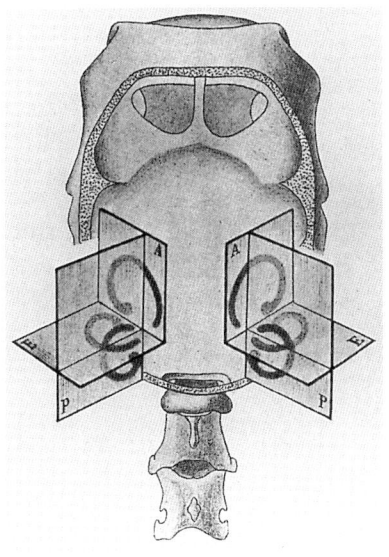

Abb. 3b: Schematische Darstellung der drei Bogengänge bei der Taube nach Öffnung der Schädelhöhle, von hinten und innen gesehen. In der Ebene A liegt der vordere, in der Ebene E der äußere, in der Ebene P der hintere Bogengang.

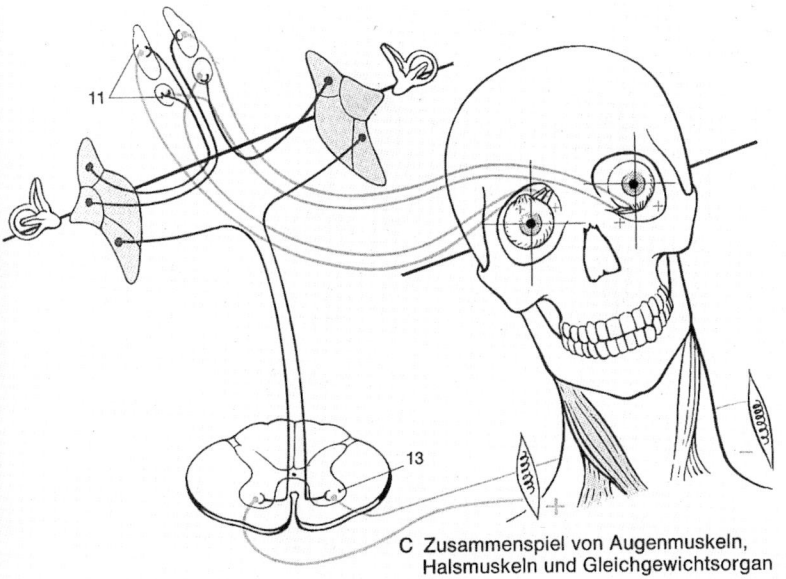

C Zusammenspiel von Augenmuskeln, Halsmuskeln und Gleichgewichtsorgan

Abb. 3c: Das Wahrnehmen eines wackelfreien Bildes. Die Reflexe des Vestibulapparates sind mit den Augen- und Halsmuskeln verbunden; dadurch kann ein stets ruhiges und aufrechtstehendes Bild der Umwelt wahrgenommen werden. Vestibuläres hat Leitfunktion: »Das fein abgestimmte Zusammenwirken von Hals- und Augenmuskeln wird vom Vestibulapparat über die Y-Neurone (C 13) gesteuert.« (DTV-Atlas, Anatomie)

›Vertigo-Syndrom‹. Menière bestimmt die Bogengänge (Abbildungen 3a und 3b) als Ort der Affekte. Exakte anatomische Untersuchungen ergeben, daß im Innenohr zwei Organe sitzen, die durch zwei unterschiedliche Nervenstränge unterschiedliche Sinnesdaten indizieren. Neben dem Ohr liegt das Gleichgewichtsorgan, das durch den Nervus octavus eigenständig ist.

Das Vestibularium (Abbildung 3c) besteht aus den Vorhofsäcken (für lineare) und drei Bogengängen (für rotierende Wahrnehmung) und reagiert auf positive oder negative Geschwindigkeits-Veränderungen (Beschleunigung, Verzögerung). Die Bogengänge liegen senkrecht aufeinander, etwa wie Schläuche in einer Zimmerecke, dadurch können sie Veränderungen der drei Raumdimensionen indizieren. Der Bau des Gleichgewichtsorgans ist also dreidimensional wie unsere Außenwelt.

Auf das millimeterkleine Vestibularium wirkt als eine geringe, doch konstante Kraft die Gravitation. Ein Schwindelanfall wird ausgelöst bei einer »Verschiebung des Repräsentanten des Schwerkraftvektors«, wenn das Pendel außer Lot gerät. Mit einem Auge oder einem Ohr, ohne Tast-, Geschmacks- und Geruchswahrnehmung kann leidlich weitergelebt werden, nicht aber ohne das Vestibularium. Der Ausfall heißt Umkippen, Orientierungslosigkeit, Tod.

Kein Moderner unseres Jahrhunderts, sondern der große Visionär Edgar Allen Poe entdeckte das Schwindel-Syndrom und veranschaulichte dieses 1821 in seiner Erzählung »Sturz in den Maelstrom«. Schwindel erzeugt keineswegs Bewußtlosigkeit, die Überlistung von Naturgesetz und Schwindelsyndrom führt zur individuellen Rettung aus tödlicher Situation in einem Wasserstrudel. – In den 20er Jahren wird mit der gegenstandslosen Kunst (Malewitsch, Lissitzky, Puni, Moholy-Nagy) ein neuer Raumbegriff geschaffen, der oben und unten, vorn und hinten aufhebt zugunsten einer nicht mehr irdisch-konnotierten, nicht durch Materie und Schwerkraft dirigierten Kunst.

• These 4: Vertigo revoltiert Kunst als Beschleunigungsprozeß, was bislang in sich ruhte, wird in Bewegung versetzt. Konzentriert auf die Plastik zeigt (historisch betrachtet) die Equilibristik-Darstellung eine Dreifaltigkeit von Barock/Manierismus über Rodin zur modernen Kunst:
a) artistische Balance (Adrian de Vries) b) labile Balance (Auguste Rodin) c) synthetische Balance (Boccioni, Archipenko, Naum Gabo).

Das ›Prinzip Vertigo‹ ist der heimlich-unheimliche Ursprung der modernen Plastik, zeigt die Künstlerperspektive gegen ein ikonologisches Räsonnieren.

Die Entwicklung der Plastik (als ›Vertigo-Prinzip‹ betrachtet) schreibt eine differente Geschichte der Kunst. Schon Sir Ernst Gombrich bemerkte kritisch in seinem Aufsatz »Ziele und Grenzen der Ikonologie«, 1972, über die bemühten Interpretationen eines Fliegenden Merkurs: »Sollten wir nicht entscheiden, daß das (die Überwindung der Schwere als bildhauerisches Problem, d.Verf.) der wirkliche Sinn des Werkes war, welcher den Künstler beschäftigte, unabhängig vom symbolischen Bezug oder spielerischen Andeutungen, die zum Geschäft des Ikonologen geworden sind.« Plastik gilt als künstlerische Aufgabe, die Masse ›in die Luft‹, sie schwerelos zu formulieren.

Die Equilibristik-Problematik läßt sich grob an drei Wendepunkten konkretisieren.

a) Equilibristische Balance: Bis zum Ende des Klassizismus kannte Bildhauerei das habituell-sichere Gleichgewicht. Selbst verwegenste barocke oder manieristische Werke sind voll artistischen Gleichgewichts. Wenn auch die Balance extrem gesetzt wird – sie verbleibt eine physikalische Ponderation im Schwerpunkt (Abbildung 4a).

b) Labile Balance: Im späten 19. Jahrhundert werden der habituell-sichere Gang, das Gleichgewicht labil. Gehaltener Fall statt Equilibristik: das Gleichgewicht ist nicht mehr physikalisch-natürlich, sondern psychisch bestimmt vom ›inneren Halt‹, in dramatischer Fügung. Der Punkt der Balance wird durch Lastverschiebung aus dem Schwerpunkt bis an die Grenzen vom materialstatisch Möglichen hinausbewegt (Abbildung 4b).

Abb. 4a: Adrian de Vries: *Merkur,* (attr.), um 1585, Bronze

Abb. 4b: Auguste Rodin: *Die Bürger von Calais,* 1884–1886, Bronze

**131**

Abb: 4c: Umberto Boccioni: *Urformen von Bewegung im Raum,* 1913, Brone (Guß 1931)

Abb. 4d: Alexander Archipenko: *Femme qui marche,* 1912, Polychrome Bronze

c) Synthetische Balance: Seit 1910 wird diese psychische Ponderation künstlich, die materielle Balance unwichtig, die natürliche Basis obsolet. Plastik spielt mit der Beschleunigung vom Körper und löst die Masse auf:

Umberto Boccioni: Durch Schnelligkeit, durch Beschleunigung stabilisiert sich der Gang bei dieser allansichtigen und dynamisch-geformten Figur (Abbildung 4c).

Alexander Archipenko: Die schreitende Frauengestalt ist ausgehöhlt, Materie löst sich auf, Opakes ist der Figur genommen. Der Künstler will in seiner Kunst »Raum, Transparenz, Licht, Reflexe innerhalb der Figur« setzen. Angekündigt ist ein modernes Prinzip, das in der Architektur als Eisen-Betonkonstruktion die bisherigen Bauweisen überwand.

Naum Gabo: Verlassen ist das figürliche in der Darstellung des schreitenden Menschen. Bewegung selbst bildet die Skulptur. Ein Metallstab wird durch eine künstliche Energie (Elektromotor) in Bewegung versetzt und formt eine plastische, eine kinetisch-räumliche Figur. Skulptur ist von Volumen und von Masse befreit.

Am Ende des 20. Jahrhunderts ist Plastik aufgelöst, zur immateriellen Lichtplastik (Keith Sonnier, Dan Flavin), zur virtuellen Videoskulptur geworden. Nam

June Paik, der Altmeister, spielt ironisch bis sarkastisch mit den anthropomorphen Überbleibseln. Monitore und Elektronikteile bilden eine männliche Figur, doch das Programm auf dem Bildschirm verkündet das Ende vom Humanen als proportioniertes Schreiten.

- These 5: Vertigo-Erfahrung verläuft vertikal, ist gegen Schwere gesetzt, wird alldimensional im kosmischen Raum. Der Verlust horizontaler Festigkeiten führt mit dem sechsten Sinn zu neuer Raum-, Zeit- und Materie-Wahrnehmung, verleitet ins Schwerelose. Isaac Newtons Imagination eines »Wurfes auf Distanz« wurde real in geostationären Satelliten. Makrokosmos mit künstlichen Planeten findet eine Relation im Mikrokosmos, im sechsten Sinn mit den Otolithen.

Der sechste Sinn radikalisiert die Wahrnehmung; Vertigo potenziert Erlebnisse. Zwischen dem millimetergroßen Vestibularium, das (schwerelos schwimmend in Flüssigkeit) hinter dem Mittelohr, im Felsknochen positioniert ist, und den geostationären Kommunikationssatelliten finden sich Relationen.

Isaac Newton erfand 1661 – immerhin 300 Jahre vor der technischen Realisierung – ein Prinzip für den modernen geostationären Satelliten. Von einer hohen Bergspitze der Erdkugel (Abbildung 5a) wird ein Stein mit stets größerem Impuls geworfen. Landet er zuerst auf der Erde, so ist bei genügender Anfangsenergie eine geschlossene Kreisbewegung möglich. Der Stein wird in eine ewig kreisende Bewegung versetzt, seine Bahn ist

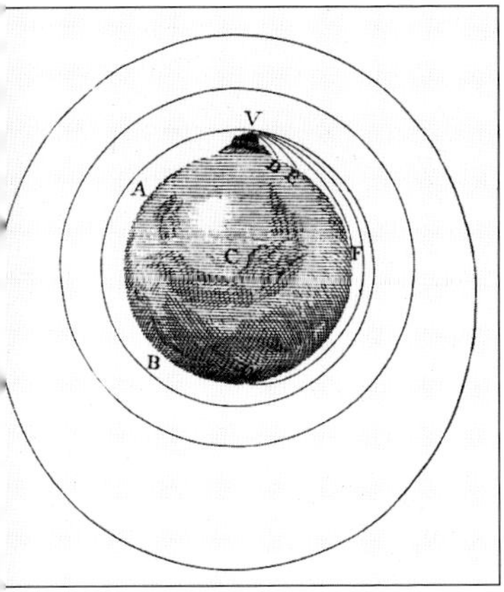

Abb. 5a: Isaac Newtons Steinwurf

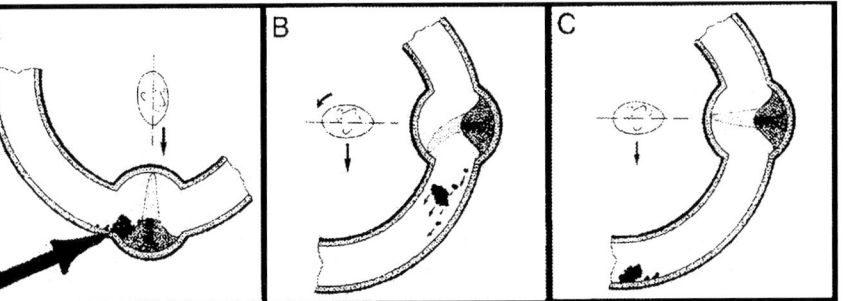

Abb. 5b: Illustration der Schwindel-Theorie von Thomas Brandt. – »So entsteht der Schwindel: Das schwarze Steinchen (großer Pfeil) neben den Sinneshaaren im Ohr (Bild 4) sinkt wegen seines Gewichts bei Bewegung und biegt durch den Sog die Sinneshaare (Bild B), was dem Gehirn heftigen Drehschwindel vermittelt. Nach wenigen Sekunden ruhen die Steinchen. Die Sinneshaare nehmen eine normale Position ein (Bild C). Der Schwindel klingt ab, kommt aber bei Bewegung wieder.«

**133**

das Resultat von zwei Vektoren (Erdanziehung, lineare Bahn). Newtons Größe lag nicht allein in der Idee, sondern in der mathematischen Berechenbarkeit des Experiments, also im Bereich menschlicher Machbarkeit.

Unser sechster Sinn funktioniert in den Bogengängen durch kleine Steinchen und Sinneshaare, die bei Berührung eine Lageveränderung dem Nervus octavus indizieren (Abbildung 5b). In den Bogengängen befindet sich eine Flüssigkeit, die Bogengänge selbst lagern in einer Flüssigkeit. Sowohl die Steinchen als auch die Bogengänge sind scheinbar schwerelos gelagert. – Makrokosmos und Mikrokosmos, die verschwindend kleinen künstlichen Planeten im All und die Steinchen in den Bogengängen zeigen Schwerelos-Relationen.

Heute wird Wahrnehmung via den sechsten Sinn qualifiziert: Sinneserfahrung potenziert über digitale Beschleunigung, Multimedia und Simultaneität. Die elektronische Schnelligkeit und Vielfalt kennen das Paradoxale eines Stillstandes unseres Körpers. Beschleunigt wird Information, das Wahrnehmen vom digitalen Datentransfer. Obwohl stationär, agiert der Computerfreak gleichzeitig an verschiedenen Orten, ist allüberall präsent.

Moderne Souveränität verhieß, über den Ausnahmezustand zu verfügen – so der Staatsrechtler Carl Schmidt. Der postmoderne Souverän verfügt über Allgemein-Kommunikation: Satelliten-Anschluß, Zugriff auf Datenbanken, Rechner, Festplatte und und und ... Das Resultat ist ein rauschhafter Erfahrungsprozeß virtueller Allmacht. Unmittelbar wird der Augensinn gefordert, zusätzlich wird mit akustischen Signalen informiert. Der sechste Sinn wird von der Daten-Beschleunigung irritiert, beklagt wird eine neue Art von Ermüdung und Erschöpfung, der Verlust bisheriger, vertrauter Realität durch Monitor-Wirklichkeiten. Ein Schwanengesang für die mimetischen Künste erklingt; der Fortschrittsglauben ist nicht mehr maschinell gebunden, nicht weiter akkumulativ bestimmt.

# Rolf Giesen
## Special Effects im Film

● 1.

Wunderliche Dinge sichtbar machen – das war eines der frühesten Ziele der wundersamen Kinematographie. Mit diesem Anliegen bewegte sie sich gänzlich in der Tradition ihrer Ahnen. Hatte nicht schon der Thüringer Jesuitenpater Athanasius Kircher (1601–1680), der ›Vater‹ der Laterna magica, seinen Schafen bisweilen Teufel und Höllenfeuer projiziert? Hatte nicht, ab etwa 1795, der Belgier Étienne Gaspard Robert alias Robertson mit Hilfe fahrbarer, dem Publikum verborgener Zauberlaternen, allerlei Phantasmagorien – Schreckbilder, Gespenster, Phantome und Skelette – auf doppelt und dreifach gehängte Tüllvorhänge geworfen? In ihre Fußstapfen trat ein Franzose namens Marie-Georges-Jean Méliès (1861–1938), Betreiber des Pariser Zaubertheaters *Robert-Houdin*. Inspiriert von der ersten öffentlichen Vorführung des Cinématographe der Brüder Lumière, begann er, zuerst noch mit Blick auf einen Einsatz in seinem eigenen Theater, die magischen Möglichkeiten der Filmkamera zu entdecken und diese, im Verein mit Bühneneffekten und Taschenspielertricks, auszubeuten. Die Legende berichtet, es sei eine Aufnahmestörung gewesen, die ihn den Stopptrick entdecken ließ. Sofort setzte er diesen ebenso simplen wie grundlegenden Effekt in dem Film *Escamotage d'une dame chez Robert-Houdin* ein, um eine Frau in ein Skelett und wieder zurück zu verwandeln. Der Stopptrick seinerseits war eine Voraussetzung der Einzelbildaufnahme, die Zeichnern wie Émile Cohl und Winsor McCay die Animation zweidimensionaler Comics erlaubte.

● 2.

Trickphotographie war unverzichtbar, um dem deutschen phantastischen Film seine unverwechselbare Note zu geben, die in der Verwandlung eines Roboters in eine Menschenfrau kulminierte – erinnern wir uns an die flirrend um Brigitte Helm einbelichteten Lichtkreise aus *Metropolis* – und in Hans Albers' rückprojiziertem Ritt auf der Kanonenkugel in dem Agfacolor-Film *Münchhausen*. Mehr noch, schon der große Charakterdarsteller Paul Wegener (1874–1948), der, dank Split-Screen-Aufnahmen verdoppelt, im *Studenten von Prag* mit sich selber spielen durfte, träumte von einem ganz und gar synthetischen Kino, das er in einem Vortrag, den er am Ostermontag 1916 in Berlin hielt, wie folgt umriß: »Denken Sie an eines der Böcklinschen Meeresbilder mit den Fabelwesen der Tritonen und Nereiden, und stellen Sie sich vor, der Maler würde dieses Bild in Hunderten von Exemplaren mit den leisesten Verschiebungen malen, so daß sich aus ihnen

**135**

kontinuierliche Bewegungsabläufe ergäben, so würden wir plötzlich eine sonst reine Phantasiewelt vor unseren Augen lebendig werden sehen. Dieses gemalte Meer würde schäumen, diese nur in Böcklins Hirn entstandenen romantisch-antiken Nereiden stürmen zu seinen Ufern und schreien; diese Tritonen würden sich im Wasser wälzen. Das Gewitter würde näher heranziehen. Es wäre ein ungeheuerlich erschreckender Eindruck, eine Welt leben zu sehen, die eigentlich nur in einem toten Bilde existiert. (...)

Stellen Sie sich einen Film dieser Art, womöglich mit Musikbegleitung, vor. Eine weite leere Fläche. Plötzlich wachsen vom unteren Rande mächtige Lilien auf, die Lilien blühen auf, die Blätter züngeln in die Höhe, werden allmählich zu Flammen, die Flammen geben einen dicken Rauch, der Rauch wandelt sich zur schweren Wolke, aus der Wolke fallen große kristallene Tropfen, sie fallen immer dichter, es entsteht ein Meer, jetzt wogt das ganze Bild nur wie eine spiegelnde See. Aus dem Meer steigen seltsame Gestalten auf, sie bändigen die Wogen, die Flut ebbt zurück. Es tauchen merkwürdige Wasserpflanzen auf, sie breiten sich allmählich über das ganze Bild aus und werden zu Eisblumen auf dem erstarrenden Meer. Eine prachtvoll belebte Fläche. In dieser Fläche bilden sich allmählich gewisse Zellkerne, Zentren. Diese Zentren erschließen neue Flächen, die Flächen klären sich mehr und mehr in schneller Bewegung. Plötzlich brechen die Zellkerne auseinander und strahlen wie Feuerwerkskörper aus!

Ich will Ihnen diesen Film nicht weiter schildern, ich wollte Ihnen nur andeuten, welche Perspektiven hier gegeben sind. Es ließe sich unter Heranziehung aller erdenklicher Formen und Elemente, wie künstlichem Dampf, Schneeflocken, elektrischen Funken und so weiter, sicher ein Film schaffen, der zum künstlerischen Erlebnis wird – eine optische Vision, eine große symphonische Phantasie!

Das wäre allerdings die letzte Möglichkeit. Daß sie einmal kommen wird, glaube ich bestimmt – und daß ein späteres Menschengeschlecht auf unsere jungen Bemühungen wie auf ein kindliches Stammeln zurückblicken wird, davon bin ich auch überzeugt.«

● 3.

Doch nicht in Deutschland wurde Wegeners Vision Wirklichkeit, sondern in den Synergieeffekten amerikanischer Special Effects Departments, die zu Beginn der Tonfilmzeit in großem Stil ausgebaut wurden, da aufgrund des noch sehr gewichtigen Equipments weitgehend Studiodrehs erforderlich waren – unter Einsatz von Rückprojektion und anderen optischen Techniken. Aber immer noch waren es phantastische Sujets, in denen visuelle Effekte dominierten: *The Invisible Man* aus der Gruselfilmserie der *Universal*, mit *Traveling Mattes* (Wandermasken) von John Fulton, vor allem aber *King Kong*, eine filmische Anthologie aller bis dahin bekannten Techniken einschließlich einbildweiser Modellanimation des Pioniers Willis O'Brien.

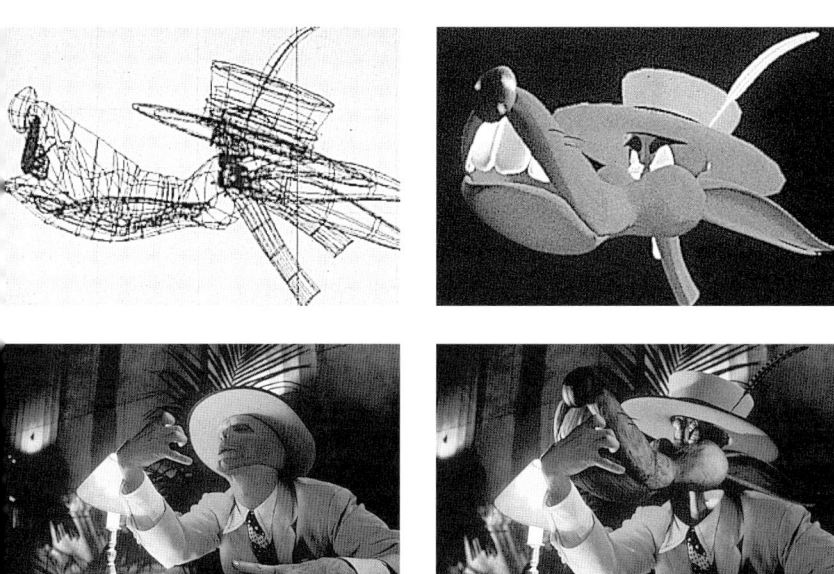

Abb. 1–4: Computer-Animation für den Film *Jim Carrey ist DIE MASKE*

- 4.

Nach dem Ende des Zweiten Weltkriegs wurde das miniaturisierte Waffenarsenal der Hollywood-Trickstudios (und später auch der japanischen) in Weltraum und Ufo-Filmen eingesetzt, in denen der kalte Krieg heiß werden durfte. Byron Haskin, der während des Krieges bei Warner Bros.' die Abteilung für Modellaufnahmen geleitet hatte und später zum Regisseur avanciert war, äußerte sich über seine Filmversion des marsianischen *War of the worlds*, den er 1952 für den Produzenten George Pal inszenierte: »Der Streifen hatte eine nachhaltige politische Metaphorik. Als die Spielszenen abgedreht waren, gab es gerade Spannungen mit Rußland – und ich sagte: Gott gebe, daß es nicht dazu kommt, aber wenn wir in einen Krieg mit Rußland eintreten, könnten wir genausogut die Russen als Invasoren nehmen – und es würde ein toller Kriegsfilm.«

- 5.

Science-fiction-Filme waren es auch, die vor der Mondlandung und Mitte der 70er Jahre die konventionelle Filmtechnik, wie sie bis zum Zusammenbruch des traditionellen Studiosystems in Hollywood und andernorts gepflegt worden war, nach vorn katapultierten. Die Rede ist von Stanley Kubricks *2001: A Space Odyssey* (1968) und von George Lucas' *Star Wars* (1976). Während die von Kubrick komponierten Bilder von geradezu elegischer Schönheit waren und, direkt oder indirekt, für die Ziele der NASA warben, war zwar auch Lucas an einem solchen ›Commercial‹ gelegen, doch sind seine Effekte weitaus rasanter geschnitten und viel martialischer. Mit Hilfe computergesteuerter Modellkameras (Motion Control) wurden Stukaaufnahmen aus dem Zweiten Weltkrieg und entsprechende Szenen aus diversen Kriegsfilmen (*The Bridges at Toko-Ri*; *The Dam Busters*) kopiert und in Weltraumschlachten übertragen.

- 6.

Heute wird nicht mehr nur hergebrachtes kinematographisches Equipment über Computer gesteuert, die Rechner erzeugen ihrerseits – Zeit und Geld vorausgesetzt – jene gänzlich synthetischen Bilder, von denen Paul Wegener einst geträumt hat: Computergenerierte Sequenzen gibt es in Erfolgsfilmen wie *Terminator 2* und Steven Spielbergs *Jurassic Park*. Die großen Alten des Filmtricks, obwohl sie die enorme technische Qualität der modernen Effekte, wie sie zuerst in der Werbung popularisiert wurden, zu würdigen wissen, haben ihre Zweifel, was die Entwicklung angeht. Ray Harryhausen, ein Protegé des *Kong*-Schöpfers Willis O'Brien:»So viel hängt allein von der Qualität des Computers ab, so wenig von der Einbildungskraft, der Fingerfertigkeit und dem ›Fanatismus‹ des Individuums. Als ich meine ersten Experimente durchführte, merkte ich, daß ich eine Menge verschiedener Disziplinen erlernen mußte, bevor ich all die Ideen auf die Leinwand bringen konnte, die ich in meines Hirns Büchse der Pandora angehäuft hatte. Die kindliche Freude beim Entdecken und die künstlerischen Fortschritte waren ein großes Abenteuer für mich. Es wäre in der Tat ein eisiger Weg für jene, die ähnliches erreichen wollten, indem sie Knöpfe drücken, nicht mehr.«
Längst sind die Computeranimatoren auf dem Weg, den computergenerierten Menschen aus dem Hut zu ziehen. Aber wird dieser synthetische Mensch letztlich gegen die Kunst eines Michelangelo oder eines Rembrandt bestehen? Beides ist zugleich denkbar: allgemeiner künstlerischer Fortschritt auf technischem Wege wie auch individuelle künstlerische Regression.

# Friedrich Heubach
## Virtuelle Realitäten und ordinäre Illusionen

● Psychologische Bemerkungen zur Wahrnehmung der visuellen Welt als
›Wirklichkeit‹

Ich möchte im folgenden einige Anmerkungen zu einer der Veränderungen
visueller Wahrnehmung machen, die zur Zeit als ganz unerhörte, ja revolutionäre
angesehen und unter Begriffen wie ›Virtual reality‹, ›Cyberspace‹ et cetera verhandelt wird. Es geht dabei vor allem um sogenannte computeranimierte Bilder und
Filme, und angesichts dieser algorithmisch erzeugten Bildwelten, so heißt es,
würde schließlich unsere visuelle Wahrnehmung völlig obsolet – obsolet in ihrer
Funktion als der primären Instanz der Realitätsprüfung.

Es sei nämlich, so heißt es allgemein, mit Hilfe dieser rein numerisch erzeugten, nicht als photographisches oder filmisches Faksimile von Faktischem entstandenen Bilder möglich, Wirklichkeit zu simulieren beziehungsweise uns auf ver-
trackte Weise ›Wirklichkeit‹ vorzutäuschen: Denn indem sie nicht mehr von ›echten‹ Abbildern wie den photographischen oder filmischen zu unterscheiden sind,
könnten wir angesichts solcher ›künstlichen‹ Abbilder nicht anders, als dem Apfel,
den sie beispielsweise zeigen, dasselbe reale Gegebensein zuzuerkennen, von dem
im Falle ›echter‹ Abbilder – etwa eines Photos des Apfels – völlig zweifelsfrei ausgegangen werden könne. Sei doch in diesem Falle die reale Existenz des Apfels eine
notwendige Bedingung der Möglichkeit seiner (photographischen) Abbildung,
und würde deswegen auch hier das Bild das reale Gegebensein des von ihm Gezeigten, dessen außerbildliche Faktizität, hinreichend bezeugen.

Es wird also den rechnerisch erzeugten Bildern als Täuschung vorgeworfen
und gern als ihre spezifische und völlig neuartige Tücke ausgemacht, daß sie etwas
ganz so wie die ›echten‹ Bilder zeigen würden, aber eben nur zeigen und nicht –
wie diese – das Gezeigte auch in seiner Wirklichkeit bezeugen.

Die Täuschung, welcher man sich derart durch die algorithmisch erzeugten
Bilder ausgesetzt wähnt, geht nun allerdings nicht von ihnen aus. Sie hat ihren Ort
vielmehr in der Wahrnehmung selbst. Denn die Annahme, daß Bilder die Realität
des von ihnen Gezeigten bezeugen können – unter deren Voraussetzung überhaupt
erst diesen Bildern eine Täuschung vorzuwerfen ist –, sie ist nur das periphere
Manifest einer viel grundlegenderen Annahme über die Wahrnehmung im Allgemeinen: Die Gewißheit des Wahrnehmens verbürge die Tatsächlichkeit des Wahrgenommenen.

Und es ist diese Vorstellung, daß irgendein Etwas, das in der Wahrnehmung
beziehungsweise auf einem Bild als wie wirklich gegeben ist, dies nur und in dem
Maße sein könne, weil und wie ihm auch ein Sein in der Wirklichkeit (materialiter

und außerbildlich) gegeben ist –, welche dazu geführt hat, daß die Wirklichkeit (in) unserer Wahrnehmung allgemein als (die) wahrgenommene Wirklichkeit vermeint wird.

Daß daran etwas nicht stimmt und sich in der Gewißheit des Sehens von einem Etwas durchaus nicht dessen faktisches Sein erweist oder beweist, wird an den algorithmisch erzeugten Bildern unmittelbar erfahrbar. Und zwar dann und in dem Maße, wenn und wie sie etwas als wie wirklich gegeben zeigen und wahrnehmbar machen, und der Betrachter zwar womöglich wissen kann, daß dieses Etwas nicht ein wirkliches, id est materialiter existentes ist (beziehungsweise je eines war), aber dies nicht sehen kann.

Ist man den Überlegungen bis hierhin gefolgt, so wird denn auch die große böse Täuschung in einem anderen Licht erscheinen, welche den vermeintlich die Wirklichkeit simulierenden Computerbildern und -filmen immer wieder vorgeworfen wird. Wenn hier Täuschung ins Spiel kommt, dann geht sie nicht von ihnen aus, vielmehr machen sie lediglich jene besagte (Selbst-) Täuschung im Betrachter für diesen als solche kenntlich: Sie ent-täuschen ihn. Die Verstörung, die solche Bilder auslösen, ist also nicht einer ihnen eigenen Maligne zuzuschreiben, sondern der Naivität des Betrachters, dem sich hier eine Ahnung auftut von der insgeheimen und komfortablen Onto-Logik seines Wahrnehmens, in der er ein Gesehenes immer gleich auch für ein Seiendes nimmt und ihm jedwedes Faktum seiner Wahrnehmung als ein Datum der Wirklichkeit gilt.

Aber genauso leicht, wie sich dem Denken dieser blinde, sozusagen mehr gelebte als bewußte Schluß von der (mentalen) Evidenz der Wahrnehmung auf die (materiale) Existenz des Wahrgenommenen als logisch irrtümlich und unbegründet zu erkennen gibt, genauso unangemessen und vollständig unpraktisch wäre es im alltäglichen Umgang mit der Welt, diesen Schluß nicht zu ziehen. Denn wenn er auch nicht stimmt, so erweist er sich doch in den weitaus überwiegenden Wahrnehmungssituationen als passend.

Und so gilt für diesen Schluß, was für jeden Schlüssel gilt: Er muß nicht stimmen in dem Sinne, daß er der richtige ist für dieses Schloß; es reicht – wie jeder gute Dietrich beweist – völlig aus, daß er paßt, um es zu öffnen. Mit anderen Worten: Die Sichtbarkeit einer Sache für eine gewissermaßen substantielle Eigenschaft dieser Sache zu halten und sie darum für den Beweis ihres realen Seins zu nehmen, ist zwar ein Irrtum, aber ein ungemein praktischer. So praktisch, wie die Wahrheit nie sein könnte.

In dem Maße nun, wie an den rechnerisch hergestellten Bildern und Filmen dieser praktische Irrtum als solcher kenntlich und das ganze Ausmaß erfahrbar wird, in dem die Wirklichkeit der Wahrnehmung als (die) wahrgenommene Wirklichkeit vermeint ist, eignen sich diese Bilder und Filme in besonderer Weise zur Exploration eines ansonsten nur schwer zugänglichen Aspekts innerhalb der Wahrnehmungstätigkeit. Nämlich zur Klärung der Frage nach den Bedingungen der Erfahrung des visuell Wahrgenommenen als ›Wirklichkeit‹.

Zu dieser Frage möchte ich im folgenden eine Hypothese entwickeln – und zwar über das ›Ungefähre‹ als das Paradigma der Erfahrung eines visuell Wahrgenommenen als ›Wirklichkeit‹.

Es wurde eben von der Verstörung gesprochen, welche mit der Erfahrung verbunden ist, in einem algorithmisch erzeugten Bild irgendein Etwas als wie wirklich gegeben wahrzunehmen, und zwar zu wissen, daß dieses Etwas nicht realiter existiert, aber das dennoch nicht sehen zu können. In dieser Formulierung wird etwas als Tatsache unterstellt, was eher eine die Wahrnehmungstätigkeit leitende Fiktion darstellt: Es müsse einem in der visuellen Wahrnehmung gegebenen Etwas anzusehen sein, ob es auch in der Wirklichkeit existiert, sprich: auch materialiter gegeben ist.

Allein schon die eben angesprochene Erfahrung mit algorithmisch erzeugten Bildern zeigt aber doch, daß davon in dieser Gewißheit nicht auszugehen ist. Und vielmehr einiger Grund besteht zu der Annahme, daß – zumindest strikt erkenntnislogisch gesehen – der Wirklichkeit des visuell Wahrgenommenen nicht in seiner Wahrnehmung selbst gewiß zu werden ist. Aber selbst wenn dem so ist, ja gerade dann, wenn sie nicht erkenntnislogisch begründbar sein sollte, ist diese Gewißheit nur umso erklärungsbedürftiger, mit der – wie kaum bezweifelt werden kann – jedermann in dem, was er sieht, die Wirklichkeit wahrzunehmen vermeint: ein Etwas, das realiter existent ist.

In demselben Maße allerdings, wie sie erkenntnislogisch problematisch beziehungsweise unbegründbar erscheint, ist diese Gewißheit notwendig nurmehr als eine psycho-logische zu erklären. – Und in psychologischer Hinsicht wäre es dann im übrigen völlig irrelevant, daß diese Gewißheit womöglich eine in logischer Hinsicht täuschende ist, sondern es würde allein die Frage interessieren, wie sie zustandekommt und nach welchen psychologischen Kriterien.

Wie schon angedeutet, bietet nun ironischerweise ausgerechnet das Medium der Algorithmischen Bilderzeugung (im folgenden ABE genannt), in dem doch die ganze Fragwürdigkeit dieser Gewißheit offenbar wird, eine ausgezeichnete und wissenschaftlich fruchtbare Handhabe, die Frage nach ihren psychologischen Bedingungen auf empirische Weise zu klären.

Wie das? Führt man einem Publikum aus der Vielzahl der in den letzten Jahren produzierten computergenerierten Videos solche realistischen Inhalts vor, die also ein zumindest der Möglichkeit nach Faktisches zeigen – wie eine Straße, Häuser, Landschaften oder ein Interieur –, dann ergibt sich regelmäßig eine Diskussion darüber, ob und woran den wahrgenommenen Bildern (noch) anzusehen war, daß sie errechnete, ›künstliche‹ waren und nicht etwa filmisch aufgenommene, dokumentarisch ›echte‹.

Die prekäre Wahrnehmungssituation, in der sich die Betrachter hier befinden, läßt sich in ihrer Problematik durch das folgende Gedankenexperiment anschaulich aufs Prinzip bringen: Eine Versuchsperson befindet sich in einem Raum mit einer kopfgroßen, tunnelartigen Fensteröffnung (wie sie sich etwa durch eine drei Meter starke Mauer ergeben würde), durch die sie hinausblickt. Am Ende dieses Fenstertunnels ist ein als solcher nicht zu erkennender TV-Monitor eingepaßt, der das computergenerierte Bild einer Landschaft zeigt mit einem Baum in 100 Metern Entfernung. Die Frage ist nun: Was sieht die Versuchsperson? Sieht sie den Baum da, wo sie ihn stehen sieht, in 100 Meter Entfernung: Sieht sie also nicht ein Bild, sondern einen real existenten Baum? Oder sieht sie den Baum da, wo er gezeigt wird, in drei Meter Entfernung? Sieht sie also nicht einen entfernten Baum, sondern das nahe Bild eines entfernten Baumes? Und vor allem: Woran und wodurch bedingt sieht die Versuchsperson jeweils das, was sie sieht?

Im Sinne dieser Frage möchte ich eine Hypothese entwickeln, die sich auf das Material einer psychologischen Untersuchung zur Rezeption computergenerierter Videos stützt, die ich im Jahre 1988 am Psychologischen Institut der Universität Köln durchgeführt habe. Wobei ich mich für die hier gestellte Frage allein auf die Aussagen der Versuchspersonen beziehe, die um die Frage zentriert waren, ob das, was sie gerade bildlich wiedergegeben sahen, beispielsweise einen Apfel oder einen Baum, real existierende waren oder nur simulierte, sprich: rein rechnerische erzeugte Bilder eines Apfels oder Baumes.

Der Unterschied, um den es da geht und der als einer zwischen ›echten‹ und ›künstlichen‹ Bildern verhandelt wird, ist im Prinzip kein anderer als der zwischen der Wahrnehmung von etwas als einer ›wirklichen‹ Sache einerseits und dessen Wahrnehmung als ein Bild dieser Sache andererseits – wie in jenem Gedankenexperiment.

Das Entscheidende in beiden Fällen wäre nun, daß in der Rede über das, was (an) den gesehenen Bildern (noch) fehlt, um entweder wie ›echte‹ zu wirken oder – wie in jenem Gedankenexperiment –, um nicht (mehr) als Bild, sondern als wahrgenommene Wirklichkeit realisiert zu werden, nichts anderes verhandelt wird als die im wahrnehmenden Subjekt selbst liegenden und dafür regulativen Bedingungen, daß es ein visuelles Datum für ein Datum der Wirklichkeit hält.

Das mag in dieser Abstraktheit etwas kompliziert erscheinen, wird aber verständlich werden, wenn ich im weiteren konkret auf die für meine Hypothese relevanten empirischen Zusammenhänge eingehe. Also auf das, woran den Probanden in den Videofilmen ersichtlich erschien, daß es sich bei den da gezeigten Landschaften, Interieurs und Objekten nicht um realiter existente, sondern um bloß simulierte handelte.

In dieser Hinsicht wird von den Versuchspersonen durchgängig und in zahllosen Variationen ausgesagt, daß der in jenen Videos gezeigten gegenständlichen Welt so ziemlich alles abgehe, worin sich alltäglicher Gebrauch und gewöhnliches Leben manifestieren würden: Alles wäre hier wie neu, und im Unterschied zur Wirklichkeit stoße man hier niemals auf Staub oder Flusen, auf stumpfe Stellen oder irgendwelche Verschmutzungen. Nichts sei kaputt, zeige irgendwelche Mängel, wie etwa angestoßene Kanten oder abgeblätterte Farbe; nirgends zeigen sich

Spuren von Verschleiß oder Benutzung wie etwa Schweiß- oder Fußabdrücke oder sonstige Unregelmäßigkeiten. Den Dingen würde vollständig das gewöhnliche Durcheinander beziehungsweise alles Zufällige im Nebeneinander fehlen; man vermisse hier die Unübersichtlichkeiten und Unklarheiten, wie sie sich ansonsten in der Wirklichkeit durch die gegenseitigen Verdeckungen der Dinge und ihre entfernte Lage ergäben.

In Aussagen wie diesen wird die Unwirklichkeit der wahrgenommenen Welt also daran festgemacht, daß sich in ihr einiges nicht zeigt, von dessen Gegebensein aber erfahrungsgemäß in jeglicher Wirklichkeit auszugehen sei. In den weitaus überwiegenden Aussagen wird hingegen argumentiert, daß die hier wahrgenommene Welt einiges aufweise, woran es der Wirklichkeit ansonsten eher mangele, wovon sich aber in dieser Welt so viel – nämlich zuviel – zeige, als daß sie ›die wirkliche‹ sein könnte. So sei etwa in ihr alles zu glatt und perfekt, zu regelmäßig und sauber; die Dinge paßten zu harmonisch zueinander, und ihre Oberflächen seien – wie überhaupt alles – zu homogen, glänzten und strahlten zu makellos. Es stehe alles viel zu scharfgestochen und mit zu eindeutigen Konturen, zu klar voneinander abgesetzt und wie gerade aufgeräumt, wie arrangiert im Raum.

Überblickt man die eben zitierten, möglichst nah am Wortlaut zusammengefaßten Aussagen der Probanden, so drängt sich der Eindruck auf, daß die in den Videofilmen gezeigte Welt in dem Maße nicht als die ›wirkliche‹ erfahren wird, wie sie spezifische Defizite und Störungen nicht aufweist, die erklärtermaßen als in der Natur der Wirklichkeit liegend und als für sie typisch angesehen werden. Es sind ganz offensichtlich gewisse minimale und gewöhnliche Mängel des Wahrgenommenen, worin sich für die Probanden in (erfahrungs-) kategorialer Weise dessen Wirklichkeit begründet.

Dieses Moment des Imperfekten, das einer visuellen Welt erst erfahrungsrelativ Wirklichkeit gibt, scheint auf den ersten Blick eine Sache ihrer gegenständlichen Details zu sein. – Aber meine These ist, daß die zitierten, sich an den konkreten Einzelheiten des Wahrgenommenen festmachenden Aussagen darüber, daß diese Welt zu perfekt und ideal sei, um die wirkliche sein zu können, nicht diese gegenständlichen Details selbst meinen; daß diese Aussagen vielmehr zu lesen sind als anekdotische Umschreibungen einer strukturellen phänomenalen Qualität, die dieser künstlichen Welt erlebtermaßen völlig abgeht, und in der man gewissermaßen ein primäres Attribut, ein Paradigma des erfahrungsrelativ Wirklichen zu erkennen hat: Dieser Welt fehlt das Ungefähre also jenes Moment des nie ganz Reinen oder Klaren, nie ganz Regelmäßigen und nie ganz Vollständigen, welches der Wirklichkeit erfahrungsgemäß in ihren Erscheinungen anhaftet. Sei dies aufgrund von Bedingungen ihrer materialen Beschaffenheit selbst und durch Alterung und Benutzung, oder sei es aufgrund der situationsspezifischen Bedingungen ihrer Wahrnehmung, also etwa (um nur von der visuellen Wahrnehmung zu reden) bedingt durch Verdeckungen, Schatten und Unschärfen, wie sie sich aus den jeweils gegebenen Verhältnissen der Perspektive, des Lichtes oder der Atmosphäre ergeben.

Indem die Versuchspersonen das Künstliche der in den Videofilmen gezeigten Welt darin erwiesen sahen, daß in ihr alles zu klar, gleichmäßig und sauber aussehe, konstatierten sie also – so gesehen – nichts anderes, als daß diese Welt nichts oder zuwenig des ›Ungefähren‹ aufwies und sie damit dieses Paradigma des erfahrungsrelativ Wirklichen nicht erfüllte.

Aber es wäre zu fragen, ob das, was als Unterschied zwischen zwei Welten – der ›wirklichen‹ einerseits und einer ›künstlichen‹ wie in den Videofilmen andererseits – von den Versuchspersonen ausgemacht und bevorzugt am Wahrgenommenen spezifiziert wird, womöglich nicht so sehr einen solchen Unterschied im Wahrgenommenen meint, als vielmehr einen in der Wahrnehmung beziehungsweise in der Wahrnehmungstätigkeit selbst.

Einmal unterstellt, es sei dem so, daß alles Wirkliche nie und prinzipiell nicht ohne das besagte Moment des ›Ungefähren‹ in unserer Wahrnehmung gegeben ist, dann wäre es naheliegend, in eben der Auflösung dieses ›Ungefähren‹ einen zentralen Aspekt jeglicher Wahrnehmungstätigkeit zu erkennen. Was ja keineswegs neu wäre, sondern durchaus dem entsprechen würde, was die Gestalttheorie unter dem Begriff der Prägnanztendenz als allgemeine Funktion der Wahrnehmung beschrieben hat. Und im Lichte dieser Theorie ergibt sich nun eine völlig andere Sicht auf die hier behandelten Zusammenhänge.

Nur in aller Kürze resümiert, ist für die Gestalttheorie kennzeichnend, daß sie die Ordnung der Wahrnehmung verstand als eine in der Wahrnehmung organisierte und nicht etwa schon im Wahrnehmungsgegenständlichen beziehungsweise in den Reizen gegebene.[1] Im weiteren ist kennzeichnend für die Gestalttheorie, daß sich ihr der Prozeß, in dem sich die Wahrnehmung gemäß gestaltlogischer Gesetzmäßigkeiten (Faktoren) organisiert, als ein Prozeß darstellt, in dem das reizobjektive Material der Wahrnehmung eine auf die Bildung prägnanter Gestalten abzielende Bearbeitung erfährt im Sinne seiner Verregelmäßigung, Homogenisierung, Komplettierung und so weiter.[2]

Im Lichte dieser Aussagen der Gestalttheorie lassen sich nun die einzelnen von ihr benannten, in der Tendenz zur Prägnanz konvergierenden Faktoren ohne weiteres als spezifische Techniken dessen verstehen, was weiter oben als die Auflösung des ›Ungefähren‹ in der Wahrnehmung beschrieben und als eine zentrale Funktion jeglicher Wahrnehmungstätigkeit angenommen wurde. Und so gesehen erhalten denn auch die zitierten Aussagen der Versuchspersonen über die in den Videofilmen gezeigte Welt als zu sauber, zu perfekt und so weiter einen spezifischeren Sinn. In diesen

1 So ist etwa in dem sogenannten Gesetz der Nähe mit ›Nähe‹ nicht eine metrisch objektivierbare Eigenschaft, ein Datum des Wahrgenommenen, gemeint, sondern ein Verhältnis im Blick, welches sich beispielsweise aufgrund einer perspektivischen Verkürzung ergeben kann.

2 In der einfachsten Weise wurde diese Prägnanztendenz experimentell demonstriert, indem man Versuchspersonen in tachistoskopischer Projektion nicht ganz geschlossene Kreise oder aber Winkel von nicht genau 90 Grad präsentierte: In dieser durch die kurzzeitige Exposition bedingten labilen Wahrnehmungssituation werden sie von den Versuchspersonen regelmäßig als geschlossene Kreise oder als rechte Winkel realisiert.

3 Etwa jene Gradienten, wie sie von Gibson in seiner Wahrnehmungstheorie beschrieben werden. Vgl. Gibson, James J.: *Die Wahrnehmung der visuellen Welt*, Weinheim 1973.

und anderen in der Tendenz ähnlichen Aussagen wird gewissermaßen – um es verkürzt zu sagen – das Leerlaufen der Prägnanztendenz zum Ereignis: Das vollständige Fehlen des ›Ungefähren‹, um das die Aussagen über die in den Videofilmen gezeigte Welt kreisen, wird jetzt lesbar als Bild der Erfahrung, daß im Falle dieser visuell gegebenen Welt das in ihr Gegenständliche selbst schon reiz-objektiv alles das als Eigenschaft aufweist, was ihm ansonsten erst in der Wahrnehmung, durch seine wahrnehmungsmäßige Organisation, vermittelt wird: Eindeutigkeit, Regelmäßigkeit et cetera.

Und auch jenes ›Zuviel‹, welches die Probanden auf der Ebene des Wahrnehmungsgegenständlichen – zu gleichmäßige Oberflächen, zu klare Kanten und so weiter – beschrieben, um das Künstliche der Welt in den Videofilmen nachzuweisen, wird jetzt lesbar als realiter ein Defizit in der Wahrnehmungstätigkeit – namentlich ihrer Prägnanz schaffenden Funktionen.

Bedenkt man nun, daß in jenem ›Ungefähren‹, an dem die auf Prägnanz abzielenden Funktionen der Wahrnehmung wirksam werden, zugleich auch das Paradigma der Erfahrung eines visuell Wahrgenommenen als eines ›Wirklichen‹ lag (wie denn auch die Künstlichkeit der in den Videofilmen gezeigten Welt an eben diesem ihrem Mangel an ›Ungefährem‹ festgemacht wurde), dann legt sich hier ein einigermaßen überraschender Schluß nahe: Ein visuell Wahrgenommenes wird offensichtlich nur insoweit als ›wirklich‹ realisiert, wie an ihm eine der Wahrnehmung inhärente Tendenz wirksam werden konnte. – Es wird ein Wahrgenommenes in dem Maße als ein auch in Wirklichkeit Gegebenes realisiert, wie es in der Wahrnehmung gemäß einer ihr eigenen Ordnung organisiert – gestaltet – wurde. (Was umgekehrt hieße, daß in dem Maße, wie das Wahrgenommene in seinem reiz-objektiven Gegebensein schon selbst jene der Wahrnehmung inhärenten Ordnungskriterien erfüllt, es als nicht-wirklich, als ›künstlich‹ erfahren wird.)

Der Schluß geht also, um das Gesagte zusammenfassend zu verallgemeinern, dahin, daß die ›Wirklichkeit‹ der visuellen Welt nicht in ihr liegt, sondern in der Ordnung ihrer Wahrnehmung.

Man kann nun in dieser Ordnung sehr wohl auch andere als die von der Gestalttheorie benannten Prinzipien wirksam sehen[3], aber insoweit auch sie – nicht anders als diese – allein formaler Natur sind (sein können), ließe sich hier als ein Paradox der visuellen Wahrnehmung formulieren, daß in ihr nur das als wirklich gegeben realisiert wird, was in ihrem Prozeß formal organisiert wurde: So gesehen wäre ›die Wirklichkeit‹ (beziehungsweise das als solche Vermeinte) nichts anderes als ein spezifischer Formalismus (in) der Wahrnehmung der Welt – ein Kunstgriff im Ungefähren.

Und so wäre – um es auf eine plakative Formel zu bringen – das, was wir in unserer visuellen Wahrnehmung als das ›in Wirklichkeit Gegebene‹ realisieren, also notwendig ein in der Wahrnehmung Fabriziertes.

Auf diesem Hintergrund verraten denn auch die Ängste und Euphorien, welche die Diskussionen um Virtuel reality und Cyberspace prägen, eine ziemliche

Unaufgeklärtheit, was die Wirklichkeit und ihre Wahrnehmung betrifft. Die Möglichkeit, mit Hilfe (unter anderem) der ABE eine virtuelle Realität oder sogenannte künstliche Welten erzeugen zu können, kann nur in dem Maße Grauen erregen oder den exquisiten Schauer des Futurologischen verbreiten, wie da eine sehr alte und ganz ordinäre Illusion ungebrochen ist, nämlich der Glaube an das Gegebensein des (doch bloß) Wahrgenommenen, an das So-Gegebensein dessen, was wir so gegeben wahrnehmen. Mit anderen Worten, es wird etwas an den Bildwelten der ABE festgemacht als unerhört Neues und für sie Spezifisches, was realiter immer schon so war und an dessen Einsicht nur jener Glaube, jene Illusion hinderte: daß die Realität des Wahrgenommenen eine in der Wahrnehmung organisierte und nicht eine außerhalb von ihr gegebene ist.

David Dunn

# Die elektronischen Theater des Woody Vasulka

Die Arbeiten von Steina und Woody Vasulka haben die Videokunst insgesamt seit langem nachhaltig beeinflußt, aber die Vasulkas selbst wahrten immer eine Zurückhaltung gegenüber all jenen Moden, die in jüngster Zeit dieses Genre bestimmen. Vielleicht, weil ihre künstlerische Arbeit im kulturellen Klima der 60er Jahre begann, haben sie stets die Technologie und die elektronischen Medien als ›kulturelle Umwelten‹ untersucht, die – ob gut oder schlecht – nicht nur eine neue visuelle Ontologie hervorbringen, sondern vor allem ein Potential für die Erforschung der Wahrnehmung darstellen. Das gesamte Werk ist auf die eine oder andere Weise einem fundamentalen Ziel verpflichtet: der Befragung der wahren Eigenschaften der Maschine als kultureller Code und die durch sie entstehenden verborgenen und/oder offenkundigen Wahrnehmungsveränderungen.

Wie die von den Vasulkas zusammengestellte Retrospektive der frühen Video-kunst und -technologie (*Eigenwelt der Apparatewelt*, Ars Electronica, 1992) ausführlich belegt, stellte die gleichzeitige Entstehung von Videokunst und Halbleiter-Elektronik während der späten 60er Jahre ein einmaliges historisches ›Fenster‹ dar: Künstler und Techniker waren untrennbar, sie nahmen an einem gemeinsamen Dialog teil, aus dem heraus sich die Systemidentitäten der Maschine und des Kunstprodukts in Form und Funktion geradezu beispiellos vereinigten. Rückschauend wird klar, warum diese Gelegenheit der künstlerischen Einflußnahme auf technologische Neuerungen schnell wieder verging. In weniger als einem Jahrzehnt hatten kommerzielle Kräfte den Künstler/Techniker durch die vorherrschende kulturelle Tagesordnung verdrängt. Künstlerische Innovation wurde umgepolt, um den Bedarf der populären Film- und Fernsehindustrie zu decken. Diese Situation hat sich mit der Digitalisierung der Medien noch verschärft. Technische Neuerung ist heute gleichbedeutend mit kommerziell motivierten Verbesserungen größtenteils klischeehafter und traditioneller Bildproduktionen, während der innovative Künstler vergeblich Wege ersinnt, wie er das Design des digitalen Codes beeinflussen kann.

Daß die künstlerische Beteiligung an der Gestaltung von Medienwerkzeugen an Bedeutung verloren hat – damit beschäftigt sich Woody Vasulka gegenwärtig. Ist jene Ästhetikforschung, wie Vasulka sie über 20 Jahre lang betrieb, noch möglich oder überhaupt relevant? Die Installationen sind ein Versuch, diese Frage zu thematisieren und sie darüber hinaus im Zusammenhang der zeitgenössischen wie auch der jüngeren historischen Schauplätze der Maschine als kulturellem Code zu erforschen. In seinen früheren Arbeiten konnte Woody Vasulka die elektronische Rekonstruktion archaischer Wahrnehmung mit einer quasi naiven Begeisterung

**147**

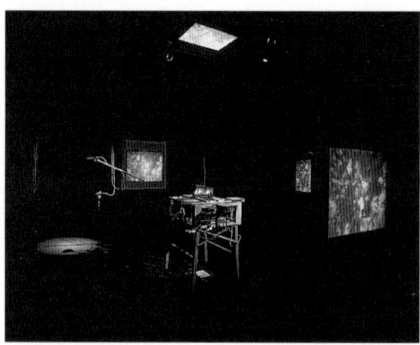 

Abb. 1: Woody Vasulka: *Brotherhood-Table III*, 1994. Installation in der Kunst- und Ausstellungshalle der Bundesrepublik Deutschland, Bonn 1994

Abb. 2: Woody Vasulka: *Brotherhood-Table III*, Justierung der pneumatischen Steuerung

analysieren, verstärkt durch den unmittelbar gegebenen kulturellen Kontext: den Glauben an die Erweiterung menschlicher Wahrnehmung durch ein technologisches Strategem. In seiner aktuellen Arbeit entsteht ein dichteres Bezugssystem. Die didaktische Reinheit der Maschine als generative Quelle wird nun durch die Maschine als ›environment‹ problematischer semiotischer Codes ersetzt, die die Selbstkritik in ihre sensorische Umhüllung projizieren.

In beiden Installationen bildet eine radikale philosophische Streitfrage die Grundstruktur, die ein System oft gegensätzlicher Bezugspunkte in sich birgt. Die Kernfrage in *The Theater of Hybrid Automata* ist die nach einem physischen Wesen im Licht seiner virtuellen Repräsentation. Weder steuert das Roboter-Auge durch eine platonische Welt der idealen Form, wo die Empfindung als reine, nicht-körperliche, im numerischen Code eingeschriebene Bezeichnung frei von der Materie schwebt, noch ist es aristotelisch begründet, wo die Sprache lediglich ihr Begehren auf eine unvollkommene Welt projiziert und reflektiert: Das Roboter-Auge steuert durch ein Fegefeuer numerischer Koordinaten, um einem Umfeld der Kontrollsysteme standzuhalten – eine Tautologie des Selbstreferentiellen, die nur nebelhaft des eindringenden Zuschauers gewahr wird. Es ist nicht die Ausstellung eines elektronischen Theaters, sondern der Traum eines elektronischen Theaters, das die Schattenseiten einer kybernetisch gesteuerten Umwelt parodiert. Mit der unheimlichen Effizienz eines hochtechnisierten Bürogebäudes nach Feierabend werden die Zyklen automatischer Verhaltensmuster wiederholt, ohne die Gegenwart von Menschen, aber in Erwartung der Geburt einer unbekannten Form dramatischer Handlung als Absolution.

Auch *Brotherhood* untersucht diesen Konflikt zwischen Materie und ihrer Darstellung in einem historischen Rahmen: die Verknüpfung männlicher Gewalt mit Technologie. Einerseits wird dieses Thema in der Wahl des skulpturalen Rahmenmaterials offenkundig, das den Panzer bildet, in dem und auf dem die Medienhandlung sich entfaltet (*Case and Rack Assembly Bomb Navigational Surplus* aus den Los Alamos National Laboratories). Andererseits ist es auch als eingebetteter Inhalt anwesend: Phallische pneumatische Kolben steuern die Enthüllung von Schaltbildern, wie sie zur Herstellung von Atomwaffen gebraucht werden. Begleitet wird das Geschehen von Geräuschen des industriellen Produktionsprozesses als rituelle Opferung, Funkmeldungen von Kriegstodesopfern durch versehentlichen Beschuß aus den eigenen Reihen und stillen Explosionen im animierten Raum als Ziel für virtuelle Geschosse. All diese Referenzen offenbaren die männliche Idee des destruktiven Maschinen-Potentials und zeigen die darunter liegende archetypische Psyche ohne manifestes Grauen oder Jubeln. Es ist die Evokation einer unsichtbaren Absicht, als ob dieses Gerät ein Machtobjekt sei, das von den Geistern seiner generativen Mentalitäten umschwebt wird.

In beiden Installationen wird die heute modische Interaktivität zwischen Zuschauer und Maschine nur subtil angedeutet. Das Publikum wird nicht einfach aufgefordert, den Ablauf wie bei einem Videospiel zu steuern, um damit ein vorher ausgedachtes Ritual der Pseudointeraktivität auszuagieren. Das ›environment‹ bleibt statt dessen autonom, die Störung des ›Dramas‹ durch einen Eindringling lediglich im Bereich des Möglichen – und dies evoziert eine spezifische Interaktion: autonome Welten, die ihre Abgeschlossenheit durch die aus sich selbst hervorgebrachte Sprache definieren. Und dies zwingt den Zuschauer, sich im Dunkel des eigentlichen kulturellen Maschinen-Codes zurechtzufinden.

*Aus dem Englischen von Judith Rosenthal*

Abb. 3: Woody Vasulka: *Theater of Hybrid Automata*, 1992–1994. Installation in der Kunst- und Ausstellungshalle der Bundesrepublik Deutschland, Bonn 1994

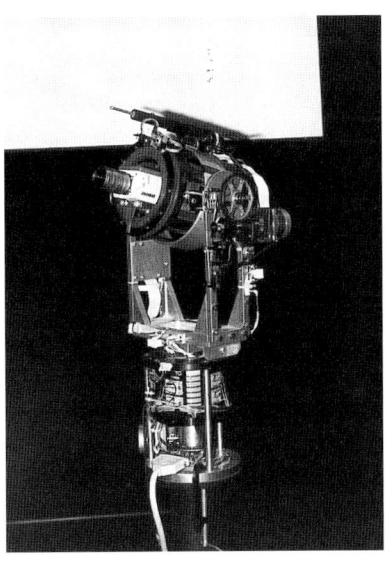

Abb. 4: Woody Vasulka: *Theater of Hybrid Automata*, interaktiver Robot-Kamerakopf

# Res Ingold

## Ingold Airlines

*Dieser Vortrag wurde von Res Ingold anläßlich eines Kongresses in Bonn gehalten.*

Abb. 2: Bazon Brock hatte Probleme mit der Flugverbindung nach Bonn

Abb. 1: Im Forum warten die Zuhörer auf den Referenten Bazon Brock

Abb. 3: Res Ingold konnte kurzfristig einspringen, da er Besitzer einer eigenen Fluglinie ist

Der Fall ist klar, sehr verehrte Damen und Herren: Bazon Brock hat bei der falschen Airline gebucht. Sonst wäre er nämlich jetzt hier und nicht ich an seiner Stelle als Vertreter der Fluggesellschaft, die ihm das ermöglichen könnte. Da er jedoch auf den falschen Carrier gesetzt hat, ist es ihm nun auch nicht möglich, meine Ausführungen zu verfolgen und die nötigen Schlüsse daraus zu ziehen. Wer weiß, was das noch für Folgen hat, und welche anderen Termine er dadurch ebenfalls nicht wahrnehmen kann.

Machen wir uns nichts vor – noch befindet er sich in München und hofft darauf, sein Flugzeug zu erwischen. Ob er seinen Auftritt heute nachmittag hier in Bonn wird wahrnehmen können, hängt von einer Reihe nicht zu unterschätzender

Nebensächlichkeiten ab, mal ganz abgesehen davon, ob der Flug überhaupt planmäßig wird stattfinden können. Es braucht nur einen kleinen Triebwerkschaden, der behoben werden muß. Oder eine Bombendrohung, vom Wetter will ich gar nicht sprechen. Flugpläne sind im allgemeinen Wunschlisten, mit Abweichungen muß grundsätzlich gerechnet werden.

Aber er sitzt noch lange nicht im Flugzeug. Die Anfahrt zum neuen Münchner Flughafen ist das reinste Glücksspiel, und nur wer wirklich großzügige Vorlaufzeiten kalkuliert, hat später nicht an der hochkommenden Galle zu würgen, wenn er zusehen muß, wie sein Flugzeug gerade ohne ihn in den Himmel steigt. Es ist leider kein Scherz, aber der Flughafen Köln/Bonn ist nicht ans Schienennetz angebunden, so wie eine ganze Reihe europäischer Airports vergleichbarer Kategorie. Auch wenn das Flugzeug planmäßig in Wahn landen sollte, ist noch lange nicht gesagt, daß der Passagier anschließend per Bus oder Taxi sein Reiseziel ohne Umschweife erreichen kann – zumal ein Taxifahrer aus dem Rheinland auf Ermahnungen zur Eile hin gern einen weiteren Umweg einschlägt.

Aber eine Verhinderung Bazon Brocks kann auch ganz andere naheliegende Gründe haben. Er wäre nicht der erste, dem nach dem Flug mit einem unserer Konkurrenten dermaßen schlecht wird, daß er sich für zwei Tage zur Erholung ins Bett legen muß.

Ich will nicht den Teufel an die Wand malen und hoffe natürlich genau wie Sie, daß er Glück hat mit seiner Reise und den gebuchten Platz im Flugzeug erwischt, den Weg hierher findet und uns etwas Schlaues erzählt. Bloß, er hätte es viel leichter, wenn er mit der richtigen Fluggesellschaft reisen würde. Mit einer, die den Personal service so auf seine individuellen Bedürfnisse abstimmt, daß er sich um Begleiterscheinungen wie die erwähnten und andere nicht zu kümmern braucht und trotzdem immer und überall pünktlich und glücklich ist.

Lassen Sie mich Ihnen einen kurzen Bericht zeigen, den das deutsche Fernsehen vor ein paar Jahren über *Ingold Airlines* gebracht hat. Die sprichwörtliche Flexibilität im Servicebereich kommt darin ebenso zur Darstellung wie das eher unkonventionelle Management im technischen Sektor. Hinweisen möchte ich auch auf die seit Jahren praktizierte Strategie der diversifizierten Netzpläne mit einem eindeutigen Schwerpunkt auf peripheren Erschließungen.

Zugegeben, es gibt auffallend mehr *Lufthansa* Terminals als solche von *Ingold Airlines*. Doch dieser quantitative Unterschied ist für den Connaisseur unerheblich, denn er weiß, daß die Qualität der tatsächlich erbrachten Dienstleistungen nicht von der Größe des Unternehmens abhängt, sondern vom Personal, von dessen Motivation und Freundlichkeit, mit den unterschiedlichsten Charakteren so umgehen zu können, daß sich die manchmal nicht ganz unkomplizierten Gäste wohl fühlen. Bereits im Geschäftsbericht des Jahres 1986 werden über den – ich zitiere – »diskreten Charme des Personals« Dinge geäußert, die auch Bazon Brock überzeugen dürften. Nämlich: »Die Personalzuweisung erfolgt schließlich automatisch über ein audiovisuelles Persönlichkeitsvergleich-Programm, was den Vorteil hat, daß der

Passagier in jedem Fall von Angestellten bedient wird, die ihm sympathisch sind oder die er sogar zu kennen meint, so daß die Geschäftsabwicklung erheblich einfacher wird.« Wäre ihm dieses Handling bekannt, würde ihn auch nicht die Suche nach einer *Ingold Airlines* Filiale abschrecken, wo er wie bei TUI, Atlas oder anderen einen Flug buchen könnte. So wie ich ihn einschätze, würde er bei uns sowieso den VIP-Service beanspruchen. Also könnte er mit seinem ›Vitch‹ bequem zu Hause, aus seinem Büro oder von wo auch immer alles Nötige in Gang setzen.

Natürlich kann man auch in einem Reisebüro ein Ticket erwerben, aber wieso sollte man die Verkaufsfront immobil plazieren, wenn es anders viel besser und kostengünstiger geht? Wohl verzichten wir durch diese Strategie der unauffälligen Präsenz zugunsten eines optimierten Kommunikationssystems auf ein erhebliches Potential an Laufkundschaft – doch ist unsere Stärke ja bekanntlich auch nicht der Urlaubssektor.

Die Haltung, von der Norm abzuweichen, wenn es die Geschäftsperspektiven erfordern, also einen eigenen Weg zu gehen, ist bei *Ingold Airlines* nicht neu, sondern beruht auf einer jetzt schon bald 40jährigen Tradition. Mein Onkel, der Seniorchef Hans Ingold, bestand von jeher darauf, mit seinem Business für die Kunden da zu sein und nicht umgekehrt. Ihm wäre es selbst im Traum nicht in den Sinn gekommen, Bazon Brock auf einen späteren Flug zu legen, wenn dieser einen Termin um 10.15 h in der Bundeskunsthalle in Bonn hat. Schließlich bezahlt der Passagier ja nicht wenig Geld für den Flug, und das soll es ihm auch wert sein. Und es muß klar sein: Für dieses Geld hat er Anspruch auf ein entsprechendes Handling.

Was ist das für ein Mann, dieser Hans Ingold, mögen Sie sich fragen. Es gibt ein schönes, kurzes Portrait über meinen publizitäts- und kamerascheuen Boß, das etwa ein Jahr vor seinem Tod gemacht wurde und seither rund um die Welt an den Orten unseres Engagements gezeigt und ausgestrahlt wurde. Einige von Ihnen kannten den Seniorchef von *Ingold Airlines* bestimmt auch persönlich. Auf diesem Background basiert das bereits sprichwörtliche Know-how von *Ingold Airlines*. Und es muß hier einmal gesagt werden: Es ist auch unsere einzige Chance im hart umkämpften Wettbewerb der Zivilluftfahrt. Beim großen Fressen der Megacarrier sind wir die Spatzen, welche die paar Brosamen aufpicken, die vom Tisch fallen – und um im Bild zu bleiben: dafür sind wir gewitzt, flexibel, widerstandsfähig und überhaupt nicht mehr vom Himmel wegzudenken.

Hätte Bazon Brock bei *Ingold Airlines* gebucht, wäre sein Tag ganz anders verlaufen. Den Termin in Bonn kannte er ja bereits etwas länger, also hätte er oder sein Büro sich auch schon etwas früher um eine Reservierung bemüht. Als Non-Frequent-Flyer bei *Ingold Airlines* hätte man ihm, wie schon erwähnt, angesichts seines Jobs wahrscheinlich direkt den zwar nicht billigen, aber letztendlich ökonomisch weitaus interessanteren VIP-Service angeboten. Die Basisleistung dabei umfaßt selbstverständlich den Flug und den Airport-Transfer mit dem ›Liftax‹ – Sie sehen, er wäre in München also zur richtigen Zeit abgeholt worden und müßte sich jetzt nicht selbst um Pünktlichkeit kümmern. Darüberhinaus hätte er während des

Abb. 4: Der internationale Verkehrsflughafen Köln/Bonn ist nicht an das Schienennetz angebunden

Abb. 5: Tradition verpflichtet – *Ingold Airlines* steht für Sicherheit, Kompetenz und Flexibilität

Fluges natürlich zusätzlich die Möglichkeit gehabt, aus einer ganzen Reihe von Diensten diejenigen in Anspruch zu nehmen, die ihm in seinem speziellen Fall von Nutzen wären. Zum Beispiel unseren ET, ›editorial Tracing‹, ein hochspezialisiertes Vergleichs- und Korrekturprogramm. Er hätte die Diskette mit seinem Vortrag einschieben, den Flug entspannt bei einem delikaten Catering genießen und vielleicht stichprobenweise auf dem Kabinenbildschirm überprüfen können, wie der ET inhaltliche oder stilistische Unebenheiten ausgleicht, ohne die unverwechselbare persönliche Note des Autors zu verfälschen.

INGOLD AIRLINES

Abb. 6: »Motola« – ein äußerst effektiver Ergänzungsservice vor und nach dem Flug

Der VIP-Service von *Ingold Airlines* leistet jedoch bedeutend mehr. Letztendlich beinhaltet er ein kontinuierliches Zeitmanagement. Natürlich geht uns das Privatleben unserer Kunden nichts an, jedoch bemühen wir uns, ihnen soviel wie möglich davon zu schenken, indem wir von Fall zu Fall die Bewegungswünsche kritisch analysieren und gegebenenfalls aktiv Terminplanänderungen vorschlagen. Es gibt eine Reihe von Kunden, die ihre Dates regelmäßig von unserem Beraterteam prüfen läßt und zugunsten eines angemessenen Termin- und Reiseprogramms auf die eine oder andere Vorsprache verzichtet. Oft gelingt es unseren Mitarbeiterinnen und Mitarbeitern aber auch, Veranstaltungen zeitlich zugunsten eines fließenden Terminkalenders des Kunden zu verschieben. Nichts ist unmöglich, es kommt immer auf die Argumente an. Und man weiß ja: c'est le ton qui fait la musique.

Eine individuelle Beratung und Betreuung hätte auch Herr Brock erfahren können. Womöglich wäre ihm dann der Münchner Termin erspart geblieben, und er hätte schön gemütlich zu Hause frühstücken können, bis er von der ›Motols-Crew‹ abgeholt und hierher gebracht worden wäre. ›Mobile take-off and landing-system‹ – eine Einrichtung von *Ingold Airlines*, die weit über den üblichen Taxidienst hinausgeht. Ursprünglich als Zubringersystem in fliegerisch weniger erschlossenen Gebieten konzipiert, hat sich die Nachfrage in letzter Zeit immer mehr auf Großstädte mit überlasteten Verkehrssystemen verlagert.

Ein typischer ›Motols‹-Einsatz: Neulich wollte einer unserer Kunden auf dem Kölner Kunstmarkt ein Bild kaufen. Der Händler bestand – aus welchen Gründen auch immer – auf Barbezahlung. Verständlich, daß unser Kunde mit dem Geld nur ungern durch die dichtgedrängten Massen im Bahnhof und dann über die Messe gehen wollte. Zudem wollte er das kostbare Werk natürlich direkt mitnehmen, was auch ein nicht ganz ungefährliches Vorhaben darstellte. Wieso sollte er aber als guter *Ingold Airlines* Kunde auch derartige Risiken eingehen, wenn ihm das ›mobile take-off and landing-system‹ zur Verfügung steht?

Meine Damen und Herren, falls Bazon Brock heute doch noch hier auftauchen sollte, teilen Sie ihm mit, was Sie erfahren haben, und seien Sie versichert, daß auch Ihnen die Dienste unserer Fluggesellschaft ab sofort jederzeit zur Verfügung stehen und Ihnen bestimmt nicht schlecht bekommen werden. Wenden Sie sich direkt an eine unserer Niederlassungen, oder lassen Sie sich einen Kontakt über ein anderes IATA Reisebüro vermitteln.

Abb. 7: Der Seniorchef von *Ingold Airlines*
Hans Ingold (1920–1992)

# Norbert Bolz

## Design des Immateriellen

»Haven't you realized that only appearances matter? What else is there when the underneath is rotten? Break the surface and we sink. I'm a great believer in hypocrisy. It's the nearest we ever get to virtue. I serve the appearance of things.«     John le Carré, »A Small Town in Germany«

Menschen sind bildbedürftig, ja bildersüchtig, weil sie Welt überhaupt nicht anders haben können als in Projektionen. Das produktive Moment des Denkens ist ein Bilderleben aus Antizipationen, Entwürfen und Erinnerungen – ein Spiel mit Ähnlichkeiten und Kontrasten. Denken kann demnach als ein Prozeß der Selektion aus den Bilderreihen im Gehirn begriffen werden.

Man weiß heute: Wahrnehmen ist eine Art Scanning, das nicht Weltdinge präsentiert, sondern Beziehungen prüft und auf der Grundlage dieser Prüfung Bilder im Weltinnenraum des Gehirns errechnet. Die Erregungszustände der Nervenzellen codieren nicht das Wesen des erregenden Weltdings, sondern allein seine Intensität. Alles andere sind Eigenrechnungen des Gehirns. Es entwirft ein wahrscheinliches Bild von einer minimal abgetasteten Umwelt. Wie im Computer findet in Wahrnehmungsprozessen also eine digitale Symbolmanipulation statt; deshalb wäre es sinnvoller, von Inszenierung statt von Abbildung zu sprechen.

Die Wahrnehmung hat also nichts mit der Wahrheit der Welt zu tun. Wenn wir Welt wahrnehmen, machen wir sie uns so zurecht, daß wir mit unseren Wünschen und Plänen in sie hineinpassen, nicht anecken. Entsprechend heißt Bildung: sich die Hörner abstoßen. Die erfolgreiche Wahrnehmung ist eine Konstruktion, von der man lediglich sagen kann: Die Welt hat nichts dagegen! Die Naturwissenschaftler des 20. Jahrhunderts haben uns mit der Einsicht geschockt, die physikalische Realität sei nichts als eine Zeigerablesung. Diesen Schock müssen wir heute routinisieren: Auch die alltägliche Wahrnehmung ist nichts als eine Ablesung an den Displays des ›Weltinnenraums‹. Nur ganz wenig Licht dringt aus der Außenwelt in die Black box des Gehirns; es ist auf Instrumentenflug eingestellt.

Historische Anthropologie und radikaler Konstruktivismus sind sich in einem wesentlichen Punkt einig: Es genügt nicht, Augen und Ohren zu haben, um hören und sehen zu können. Wichtiger sind das Gehirn und die Geschichte. Sinnesdaten treten zunächst einmal nur als Störungen eines sich selbst organisierenden Wahrnehmungssystems auf. Wer etwas hört, nimmt nicht einfach Sinnesdaten durch das Ohr auf, sondern setzt ein komplexes Rückkopplungssystem zwischen Ohr und Gehirn in Gang. Und Sehen ist die Berechnung von Gestalten in biologischer Hardware. Man kann deshalb nicht in sich sehen, wie Sehen funktioniert – Bildverstehen ist eine Black box. Da kann natürlich nicht mehr von Abbildung einer Außenwelt die Rede sein – Mimesis gibt es nicht.

Wir haben also gelernt: Das rohe Auge ist blind, nur Leute können sehen. Das rohe Ohr ist taub, unser Gehör steht in Feedbackbeziehungen zum Gehirn. Viel wichtiger als die natürlichen Sinne sind die »gesellschaftlichen Organe« (Marx), viel wichtiger als der sensorische Input sind die Errechnungen im Gehirn. Doch hier fehlt noch ein Zwischenglied, das Weltinnenraum und Kulturgeschichte vermittelt – die Medien.

Ich definiere ein technisches Medium als historisches Apriori der Sinneswahrnehmung. Medien funktionieren als Schematismen. Sie sind zwischen die Außenwelt und den Bildschirm des Bewußtseins geschaltet. Ein Wort Walter Benjamins aufgreifend, könnte man geradezu von Mediendarwinismus sprechen; weit über das an Ort und Stelle Gemeinte hinaus hat Benjamins Formel von der »Auslese vor der Apparatur« Gewicht.

Technische Medien programmieren die Sinnlichkeit. Man kann, zumindest unter Bedingungen der elektrifizierten Moderne, die Leistung der technischen Medien von der Leistung der Sinne nicht mehr abtrennen; sie stehen in synergetischen Beziehungen. Das wird heute von Begriffen wie Interface, Schnittstelle und Benutzeroberfläche signalisiert. Daß die Apparaturen der neuen Medien in die Realität eindringen, ›ist‹ unsere Realität. Daraus können wir, bevor dies zur Selbstverständlichkeit wird, etwas Entscheidendes lernen. Man kann nämlich sagen: Die Penetranz der neuen Medien macht uns heute aufmerksam auf die Medialität der Sinne selbst. Die Doppelkonjunktur von Radikalem Konstruktivismus und Virtual Reality ist also ganz folgerichtig.

2 500 Jahre abendländische Kulturgeschichte und nur eine Wirklichkeit? Das genügt uns heute nicht mehr. Die Pointe dabei ist: Wer wirklich etwas erleben will, sucht dieses Erlebnis eben nicht mehr in der empirischen, sondern in der virtuellen Realität; sie ist formbar und weniger störanfällig. Und wer tief fühlen will, geht ins Kino. Die Kinder der Popkultur wissen heute, daß die Gefühle der Liebe und des Hasses in der Kinohöhle echter sind als im eigenen Schlafzimmer. Kino und Erlebniskonsum tauchen uns in eine Welt der virtuellen Ereignisse – alles andere, nämlich das Reale, ist zu gefährlich. Postmoderne Werbung ist objektlose Erregung! Wenn ein durchschnittliches amerikanisches Kind 18 Jahre alt wird, hat es 350 000 Werbespots gesehen.

Reizspiele auf Oberflächen befriedigen die moderne, stets von Langeweile umlagerte Begierde nach Neuem. Schon Polybios wußte, daß man Aufmerksamkeit am besten durch bunt wechselnde Bilder fesseln kann. Von bloß kaleidoskopischer Buntheit unterscheiden sich die bewegten technischen Bilder dadurch, daß sie die Syntax des Realen einüben.

Medien wirken wie Metaphern, sofern sie die Welt, die wir wahrnehmen, vorstrukturieren. In dieser Kraft zur Übersetzung gehen Medien über die Funktionen der Speicherung und des Austauschs hinaus. Die sogenannten Massenmedien ermöglichen uns eine geschützte Weltwahrnehmung – sie ersparen das Risiko der Autopsie. Der Bildschirm tritt schützend zwischen mich und das Chaos der Welt, von der ich mir nun ein Bild machen kann, indem ich aus einer Fülle von Bildern auswähle. Ganz folgerichtig hat sich in den letzten Jahren zapping als neuer Wahrnehmungsstil herausgebildet. Das Zapping und Channel-hopping verfahren mit dem Sendeangebot der Massenmedien genauso, wie diese mit den Weltdaten verfahren – nämlich kaleidoskopisch. Über der Welt an sich, von der wir nicht viel mehr wissen, als daß sie uns leben läßt, liegt eine Medienhaut, die unsere Realität ist. Sichtbarkeit wird als Selektionsprodukt erkennbar. Insofern ist das neue Zauberwort Virtuelle Realität ein Pleonasmus.

Bilderflut und Bilderlosigkeit sind zwei Namen desselben Kulturphänomens. Die Bilderlosigkeit erweist sich in ihrer Geschichte als Mehrebenenphänomen: Sie ist erstens Resultat eines Tabus – nämlich des monotheistischen Bilderverbots; sie ist zweitens Ausdruck des abendländischen Rationalismus, der es säkularisiert. Bilderlosigkeit ist drittens – und das ist ihr spezifisch moderner Aspekt – Effekt einer großen Krise der Anschauung, die die Wissenschaften im 19.Jahrhundert erfaßt. Und sie ist viertens Ausdruck eines historischen Schiffbruchs der Phantasie, das heißt der Unfähigkeit der Einbildungskraft, sich dem technischen Herstellen gewachsen zu zeigen. Den Phantasieschwund und die Fehlanzeige wissenschaftlicher Anschauung kompensiert eine Bilderflut, die durch Techniken massenweiser Bildreproduktion ermöglicht wurde. Dabei gilt es festzuhalten, daß die bilderlose Realität gerade das Produkt eines unaufhörlichen Bilderstroms ist: Die technisch reproduzierbaren Bilder gehen der Welt voraus, die sie abzubilden scheinen.

Wenn aber die Bilder das Ereignis besetzen und vorprägen, entfällt das wesentliche Charakteristikum des Bildes – nämlich abbildend einzustehen für etwas Abwesendes. Man kann nicht mehr von Abbildung sprechen, wenn jedes Pixel auf dem Bildschirm einzeln berechnet und manipulierbar wird. Als die Fernsehbilder vom Mond kamen, mußten die Daten erst verarbeitet werden, um Sichtbarkeit zu erreichen. ›Picture processing‹ meint also einmal diese digitale Emendierung phototechnisch schwacher Funkbilder. Zum anderen aber ist es eine Technik der spurlosen Fälschung: Funkbilder und Photos werden mit einem Scanner abgetastet und in digitaler Form, das heißt als diskrete Zahlenreihe, im Computer gespeichert. Nun kann man retuschieren, ohne daß Spuren bleiben, denn die Pixel des Monitors sind kleiner als die Filmkörnung. Man kann es auch so sagen: Daß jedes Bild als Matrix von Codes manipuliert werden kann, hat den Effekt, daß es keine ›Effekte‹ mehr gibt.

Elektronische Bildverarbeitung korrigiert und verknüpft digital gewandelte Bilder von jedem einzelnen Pixel aus. Techniken wie die Fourier-Analyse ermöglichen ein ›Image enhancement‹ das etwa Satellitenbilder überhaupt erst interpretierbar macht: Die Photographien werden gleichsam gesäubert, ihre Datenstruktur optimiert – Oberflächen erscheinen dann geglättet, Kanten scharf konturiert. Bei dieser elektronischen Nachbearbeitung von Bildrohdaten verliert der Begriff

Manipulation seinen kritischen Sinn. Elektronische Bilder sind weniger diskrete Gegenstände als vielmehr Zeitsegmente eines kontinuierlichen Signals. Ihr bestimmendes Verhältnis zueinander ist deshalb nicht mehr das des Schnitts und der Montage, sondern der Metamorphose und digitalen Transformation. Weil elektronische Bildverarbeitung aber per se Manipulation ist, wird es unter Computerbedingungen kaum mehr technische Möglichkeiten der Authentifikation von Photographien geben – bleibt nur, wie Ted Nelson mutmaßt, das Vertrauen in den, der das Photo geschossen hat. Es gibt prinzipiell in der Welt elektronischer Dokumente eben kein Äquivalent zum Wasserzeichen, keine Marke der Echtheit. Manipulation ist nun ein rein deskriptiver Begriff, der sich nicht mehr ideologiekritisch auflösen läßt – denn es fehlt ein symmetrischer Gegenbegriff. Wenn Bilder aus alphanumerisch definierten Pixel aufgebaut sind, hat Manipulation ja immer schon stattgefunden.

So zerbrechen die Horizonte der aufgeklärten Welt unter Medienbedingungen. Sichtbarkeit wird als Selektionsprodukt erkennbar. Bilder aus aller Welt ersetzen das Weltbild. Dabei wirken die allgegenwärtigen Bildschirme als Bild-Schirme auch in dem Sinne, daß sie einen Vorrang des Bild-Seins vor dem Sein durchsetzen.

Die digitale Revolution hat die Weltwahrnehmung total kontrollierbar und manipulierbar gemacht. Stammten die Bilder ölverschmierter Kormorane aus Saudi-Arabien oder aus dem Archiv? Zeigten die CNN-Bilder eine zerbombte Fabrik für Babynahrung oder für bakteriologische Kampfstoffe? Waren die Leichen, die das rumänische Fernsehen zeigte, echt? Doch so hat man früher nach einem Wesen hinter der Erscheinung gefragt. Unter neuen Medienbedingungen werden solche Fragen sinnlos. Das Ereignis ist rein im Bild, nicht dahinter. So entsteht Posthistoire: synthetische Geschichte. Deshalb überfordert man die Massenmedien, wenn man authentische Berichterstattung über eine Wirklichkeit erwartet, die längst gelebte Unwirklichkeit geworden ist – eine Stufung von Scheinbarkeiten.

Unsere Umwelt hat sich strukturell gewandelt. Virtual Reality, Telepräsenz und Cyberspace sind Techniken einer Visualisierung des Immateriellen und Ungegenwärtigen. Hier macht sich ein ungegenständliches Genießen fest. Es geht uns nicht mehr um Zweck und Funktion, sondern um Erlebnis und Emotion. In der postmodernen Kultur ist man geradezu gesellschaftlich verpflichtet, ein ›Individuum‹ zu sein, eine ›Eigenzeit‹ zu kultivieren und durch Erlebnissteigerung die Tiefe der eigenen Subjektivität auszuloten. Solche Bedürfnisse und Erwartungen lassen sich nicht mehr mit herkömmlichen Verbrauchsgütern erfüllen. Was heute auf dem Markt Aufmerksamkeit finden will, muß geistig angereichert sein – sei es durch ›smarte‹ Chips, sei es durch ›emotional design‹. Der postmoderne Markt ist auf einen »zerebralisierten Konsum« (Arnold Gehlen) ausgerichtet.

Diese radikale Veränderung der Konsumlandschaft verdankt sich der digitalen Revolution. Beim Design der mikroelektronischen Black boxes kann die Form nicht mehr von der Funktion bestimmt sein. Es gibt keine rationalen Formkriterien mehr. Hier kann man also schon als erstes Zwischenergebnis festhalten, daß ›emotional design‹ die Gestaltung im Sinne des »form follows function« verdrängt. Wir glauben nicht mehr, daß die Form der Funktion folgt, sondern entwickeln einen flexibleren und anspruchsvolleren Begriff: Design ist die Einheit der Differenz von Form und Funktion. Das Design von Immaterialien läßt sich nämlich nicht mehr ›sachlich‹ entwickeln.

Die Apparaturen unseres täglichen Lebens werden immer kleiner und intelligenter. Es gibt ja kaum mehr einen Gebrauchsgegenstand, in den nicht ein Chip eingebaut wäre. Diese immer weiter fortschreitende Mikrologisierung und Elektronisierung der Dinge verwandelt fast alles, womit Menschen umgehen, in Black boxes. Black box, schwarze Schachtel, nenne ich einen Gegenstand, den wir alltäglich benutzen, ohne zu verstehen, wie er funktioniert. – Photographieren ist nur noch ›Knipsen‹. Man schaut durch den Sucher und drückt ab – so einfach ist das. Was dabei in diesem Apparat vor sich geht, wissen nur wenige Spezialisten. – Wir gehen 25 Stunden in die Fahrschule und können dann autofahren. Doch das Auto bleibt eine Black box; was unter der Motorhaube geschieht, ist den meisten von uns dunkel. Wenn der Wagen dann auf der Autobahn unversehens stehenbleibt, rufen wir den ADAC. – Der Personal Computer, den wir uns vor einigen Jahren widerstrebend angeschafft haben, ist eine rätselhafte Kiste, die man nicht öffnen soll. Wir drücken nur den ›Power on‹-Button und folgen dann den Anweisungen der Software. Nur Freaks wagen sich mit Schraubenzieher und Lötkolben ins Innere der schwarzen Schachtel.

Seit wir mit Black boxes leben müssen, stellt sich zum ersten Mal ganz radikal die Frage nach dem Sinn. Wir müssen uns also immer häufiger auf eine Sache verstehen, ohne die Sache zu verstehen. Umso wichtiger wird die Gestaltung der Benutzeroberfläche, die allein noch Licht ins Dunkel der Black box bringen kann. Das nennt man auch Interface-Design. Die Aufgabe des Designs verlagert sich weg von den handfesten Gegenständen und hin zum Immateriellen, Unsichtbaren, Medialen. Digitalisierung hat die Weltdaten in einer einzigen gigantischen Oberfläche ausgefaltet. Das digitale Bügeleisen plättet die Dinge zu tiefenlosen Informationen. Das Design der Schnittstelle von Telekommunikation, Neuen Medien und Computertechnologien ist deshalb die wichtigste gestalterische Aufgabe der Zukunft.

In »Jenseits von Gut und Böse« verkündet Nietzsche einen »Cultus der Oberfläche«. Warum gibt es Menschen wie die Künstler und die ›dedicated followers of fashion‹, die reine Formen anbeten? Unser angenehmes zivilisiertes Leben setzt soziale Oberflächen ohne Tiefe voraus: Konvention, Höflichkeit, Zeremoniell. Hier müssen wir noch viel von den Japanern lernen, deren Kultur ja ihre Lebensspannung aus rein formalen Differenzen und Wertungen zieht. Im Grunde geht es um eine Versöhnung mit dem Zivilisatorischen selbst. So spricht der Ästhetiker Max Bense ohne kritischen Unterton vom »Hauteffekt der Zivilisation, alles nach Oben, nach Außen zu bringen, die Oberflächen wichtig werden zu lassen«.

Flächig gestalten, die Formen anbeten! Das kann man sowohl von den alten Griechen als auch von den neuen Medien lernen: Photographie, Film und vor allem natürlich Video klammern sich an die Oberflächen der Welt und spielen mit den Hauteffekten der Zivilisation. Das Urphänomen dieser Ästhetik der Oberfläche ist der Video-Clip.

Die Moderne war das organisierte Mißtrauen gegen die Sinne. Heute lehren uns die tiefenlosen Oberflächen, wieder den Sinnen zu trauen. Das moderne Erkennen ging in die Tiefe, war entlarvend, hat die Schleier des Scheins zerrissen – heute sucht man den Sinn der Oberfläche und auf der Oberfläche. Deshalb ändern wir unseren Weltwahrnehmungsstil: Statt in die Tiefe zu dringen, surfen wir auf Wellenkämmen. Designer sind die Wellenreiter des Zeitgeistes.

Von der Moderne verwöhnt, sind wir gewohnt, die Avantgarde der Wahrnehmung auf dem Felde der Kunst anzutreffen. Aug' in Aug' mit den neuen Medien hat die Kunst, so meine ich, nur zwei Optionen.

– Sie kann zur Test- und Trainings-Station des 21. Jahrhunderts werden.

– Sie kann versuchen, die Welt der Materialität zu retten, die durchs digitale Raster der virtuellen Realitäten fällt.

Zu beiden Optionen einige wenige Stichworte.

Gegen den Strich der Medien, die unsere sinnliche Gewißheit schematisieren, kann Kunst versuchen, die Wahrnehmung zu entautomatisieren. Gibt es einen ästhetischen Weg zurück ins Paradies der unbegrifflichen Welt? So hat man in der modernen Malerei die Materialität, die Farbe betont und den Gegenstand ebenso verdrängen wollen wie das formale Vorwissen um sein Gegebensein. Man wollte hinter die Reflexionsschwelle des Sehens zurück. John Ruskin hat dieses Sehnsuchtsziel ganz klar benannt: »the innocence of the eye«. Seit es neue Medien gibt, die die Welt überspinnen, möchte Kunst das Asyl der authentischen Erfahrung sein. Die unverfälschte sinnliche Gewißheit ist die blaue Blume im Land der technischen Medien.

Der Künstler kann aber auch zu den neuen Medien überlaufen. Seit der Mitte des 19. Jahrhunderts nähren Mode, Reklame und Design den Verdacht, daß das eigentlich Ästhetische jenseits der Kunst stattfindet, in die Industrie abgewandert ist. Das ist die andere Option: Ästhetik orientiert sich nicht mehr an Kunst, sondern an Kommunikation. Und gerade wenn sie sich nicht mehr als historische Theorie der Künste versteht, kann Ästhetik zur neuen Leitwissenschaft werden: Theorie der medienvermittelten Wahrnehmung. Doch in diesem Horizont gewinnt die künstlerische Praxis neue Bedeutung:

– als Schule einer Bilderspracherziehung;

– als Anti-Umwelt, in der die Wahrnehmung trainiert wird;

– als multimediales Gesamtkunstwerk, in dem das »interplay of senses« (McLuhan) technisch implementiert wird.

Ästhetik als neue Leitwissenschaft heißt aber auch: Wissenschaft selbst zeigt heute ästhetische Züge, nicht nur in spektakulären computergestützten Simulationen, sondern auch in ihrem epistemologischen Bewußtsein des großen Als-ob, ständig mit erkenntnisleitenden Fiktionen zu operieren. Die Wissenschaften nehmen Abschied von ihrer stolzen Tradition ikonoklastischer Vergeistigung und lassen die Bilder wiederkehren – Stichwort: ›scientific visualization‹. Mathematik, die Sprache dessen, was die Welt im Innersten zusammenhält, wird wieder sichtbar. Komplexe Sachverhalte werden auch einfacheren Gemütern nachvollziehbar, wenn es dem Wissensdesign gelingt, ihre Struktur zu visualisieren. ›understanding complexity‹ ist denn auch die zentrale Herausforderung. Und in diesem Zusammenhang könnte das Projekt Cyberspace – bisher nur eine PR-Parole der Unterhaltungselektronik – einen prägnanten Sinn gewinnen: nämlich als mehrdimensionale Visualisierung eines Hypertext-Information Retrieval-System.

Informationsüberlastung erscheint heute als Normalfall der Weltwahrnehmung. Deshalb stellt die Informationsgesellschaft immer entschiedener von verbaler auf visuelle Kommunikation um, denn man kann Information in numerischen Bildern viel stärker verdichten als in Sprache. ›scientific visualization‹ und ›fraktale Geometrie‹ sind prominente Beispiele dafür, wie man – computergestützt – komplexe Strukturen sichtbar machen kann. Damit endet die Epoche eines unanschaulichen Denkens und einer bilderlosen Textualität, die man Moderne genannt hat.

# Ingo Rentschler

## Welten im Kopf

●   Grenzen der Wahrnehmung

Radioteleskope und Raumsonden erweitern unseren Blick in Sternenräume, Rastertunnelmikroskope lassen uns Atome sehen. So hat sich nahezu erfüllt, was Ende des 19. Jahrhunderts der französische Philosoph Henri Bergson verkündete: Der Mensch vermag wahrzunehmen, was irgendwo im Weltall geschieht. Zwar ist der direkte Blick auf das Allerkleinste und das Allergrößte uns verstellt. Für elektromagnetische Strahlung, die das ›Fenster des sichtbaren Lichtes‹ verfehlt, sind wir so blind, wie wir es für einzelne Lichtquanten sind. Schon diese minimalen Energiemengen können Nervenimpulse im Sehsystem auslösen, die aber ebenso von zufälligen photochemischen Prozessen herrühren können. Sicherungsschaltungen im Sehorgan lassen Lichtempfindungen daher nur dann zu, wenn mindestens drei bis fünf Lichtquanten zugleich erfaßt werden. Aus der Wellennatur des Lichtes ergibt sich die Existenz einer Mindestgröße für die Wahrnehmung von Formmerkmalen.

Eine fast unendliche Steigerung des Sehvermögens ermöglicht uns jedoch die Fähigkeit zur Abstraktion. Sie besteht nach Hegel darin, daß »aus dem Konkreten nur zu unserem subjektiven Behuf ein oder das andere Merkmal herausgenommen wird (...)«.[1] Durch solche Auswahlakte schaffen wir Weltordnungen, was ein einfaches Beispiel zeigt. Stellen wir uns dazu vier Tiere vor, den Wolf und den Hasen, den Hai und den Wal. Der Zoologe zählt sie alle zu den Wirbeltieren. Hinsichtlich der Art und Weise, wie sie ihre Jungen nähren, gehören jedoch der Wolf, der Hase und der Wal zu den Säugern, der Hai zu den Fischen. Den Wolf und den Hasen verfolgt schließlich der Jäger als seine Beute; den Wal und den Hai überläßt er als Meerestiere dem Fischer.

Neue Vorstellungen von der – das heißt Theorien über die – Welt entwickeln wir also gerade nicht aus ihrer ganzheitlichen Anschauung, sondern aufgrund von Teilaspekten, die wir von ihr schon begriffen haben. Das gilt für jeglichen Schaffensprozeß, der einen Fortschritt der menschlichen Kultur bewirkt; besonders deutlich wird es aber an der Mathematik, die das komplexeste vom menschlichen Gehirn entwickelte Instrument zur Konstruktion und Prüfung neuer Weltbilder ist.

Der schöpferische Spiralprozeß von Wahrnehmung, Abstraktion, Erweiterung der

1   Zit. n. dem Stichwort »abstrahieren«, in: *Philosophisches Wörterbuch,* Stuttgart 1978 (bearbeitet v. Schischkoff, G.; Kröner, A.).
2   Vgl. Baumgartner, G.: »Gehirn und Bewußtsein«, in: *Schweizerische Medizinische Wochenschrift,* Nr. 122/1992, S. 4–10.
3   Vgl. Baumgartner, G.: »Physiological Constraints of the Visual Aesthetic Response«, in: Rentschler, I.; Herzberger, B.; Epstein, D. (Hg.): *Beauty and the Brain. Biological Aspects of Aesthetics,* Basel 1989, S. 165–180.

Abb. 1a–d: Tigerportrait und dessen Darstellung durch die Aktivitätsprofile von Nervenzellen in der visuellen Hirnrinde. Simulation E. Barth

Vorstellung und deren Prüfung am Konkreten gibt uns die Mittel der Technik in die Hand und öffnet uns damit den Blick in alle Fernen und Tiefen.[2]

- Selektivität der Gesichtswahrnehmung

Besonders deutlich machen es die Befunde der Neurophysiologie, daß das Gehirn nicht auf die getreue Abbildung der Umwelt eingerichtet ist.[3] Es verfährt mit Bildinformation eher nach Art des Prokrustes, der seinen Gästen ziemlich kleine Betten zuwies und die großgewachsenen mit Beilhieben auf das rechte Maß brachte. Die Prokrustesbetten des Gesichtssinns heißen ›rezeptive Felder‹. Das sind die in der Regel sehr engen Ausschnitte des Sehraumes, von denen aus eine Nervenzelle überhaupt zu reizen ist. Sie weisen intern besondere Verteilungen an Lichtempfindlichkeit auf, zu der jeweils ein bestimmtes Bildmerkmal wie der Schlüssel zum Schloß paßt. Für andere Merkmale sind die Zellen dann mehr oder weniger blind. Die Neurone in der Netzhaut des Auges sind so auf Hell/Dunkel-Grenzen sowie auf flächenhafte Aufhellungen oder Verdunklungen spezialisiert. Ähnliche Eigenschaften haben die Nervenzellen im seitlichen Kniehöcker, einer

**163**

Schaltstation im Thalamus des Gehirns. Nervenzellen in der primären Sehrinde erfassen die Orientierung von Linien und Konturen im Gesichtsfeld, aber auch komplexere Merkmale der Form wie die Krümmung von Linien, Ecken und punktförmige Elemente.

Derartige Befunde legen die Annahme nahe, daß die visuelle Wahrnehmung mit einer ›Karikatur‹ der Sehdinge beginnt (Abbildung 1). Die neuronale Aktivität drückt aber nur bis zu dieser Stufe der visuellen Verarbeitung die physikalischen Reizeigenschaften unmittelbar aus. In höheren Hirnarealen wird sie dann zunehmend von dem bestimmt, was wir in den Dingen sehen, das heißt von der Interpretation der sensorischen Daten. Ein Beispiel hierfür sind die sogenannten kognitiven Konturen, mit Hilfe derer die Neurobiologen von der Heydt, Peterhans und Baumgartner jenseits der primären Sehrinde ausgeprägte Zellantworten erhielten (Abbildung 2).

Damit zeichnet sich ab, was inzwischen zur Grundannahme der modernen Kognitionsforschung geworden ist: Die Wahrnehmung dient nicht einer internen Reproduktion der Welt oder, um es mit Goethe auszudrücken, der »Betrachtung strenger Lust«. Sie läßt uns vielmehr Weltmodelle bilden, mit Hilfe derer wir erfolgreich handeln können.

Eine ebenso wichtige, aber ältere Quelle von Wissen über die Hirnfunktion ist die Klinik, wo Ärzte und Neuropsychologen die Folgen von Hirnverletzungen für Wahrnehmung und Verhalten untersuchen.[4] Durch den rapiden Fortschritt der Technik können sie dabei nun sogar einzelnen Arealen des Gehirns bei der Arbeit zusehen, denn die Positronen-Emissions-Tomographie (PET) macht den lokalen Hirnstoffwechsel in seiner Abhängigkeit von Wahrnehmungs- und Denkfunktionen sichtbar. Das wichtigste Ergebnis, das inzwischen auch durch neuroanatomische Untersuchungen gut abgesichert wurde, ist dabei die Erkenntnis, daß der Ort neuronaler Aktivität im Gehirn mit einer hochgradigen funktionellen Spezifität verbunden ist.

Es gibt demnach Hirnareale, auf welche die wichtigsten Sinnesmodalitäten (Sehen, Hören, Körpergefühl) projizieren, und weiter eine Spezialisierung für verschiedene Formen des Handelns wie das Sprechen und die Körperbewegungen.

Innerhalb dieser Areale gibt es wiederum eine Unterteilung für verschiedene Teilleistungen der Wahrnehmung und des Verhaltens, also beispielsweise für das Sehen von Konturen, von Bewegungen und von Farbe in der visuellen Modalität. Es wäre jedoch ein Irrtum, anzunehmen, daß mit Hilfe dieser vielfachen Darstellungen der Welt im Gehirn ein lokalisierbares Weltmodell hervorgebracht würde. Weder die Neuroanatomie noch die Neurophysiologie haben irgendeinen Hinweis auf die Existenz einer entsprechenden ›internen Kinoleinwand‹ finden können. Daraus müssen wir schließen, daß sich unsere einheitlichen Anschauungen der Welt als dynamische Aktivitätsmuster auf dem ›sausen-

4 Vgl. Baumgartner, G.: »Gehirn und Bewußtsein«, a.a.O., und Grüsser, O.-J.; Landis, Th.: »Visual Agnosias and Other Disturbances of Visual Perception and Cognition«, in: Cronly-Dillon, J. R. (Hg.): Vision and Visual Dysfunction, Bd. 12, London 1991.

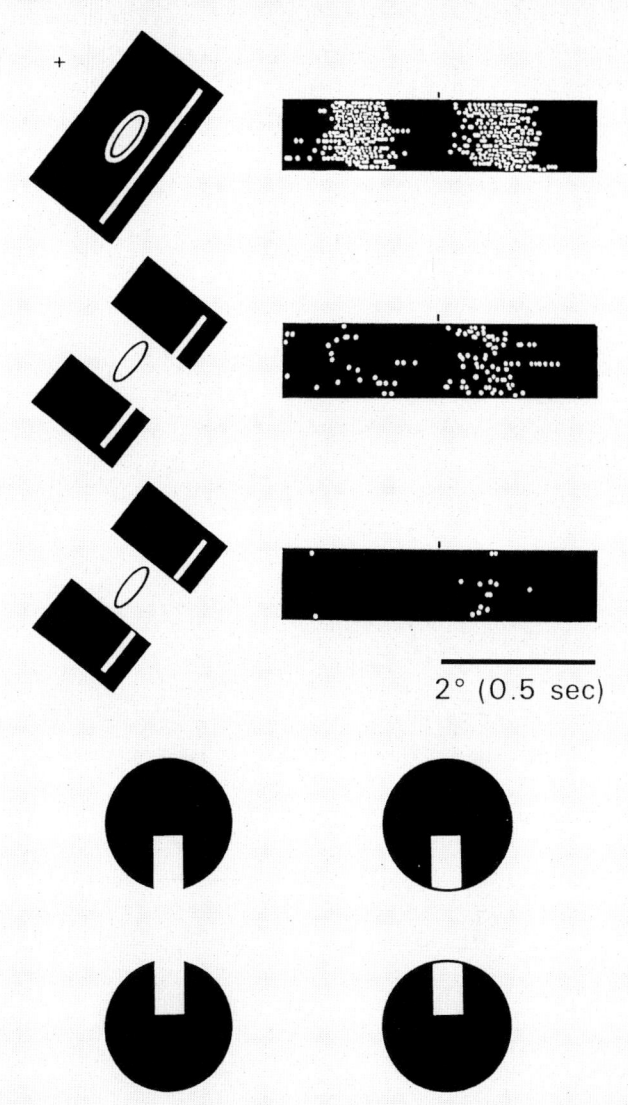

Abb. 2: Kognitive Konturen und ihre neuronale Grundlage. Im unteren Bildteil ist links ein heller, senkrechter Balken zu sehen, der anscheinend zwei schwarze Kreisscheiben teilweise bedeckt. Die Erscheinung verschwindet, wenn die tatsächlichen Lücken in den Kreisscheiben durch feine Liniensegmente geschlossen werden. Der obere Bildteil zeigt, daß es in der Sehrinde Nervenzellen gibt, die sich entsprechend verhalten. Das heißt, die Zellenentladung (Dichte der weißen Punkte in den rechten schwarzen Feldern) ist für einen realen weißen Balken maximal (oben), für einen als Verlängerung der Lücken interpretierten (Mitte) und bei geschlossenen Lücken kaum noch zu registrieren (nach Baumgartner, vgl. Anm. 3).

**165**

den Webstuhl der Zeit‹ herausbilden, den das komplexe Netzwerk gekoppelter Areale der Hirnrinde bildet.[5]

- Linkes Hirn – rechtes Hirn

Ein auch in der Öffentlichkeit beachteter Aspekt der Lokalisierung von Hirnfunktionen ist deren Lateralisierung. Die linke Großhirnhemisphäre ist die überlegene, wenn es darum geht, einen zeitlichen Strom von Ereignissen in bedeutungsvolle Einheiten aufzuteilen. Daraus resultiert ihre Dominanz bei sprachlichen Leistungen. Sie ist aber keineswegs die schlechthin dominante Hemisphäre, wie das lange angenommen wurde. Das rechte Hirn ist vielmehr bei der Verarbeitung räumlicher Strukturen überlegen, so daß es Bildinformation besser versteht. Es wäre aber verfehlt, wenn man diese Lateralisierung als eine Aufgabenteilung im statischen Sinne auffassen würde. Nach Ansicht der amerikanischen Neuropsychologin Jerre Levy[6], die eine der besten Kennerinnen dieses Problemkreises ist, wird vielmehr vorwiegend zeitlich oder räumlich strukturierte Information vom linken oder rechten Hirn nur aufgenommen. Dann aber setzt ein Verarbeitungsprozeß ein, bei dem diese Information durch wiederholte Weitergabe an die jeweils andere Hemisphäre solange von der zeitlichen Dimension in die räumliche Dimension und wieder zurück transformiert wird, bis ein möglichst umfassendes Verständnis der Gegenstände und Vorgänge im äußeren Raum erreicht ist. Man kann daher sagen, daß das Gehirn die Welt ebenso zu ergründen sucht, wie ein Kleinkind einen erstmals erhaltenen Gegenstand mit äußerster Aufmerksamkeit von der einen in die andere Hand und zurück nimmt.

Neben dieser Lateralisierung kognitiver Funktionen, gibt es auch eine Lateralisierung emotionaler Hirnfunktionen.[7] Das rechte Hirn verstärkt die zerebrale Aktivierung und emotionale Intensität, während das linke darauf modulierend und reduzierend einwirkt. Die klinische Erfahrung mit hirnverletzten Patienten zeigt denn auch, daß diese stärker als andere an Depressionen leiden, wenn sie eine Beeinträchtigung ihres räumlich-figuralen Denkens infolge von Schädigungen der rechten hinteren Hirnhälfte aufweisen. Kommt dazu noch eine Störung der Fähigkeit, Personen ausschließlich an deren Gesicht zu erkennen (Prosopagnosie), so sind die Depressionen besonders stark ausgeprägt und können bis zum Suizid führen. Patienten mit einer entsprechenden Schädigung der linken Hirnhälfte verlieren zwar das Sprachvermögen, bleiben aber emotional stabil.

Einen Eindruck von der zerebralen Lateralisierung können wir uns anhand der Krankengeschichten zweier Künstler verschaffen. Wie der Neurologe Richard Jung berichtet, war

5  Vgl. Baumgartner, G.: »Physiological Constraints ...«, a.a.O. und Grüsser, O.-J.; Landis, Th.: »Visual Agnosias ...«, a.a.O., und Rentschler, I.; Caelli, T.; Maffei, L.: »Focusing in on Art«, in: Beauty and the Brain, a.a.O., S. 181–218.
6  Vgl. Levy, Jerre: »Cerebral Asymmetry and Aesthetic Experience«, in: Beauty and the Brain, a.a.O., S. 219 bis 242.
7  Vgl. Landis, Th.; Regard, M: »Lateralität und Depression – eine Untersuchung an Patienten mit Insulten im Versorgungsgebiet der A. cerebri media«, in: Oepen, G. (Hg.): Psychiatrie des linken und rechten Gehirns, Köln 1988, S. 181–186.

Abb. 3: Folge von Selbstportraits des Malers Anton Räderscheidt, die der Künstler 2 Monate (links oben), 3½ Monate (links unten), 6 Monate (rechts oben) und 9 Monate (rechts unten), nach einem Schlaganfall in der linken Hirnhälfte angefertigt hat.

der Maler Anton Räderscheidt zwei Monate nach einem Infarkt in der rechten hinteren Hirnhälfte unfähig, ein Selbstportrait zu malen.[8] Bei seinem ersten Versuch fällt vor allem das Fehlen des gesamten Raumes links der Bildmittellinie auf, der sensorisch und motorisch mit der geschädigten rechten Hirnhälfte verbunden ist. Diese Vernachlässigung des linken Sehraumes wird im Laufe von weiteren vier Monaten allmählich überwunden. Eine Verzerrung der Proportionen ist dort aber auch nach neun Monaten noch zu bemerken (Abbildung 3).

Ganz anders der französische Karikaturist Sabadel, der mit 38 Jahren einen Schlaganfall in der linken Hirnhälfte erlitt.[9] Er verlor dabei die Sprache, und seine rechte Körperhälfte wurde lahm. Bereits nach einem Monat vermochte er aber mit seiner linken, ungeübten Hand sein Heimatdorf raumfüllend und in den Proportionen richtig wiederzugeben. Innerhalb weniger Monate erlangte er dann mit Hilfe seines intakten rechten Hirns seine alte Meisterschaft der bildlichen Darstellung wieder, was ihn zu einer Selbstdarstellung seiner Krankengeschichte befähigte (Abbildung 4a und 4b).

• Weltbilder – Bilderwelten

Unsere heutige Auffassung vom Sehvorgang als einem dynamischen Prozeß verdanken wir in ihren Einzelheiten der neurobiologischen und neuroinformatischen Forschung, wie das der Beitrag von Christof Koch in diesem Band näher ausführt. Sie hatte aber ihre Wegbereiter in den Bereichen der schönen Künste. So hat zum Beispiel der englische Schriftsteller Aldous Huxley in seinem Text »Die Pforten der Wahrnehmung« drogenbedingte Veränderungen der Wahrnehmung auf das eindrücklichste geschildert: »Die Veränderung, die tatsächlich in dieser Welt vorging, war in keinem Sinn revolutionär. Eine halbe Stunde, nachdem ich das Meskalin genommen hatte, wurde ich mir eines langsamen Reigens goldener Lichter bewußt. Ein wenig später zeigten sich prächtige rote Flächen, und sie schwollen und dehnten sich aus, von hellen Knoten von Energie her, die von einem immerzu wechselnden Leben vibrierten. Ein andermal enthüllte das Schließen meiner Augen einen Komplex grauer Gerüste, innerhalb dessen immer wieder bläulichblasse Kugeln auftauchten, sich außerordentlich verfestigten und dann geräuschlos aufwärts glitten und verschwanden. Aber nie erschienen Gesichter oder menschliche oder tierische Gestalten. Ich sah keine Landschaften, keine riesigen Weiten, kein zauberhaftes Wachsen und Sichverändern von Gebäuden, nichts, was im entferntesten einem Drama oder einer Parabel glich. Die ›andere Welt‹, in welche das Meskalin mich einließ, war nicht die Welt der Visionen; sie existierte ›dort draußen‹, als das, was ich mit offenen Augen sehen konnte. Die

8 Vgl. Landis, Th.: »Die Linke weiß nicht, was die Rechte tut: Zur Interaktion der beiden Hirnhälften«, in: Schweizerische Medizinische Wochenschrift, Nr. 118/1988, S. 1779–1788, und Baumgartner, G.: »Physiological constraints…«, a.a.O.

9 Vgl. Landis, Th.: »Die Linke weiß nicht, was die Rechte tut …«, a.a.O.

10 Huxley, Aldous: Die Pforten der Wahrnehmung, München 1975, S. 12.

11 Vgl. Rentschler, Ingo e.a.: »Focusing in on Art«, a.a.O.

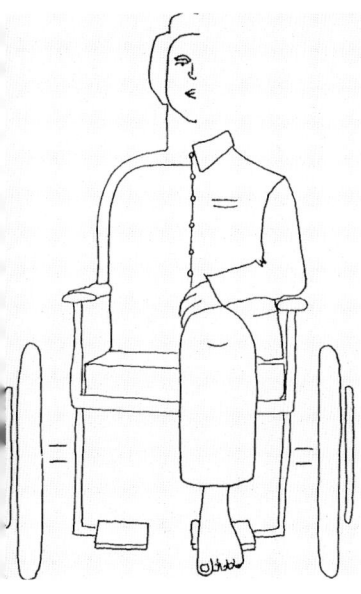

Abb. 4b: Skizze des Heimatdorfes des Karikaturisten Sabadel nach seinem Schlaganfall in der linken Hirnhälfte

Abb. 4a: Selbstdarstellung des Künstlers mit halbseitiger Lähmung nach dem Hirnschlag

große Veränderung ging im Bereich objektiver Tatsachen vor sich. Was mit meinem subjektiven Weltall geschehen war, war verhältnismäßig unbedeutend.«[10]

Eine ähnliche Sprache sprechen die Bildwerke geistig behinderter Menschen, deren Schaffen in vielfältiger Weise dokumentiert ist. Sie wurden zuvor als der Niederschlag eines ›urtümlichen bildnerischen Denkens‹ gedeutet, was wiederum im psychoanalytischen Sinn als das Ergebnis eines Regressionsvorgangs aufgefaßt wird. Es fällt jedoch schwer zu glauben, daß derartige Vorgänge auf das ›Innen‹ der Psychologie beschränkt sein und ohne hirnphysiologische Grundlage ablaufen sollen.

Aufgrund derartiger Befunde haben wir bei anderer Gelegenheit die Vermutung geäußert, daß die Weltbilder der Kunst, das heißt die Entwicklung malerischer Darstellungsformen, im Hinblick auf die vielgestaltigen Ausprägungen der zerebralen Darstellung von Bildinformation gesehen werden können.[11] Verschiedene Stilrichtungen könnten so dadurch entstanden sein, daß sich die Aufmerksamkeit der Künstler selektiv auf einzelne visuelle Darstellungen im Gehirn und auf bestimmte Kombinationen zwischen diesen gerichtet hat. Auf dem Hintergrund traditioneller Vorstellungen der Biokybernetik muß ein solcher Gedanke abwegig erscheinen, da jene zu einem vorgegebenen optischen ›Eingangssignal‹ auch ein bestimmtes, durch die Verarbeitungseigenschaften des gegebenen Systems geprägtes ›Ausgangssignal‹ erwarten lassen. Das Gehirn ist jedoch ein hoch komplexes und vor allem lernfähiges System. Es bewertet sensorische Information nicht nur nach Maßgabe der physikalischen Eigenschaften der Eingangs-

**169**

signale, sondern auch entsprechend seiner Vorkenntnisse über und Erwartungen an die Welt. Akzeptiert man darüber hinaus dann noch den Gedanken, daß sich die entsprechenden Lernprozesse nicht nur als Ergebnis der Biographie des Individuums, sondern auch kollektiv infolge von Determinanten der sozialen Matrix abspielen dürften, dann erscheint eine solche »Gehirntheorie der Kunsterfahrung und des Kunstschaffens« nicht mehr völlig utopisch.

Eine Bestätigung derartiger Überlegungen mag man in dem Manifest erblicken, das der Russe Kasimir Malewitsch 1927 unter dem Titel »Die gegenstandslose Welt« in der Reihe der Bauhausbücher veröffentlicht hat. Der Künstler, der nicht nur zu den bedeutendsten Malern der Moderne gehört, sondern auch ein einflußreicher Kunsterzieher war, schreibt dort: »Die Selbstverständlichkeit der Tatsache, daß die bildende Kunst bildend und nicht nachbildend (dublierend) ist, scheint demnach noch lange nicht erkannt zu sein, so daß das Wesentliche der Kunst (der Malerei) der Gesellschaft unzugänglich bleibt. Dazu kommt noch, daß das normierende künstlerische Element veränderlich ist und auf die Dauer keine Wiederholung, keinen Stillstand duldet.

Unsere Auffassung der Tatsächlichkeit ist ebenfalls veränderlich, und von dem Wechselspiel jener in Erscheinung tretenden Elemente der Tatsächlichkeit abhängig, die in dem Spiegel unseres Bewußtseins (unseres Hirns) dieser oder jener Verzerrung unterliegen; denn unsere Vorstellungen und Auffassungen der Materie sind stets Zerrbilder, die der Tatsächlichkeit nicht im geringsten entsprechen.

Die Materie an sich ist ewig und unveränderlich, ihre Teilnahmslosigkeit am Leben – ihre Leblosigkeit – ist unerschütterlich. Das sich verändernde Element unseres Bewußtseins und Empfindens ist lediglich Vision, die durch das Wechselspiel der verzerrenden Spiegelung variierender, abgeleiteter Erscheinungsformen der Tatsächlichkeit entsteht und daraus nichts mit der wahrhaftigen Materie oder gar einer Veränderung derselben zu tun hat.«[12]

●   Schlußbemerkungen

Anhand einiger Erfahrungen aus der Neurobiologie, der Kognitionsforschung und der Kunst wurde hier die Ansicht entwickelt, daß die Dynamik und Pluralität von Seherfahrungen der Ausdruck einer körperlichen Wirklichkeit des Menschen sind. Sie werden damit der Rolle einer bloßen spielerischen Möglichkeit enthoben und lassen dem Menschen die faktische Freiheit, aber auch die Gebrochenheit seines ›In-der-Welt-Seins‹ im Sinne der Existentialphilosophie erkennen.

Diesen ermutigenden Perspektiven ist allerdings ein Caveat anzufügen. Schon Henri Bergson hat bemerkt, daß sein schlußendlich doch begrenztes Wahrnehmungsvermögen den Menschen vor dem Ertrinken in Informationsfluten bewahrt. In diesem Sinne ist zu bedenken, daß ihm die Entfesselung des Sehens nur soweit dienlich sein kann, als es zu verantwortbaren Formen des Handelns und nicht zu einem Verharren in epilepsieartigen Aktivierungszuständen führt.

12  Malewitsch, Kasimir: »Die gegenstandslose Welt«, in: Neue Bauhausbücher (Reprint), Mainz 1980, S. 14–16.

# John M. Hull

## Der Ganzkörper-Seher
## Blindheit und Sehen als verschiedene Formen der
## Wahrnehmung

● Die Bedeutung symbolischer Werte für die Sinne

Neuere Entwicklungen in industriellen Gesellschaften zeigen deutlich, daß die herkömmliche Unterscheidung zwischen dem Gebrauchswert und dem Tauschwert einer Ware zur Beschreibung moderner Einkaufsgewohnheiten nicht mehr hinreicht. Wenn ich mir zum Beispiel ein Paar Schuhe kaufe, so ist der Tauschwert der Preis, den ich dafür bezahlen muß. Der Gebrauchswert besteht darin, daß ich sie an meinen Füßen tragen kann. Wenn ich nun aber bereit wäre, für ein anderes Paar einen weit höheren Preis zu bezahlen, weil sie ein bestimmtes Designer-Label tragen, so wäre der Nutzwert sicherlich ungefähr der gleiche. Wofür bezahle ich also? Ich bezahle für den symbolischen Wert des Designer-Labels, für ein Gefühl der Zufriedenheit. Ich schaffe mir eine Identität, indem ich einen Unterschied herstelle zwischen meinen Schuhen und den Schuhen von Leuten, die sich keine Designer-Schuhe leisten können. Der Designer-Schuh wird zum Symbol.

Der Markt wird heute von immer neuen Wellen speziell gestalteter Kunstprodukte überschwemmt, die hauptsächlich aufgrund ihres symbolischen Werts verkauft werden. Man denke nur an die Faszination, die zur Zeit weltweit von den Dinosauriern ausgeht. Da gibt es Dino-Malbücher und -Radiergummis, Bleistifte mit Dino-Stempel, T-Shirts, Hosen und Hüte mit Dino-Bildern, ja sogar Nahrungsmittel in der Form von Dinosauriern. Neulich kaufte ich für meine Kinder dinoförmiges Speiseeis. Jede dieser Warenwellen beruht auf einem Stimulus für Phantasie und Lebensgefühl des Käufers, der über den rein utilitaristischen Nutzwert der Ware weit hinausgeht. Vielfach werden die Waren ausschließlich über ihren symbolischen Wert vermarktet. Der tiefgreifende Wandel des Marktes, der damit einhergeht, beruht zum Teil auf der Tatsache, daß der Gebrauchswert von Waren durch die Grenzen der physischen Konsummöglichkeiten des menschlichen Körpers immer eingeschränkt ist, während symbolische Werte, die auf die Phantasie und die Wünsche des menschlichen Ego zielen, nahezu grenzenlos sind. Dieser Wandel hin zum symbolischen Marketing spiegelt eine generelle Tendenz in Marktforschung, Graphik, Design und Computertechnologie der letzten Jahre wider, die im Zusammenspiel mit Musik- und Filmproduktion, CDs und anderen Medienformen als bewußtseinsbildende Industrie bezeichnet werden kann.

Was ich bis hier beschrieben habe, bezieht sich jedoch ausschließlich auf die visuell erfahrbare Welt. Graphik und Design sind visuell. Für jemanden, der nicht

**171**

sehen kann, ist ein Schaufenster eben nicht mehr als eine Glasscheibe. Es gibt kein Marketing, das sich speziell an Blinde wendet, denn als wirtschaftliche Zielgruppe sind sie viel zu unbedeutend. Das führt zu einer merkwürdigen Isolation der Blinden als einer gesellschaftlichen Gruppe, die gegen Werbung quasi immun ist. Die Warenästhetik beschränkt sich auf die äußere Erscheinung der Produkte. Das heißt, daß die Außenhaut, die Verpackung der Ware, schön erscheinen muß. Noch vor 30 Jahren hätte sich ein Blinder in einem Spielwarengeschäft an der Berührung der Gegenstände erfreuen können. Heute dagegen findet er nur ein paar bewegte Exponate vor, die man nicht anfassen kann, und Regale voller Spielsachen in schön gestalteten Verpackungen, die sich aber alle mehr oder weniger gleich anfühlen.

•    Der Blinde als Kulturkritiker

Zwar habe ich bisher von neuen Entwicklungen in Design, Graphik und Marketing gesprochen, doch die eigenartige Isolation und Intensität, die mit Blindheit einhergeht, trug wohl schon immer die Möglichkeit des blinden Sehers in sich. Man denke an Tiresias, den blinden Homer, Ödipus oder John Milton, um nur einige zu nennen. Da der Blinde viel mehr in seiner Sprache, seinen Gedanken und seinem Körper lebt, ist der Zustand der Blindheit sowohl erdverbundener als auch intellektueller und birgt ein größeres spirituelles Potential in sich. Freilich haben diese größere Erdverbundenheit und die internalisierte Konzentration auf gedankliche Prozesse ihren Preis, doch können Blinde, ähnlich Priestern und anderen religiös lebenden Menschen, die in einer Zeit sexueller Ausbeutung die kreative Kraft des Zölibats erfahren, in unserer vom visuellen Symbolismus bestimmten Welt als Mahner an die Schönheit und Kraft der taktilen und akustischen Welt fungieren. So gesehen können wir die Möglichkeiten der Blindheit als Chance zu einer Kritik unserer visuellen Kultur begreifen.

Um diesen Zusammenhang zu illustrieren, möchte ich eine visuelle Metapher verwenden: Manchmal scheint es, als ob der Blinde mit einem Teleskop auf die Welt der Sehenden blickt. Wie gewaltig doch diese Welt ist! Wie groß, stark und schön sind diese sehenden Menschen, die in ihren Autos vorbeiflitzen oder in Flugzeugen den Himmel durchqueren. Mit welch unglaublicher Geschicklichkeit sie ihre Künste betreiben, und wie schnell das alles vor sich geht! Doch das Teleskop ließe sich ebensogut umdrehen. Jetzt erscheint die Welt der Sehenden eigenartig klein. Die Menschen darin sind wie kleine Ameisen, die in ihrem beschränkten Lebenskreis umherrennen, ihre Tage mit sinnlosen Dingen zubringen und dabei viel zu sehr darauf achten, wie sie aussehen, welche Kleider sie tragen, oder wie ihnen ihr Schmuck oder ihr Make-up stehen. Sie sorgen sich um die stilvolle Ausstattung ihrer Eigenheime und darum, ob die Gardinen zu den Teppichen passen. Sie führen ein belangloses Leben und halten niemals inne, um den komplizierten Klangmustern zu lauschen, die der Regen auf das Dach trommelt. Auf meinem

Nachhauseweg komme ich an einem kleinen Hain vorbei. Hier habe ich gelernt, inne zu halten und den Bäumen zu lauschen. Die Klangmuster des Rauschens in den Baumkronen sind von einer nahezu grenzenlosen Vielfalt, je nach Art des Baums, Windstärke und Jahreszeit. Die spröden, trockenen Blätter im Herbst klingen völlig anders als die jungen und weichen Blätter des Frühjahrs. Die Klangwelt der Bäume ist eine nie versiegende Quelle der Freude und Faszination. Man kann gar nicht genau genug hinhören, um die Millionen winzigster Raschelgeräusche, die Klangschichten und -wellen zu erlauschen, die vom Wind bewegte Bäume hervorbringen. Hier gibt es etwas, das sich niemals vermarkten läßt, das niemals zur Ware gemacht werden kann. Es läßt sich nicht in ein Logo verwandeln oder zu Werbezwecken gebrauchen. Es hat keinerlei Bezug zu Geld oder Status. Jeder Mensch mit normalem Gehör kann es genießen, und niemand, ganz gleich wie clever oder einflußreich er auch sein mag, kann daraus Profit ziehen, es sei denn, die Bäume der ganzen Welt würden umzäunt, und wir müßten Eintritt bezahlen, um zu lauschen.

Durch solche Erfahrungen gewinnen wir den Kontakt mit unserem Körper zurück und erkennen die Grenzen des Einflusses der Warenkultur auf unser Bewußtsein. Der Einfluß, den Ideologie auf das Subjekt ausüben kann, ist in der Tat begrenzt. Im Falle des Blinden stellt sich ihr eine nahezu unüberwindliche Hürde in den Weg, ein Schutzwall der Unwissenheit, hinter dem sich eine ganze Welt der Einzigartigkeit und Schönheit auftut, die nur darauf wartet, entdeckt zu werden.

● Greifbare Schönheit

Mein Beispiel war eines aus der Welt des Hörens. Ähnliches läßt sich aber auch in der taktilen Welt feststellen. Dazu müssen wir drei taktile Stadien durchlaufen. Die Hände werden hauptsächlich dazu benutzt, Kraft zu übertragen und zu manipulieren; mit unseren Händen ›tun‹ wir Dinge. Sie können uns aber auch dazu dienen, Informationen zu beschaffen. In diesem zweiten Anwendungsbereich der Hände, den man auch den ›epistemischen Gebrauch‹ nennen könnte, dringen die meisten sehenden Menschen nur äußerst selten vor. In bestimmten Situationen ist auch der Sehende auf seinen Tastsinn angewiesen, etwa, um herauszufinden, ob ein Gegenstand heiß oder kalt ist, oder um einen Spiegel von einer normalen Glasscheibe zu unterscheiden. Manchmal muß man ein Stück Stoff berühren, um festzustellen, ob dieser hart oder weich ist. Solche Situationen, in denen die Hand als Informationsträger benutzt wird, sind jedoch relativ selten, und selbst bei Nacht neigt der sehende Mensch eher dazu, eine Taschenlampe zu benutzen oder das Licht einzuschalten, als seine Umgebung nur mit den Händen abzutasten. Der sehr intime Bereich der körperlichen Liebe stellt hier eine gewisse Ausnahme dar. Bezeichnenderweise schließen wir beim Küssen meist die Augen, und es ist äußerst irritierend, wenn man in der Ekstase einer Liebesumarmung kurz die

Augen öffnet und bemerkt, daß man von seinem Partner beobachtet wird. Sehen braucht Distanz. Kommt man etwa einem Gemälde zu nahe, kann man es nicht mehr richtig erkennen. Außerdem schafft Sehen eine Objektivität, die dieser intimsten aller menschlichen Beziehungen durchaus unangemessen ist. Das eigene Bild in den Augen des geliebten Menschen zu erkennen, kann allerdings ein wunderbar intimes Gefühl der Gegenseitigkeit erzeugen. Doch selbst solch ein Eindruck verblaßt gegenüber der Berührung von nackter Haut. Kein anderer Sinneseindruck kommt der ungehinderten Gegenseitigkeit taktiler Berührung gleich.

Das bringt uns nach der Informationsfunktion der Hand nun bereits zum dritten taktilen Stadium, dem ästhetischen Gebrauch der Hände. Schönheit durch taktile Berührung zu erfahren, fällt dem sehenden Menschen besonders schwer. Für gewöhnlich entdeckt nur der Blinde die Freude, die es bereiten kann, etwa die Hand auf den sanften Rand einer Tasse zu legen oder den Finger an der scharfen, klaren Kante eines Tisches entlanggleiten zu lassen. Hunderte kleinster Nuancen, Tausende unterschiedlicher Empfindungen, für die unsere Sprache keine Worte hat, werden der Hand zugänglich.

Doch all dies setzt voraus, daß sich die Hand frei macht von dem Wunsch zu besitzen, von dem Wunsch zu manipulieren, zu beherrschen und zu schaffen. Die Hand muß ihre Autorität aufgeben, um für Wissen und Schönheit empfänglich zu werden. Doch das bedingt einen Wandel der Beziehung unseres Körpers zur Welt. Blinde sind generell offener, begeisterungsfähiger und empfänglicher für die Freude plötzlicher Überraschungen (allerdings auch für den Schmerz, der damit verbunden sein kann, zum Beispiel beim Zusammenstoß mit einem Laternenmast). Sie sind bescheidener im Umgang mit ihren Erlebnissen. Angesichts der immensen Ausbeutung der Menschen selbst und des Planeten Erde, die von der visuell-symbolischen Warenkultur ausgeht, können wir von der Offenheit der Hand einige neue Werte lernen, die unser angeschlagenes Sensorium wieder herstellen. Die Hand muß sich schließen, um zu greifen, zu besitzen. Doch um zu fühlen, muß sie sich öffnen. Diese Offenheit der Hand, wenn wir sie in ihrer innersten Bedeutung verstehen, bezeichnet einen Wandel in der Beziehung zwischen den Mächtigen und den Ohnmächtigen. Wenn wir den Elenden und Vergessenen unserer Erde nur etwas öfter die offene Hand zeigen könnten, wäre die visuelle Kultur längst aufgehalten und womöglich überwunden.

● Blindheit und Sehen sind keine Gegensätze

Ich erzählte meinem fünfjährigen Sohn, daß ich einen Vortrag zum Thema »Was ist Blindheit?« halten würde. »Das ist doch einfach!« rief er. »Blindheit ist, wenn man nicht sehen kann!«.
Diese Antwort ist richtig und falsch zugleich. Denn Blindheit als Mangel zu definieren, als Verlust der Sehkraft, ist nur der erste, einfachste und oberflächlichste Schritt auf dem langen Weg zu einem tieferen Verständnis dieses Phänomens.

In einem zweiten Schritt könnten wir Blindheit als einen kognitiven Zustand beschreiben, der durch eine andere Organisationsform des Wissens gekennzeichnet ist. Dem Blinden fehlen allerdings viele Informationen über die Welt, er verfügt gewissermaßen über eine kleinere Menge an Daten. Doch auch hier verstehen wir Blindheit noch immer als Mangel, als Verarmung.

Gehen wir noch einen Schritt weiter, so können wir Blindheit als eine Erweiterung der Sinneswahrnehmung begreifen, durch die der Mensch mit dem ganzen Körper ›sieht‹. So gesehen hat Blindheit einen atavistischen, regressiven Charakter. Ein Mensch, der im Erwachsenenalter die Sehkraft verliert, macht die Erfahrung, daß er auf die primitivsten, kindlichen Stufen zurückgreifen muß, um seine Sinne umzuleiten und umzustrukturieren, damit er wieder eine Ganzheit von Tastsinn, Gehör und den übrigen Sinnen aufbauen kann. Das Sehen integriert die anderen Sinne. Wenn es wegfällt, löst sich das Sensorium auf. Diese Ganzheit wieder herzustellen, erfordert einen Rückgriff auf die frühesten Stadien der Kindheit. Dabei entdeckt man, daß der gesamte Körper für Wissen empfänglich wird. In Analogie zur Evolutionstheorie könnte man dies mit dem Stadium der einzelligen Organismen, den Amöben, vergleichen, für die visuelle Wahrnehmung nicht an ein bestimmtes Organ wie etwa das Auge gebunden ist, sondern die mit ihrem ganzen Körper auf Licht oder andere Umwelteinflüsse reagieren. Die Situation des Blinden ist durchaus ähnlich. Der Blinde erkennt nicht nur mit seinen Fingern, sondern mit dem ganzen Körper. Der Körper wird selbst für winzigste Temperaturschwankungen sensibel. Daß es bald regnen wird, bemerke ich nicht an der Bildung von Gewitterwolken am Himmel, sondern an der Veränderung der Atmosphäre, die mein Körper wahrnimmt. Man wird empfänglicher für Aromen und Düfte. Ich bin wie ein Hund. Das indische Restaurant an der Ecke rieche ich schon lange, bevor es mein sehender Freund bemerkt. Ein weiteres interessantes Phänomen ist die Gesichtswahrnehmung, durch die vollständig Blinde Gegenstände in ihrer unmittelbaren Nähe erspüren können. Diese Gabe ist bei blind Geborenen besonders ausgeprägt, bei später Erblindeten entwickelt sie sich allmählich.

Es gibt jedoch nichts, was ein Blinder tun kann, das dem Sehenden nicht auch möglich wäre. Wie ist Blindheit also zu bewerten? Blindheit ist ein Zustand der Regression, bei dem die Schwelle der Wahrnehmung so weit abgesenkt ist, daß viele bisher nur unterschwelligen, elementaren Arten der Körperwahrnehmung ins Bewußtsein vordringen. Auch der sehende Mensch hat dieses Wissen, diese Intuition, doch bleiben sie unbewußt, denn die Kraft des Sehens ist so groß, daß er auf diese anderen Formen des Wissens nicht zurückgreifen muß. Der Blinde findet wieder Zugang zu einem Wissen, das wir zwar besitzen, von dessen Existenz wir aber nichts wissen. Wir können uns eine Sphäre jenseits des Sehens auftun und lernen, auf eine mehr körperliche und ganzheitliche Weise zu sehen. Das Wissen um diese Möglichkeit ist eines der Geschenke, die der Blinde, der gelernt hat, mit seinem ganzen Körper zu sehen, den Sehenden, die eingeschränkt, gespalten und allzu äußerlich orientiert sind, machen kann.

Wir sehen also, daß Blindheit und Sehen durchaus keine Gegensätze sind. Ich habe hier aus der Perspektive des Blinden geschrieben, man könnte den Sachverhalt aber ebensogut aus der Sicht eines Sehenden darstellen. Für den Blinden ist es oft erstaunlich, wie wenig die Sehenden sehen. Die Menschen nehmen viel zu wenig wahr, sind mit ihren Augen oft viel zu unaufmerksam. Nur ein winziger Teil dessen, was auf der Retina abgebildet wird, kann bewußt wahrgenommen werden, denn das Bewußtsein sieht nur, was es sehen will. Weil dem Blinden aber viel weniger Daten zur Verfügung stehen, kann er weniger gut Erwartungen und Intentionen ausbilden. Seine Intentionalität ist entsprechend niedrig, und er ist viel offener für die eigentliche Information. Die Intentionalität des Sehenden dagegen ist enorm hoch, denn er muß aus der immensen Fülle visueller Daten ständig bewußt auswählen. So kommt es, daß 20 Menschen dasselbe Bild betrachten können, und jeder sieht ein anderes. Mir als Blindem fällt das besonders stark auf, wenn mir verschiedene Leute ein Bild beschreiben, und jede Beschreibung ist anders. Es sind de facto 20 Bilder und nicht nur eines! Die Objektivität des Sehens wird ganz offensichtlich überbewertet. Sehen ist eine äußerst subjektive Sinneswahrnehmung. Im Sehen intendieren wir, projizieren, vergleichen und messen wir; und beuten die Welt aus. Der Rückzug in den kleinen Kreis des Körpers, in ein Leben auf Handreichweite, führt schließlich zur Entdeckung einer kleineren, aber reicheren und menschlicheren Welt.

Diejenigen, die wir blind nennen, und diejenigen, die wir sehend nennen, sind aufeinander angewiesen. Ihre unterschiedlichen Wahrnehmungsformen stehen in einem dialektischen Verhältnis zueinander. Die Sehenden lernen durch die Blinden erst sehen, und die Blinden lernen von den Sehenden, wie man sieht. In England arbeite ich an einem Projekt zur Ausstattung von Kathedralen mit taktilen und akustischen Materialien für blinde Besucher. Diese Materialien werden auch von Sehenden benutzt, und immer wieder höre ich, daß sie dadurch eine ganz andere, sehr eindrückliche Vorstellung von der Kathedrale bekommen. Sie bemerken, wie viele Kathedralen es gibt, die sie oft vorher nicht einmal wahrgenommen haben. So kann das Verhältnis zwischen Blinden und Sehenden zu einer gegenseitigen Bereicherung werden. Es darf nicht unter dem Vorzeichen der Behinderung gesehen werden, denn das wäre allzu herablassend, sondern im Zusammenhang der gegenseitigen Stärkung wahrer Menschlichkeit. Letztlich ist die Welt der Blinden nur eine kleine innerhalb der größeren Welt der sogenannten Sehenden – ein Verhältnis des Ohnmächtigen zum Mächtigen. Doch eine Menschheit, die lernt, ihre Fähigkeiten zu teilen, um dieses Problem zu lösen, wird zu einer reicheren Menschlichkeit finden.

*Übersetzung aus dem Englischen von Roland Mahle*

# Franz Fischnaller
## »Lautriv Chromagnon«[1]
## Gesicht zu Gesicht – interaktiv

*Lautriv Chromagnon* ist eine Interpretation der Sphinx des 20. Jahrhunderts. Die Arbeit zitiert und verschmilzt verschiedene Aspekte der Geschichte und vereint sie mit einer elektronischen Innenwelt zu einer Form. Der Benutzer dieser Installation hat die Möglichkeit, sich durch eine ›face-to-face‹-Erfahrung (indem er *Lautriv Chromagnon* in die Augen sieht) in eine Virtuelle Realität zu versetzen. Die LCDs, die sich im Inneren der Augen befinden, ermöglichen es dem Besucher, in einem virtuellen Innenraum zu wandeln. Spezielle joysticks und Sensoren sind an den Händen und an der rechten Schulter des *Lautriv Chromagnon* angebracht. Der Bauch interpretiert ein elliptisches Zentrum, in dem die verschiedenen Codices der Kommunikation dargestellt werden. Die Hände, die Augen, der Bauch und die Schulter werden zu interaktiven Instrumenten, die eine Kommunikation zwischen dem Besucher und der mulitmedialen Skulptur herstellen.

Es handelt sich um eine UPTODATE-Skulptur – eine Definition der Arbeitsmethode des Autors: Verschiedene Formen, Ikonen, Symbole, zeitliche Perioden und so weiter werden – durch bewußte Anwendung höchster Technologie – zu einer neuen Einheit, die sich im Unterbewußten formt, zusammengesetzt.

Das hier dargestellte Projekt präsentiert die erste Phase eines virtuellen Raumes, in dem der Mensch, zwischen Raum und Zeit, den verschiedenen Medien begegnet und damit selbst Kommunikation schafft.

Eine zweite Phase ist in Planung: *Lautriv Chromagnon* wird seinen ›Brüdern‹ und Schwestern‹ im virtuellen Netzwerk begegnen, das heißt, verschiedene Besucher werden sich an verschiedenen Orten durch jeweils dort aufgestellte *Lautriv Chromagnons* gegenseitig ›in die Augen sehen‹ können.

---

1 Konzept: Yesenia Maharaj Singh, Virtual Reality Software: Visualiser Superscape

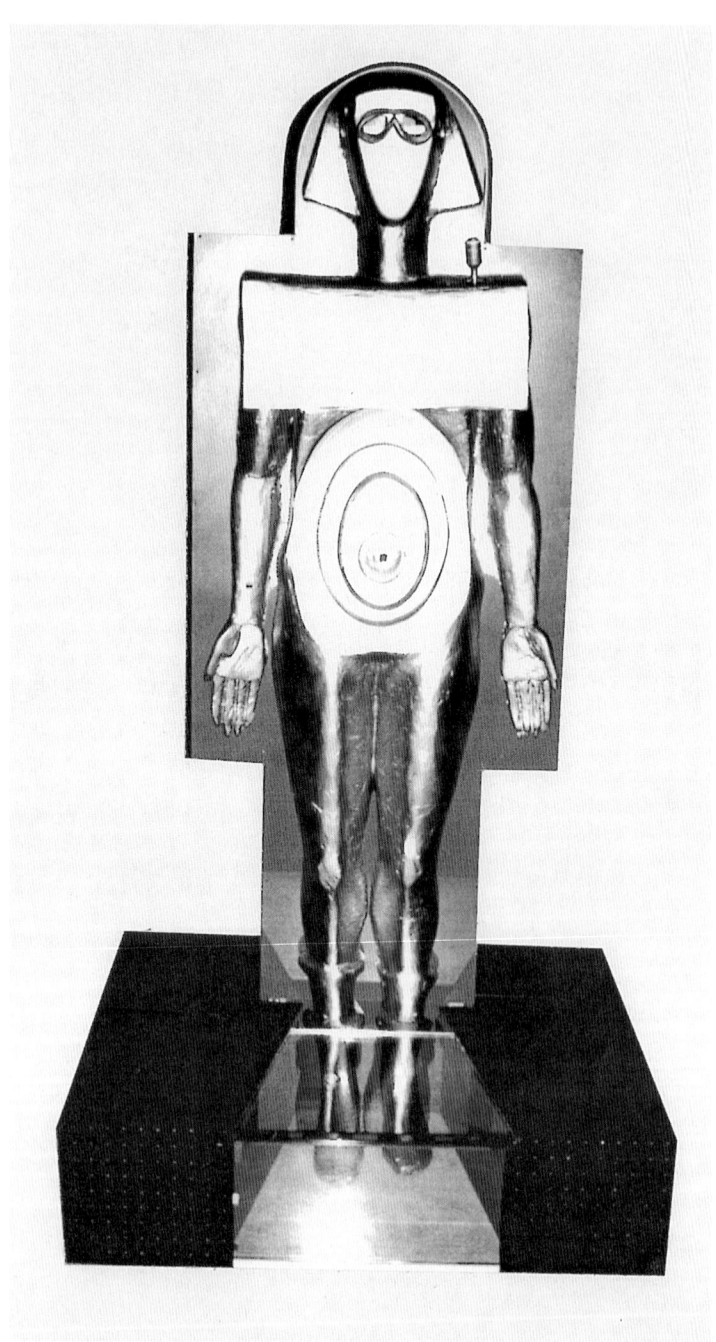

Abb. 1: Franz Fischnaller: LAUTRIV CHROMAGNON, 1994, Glasfiber, Metall und Holz

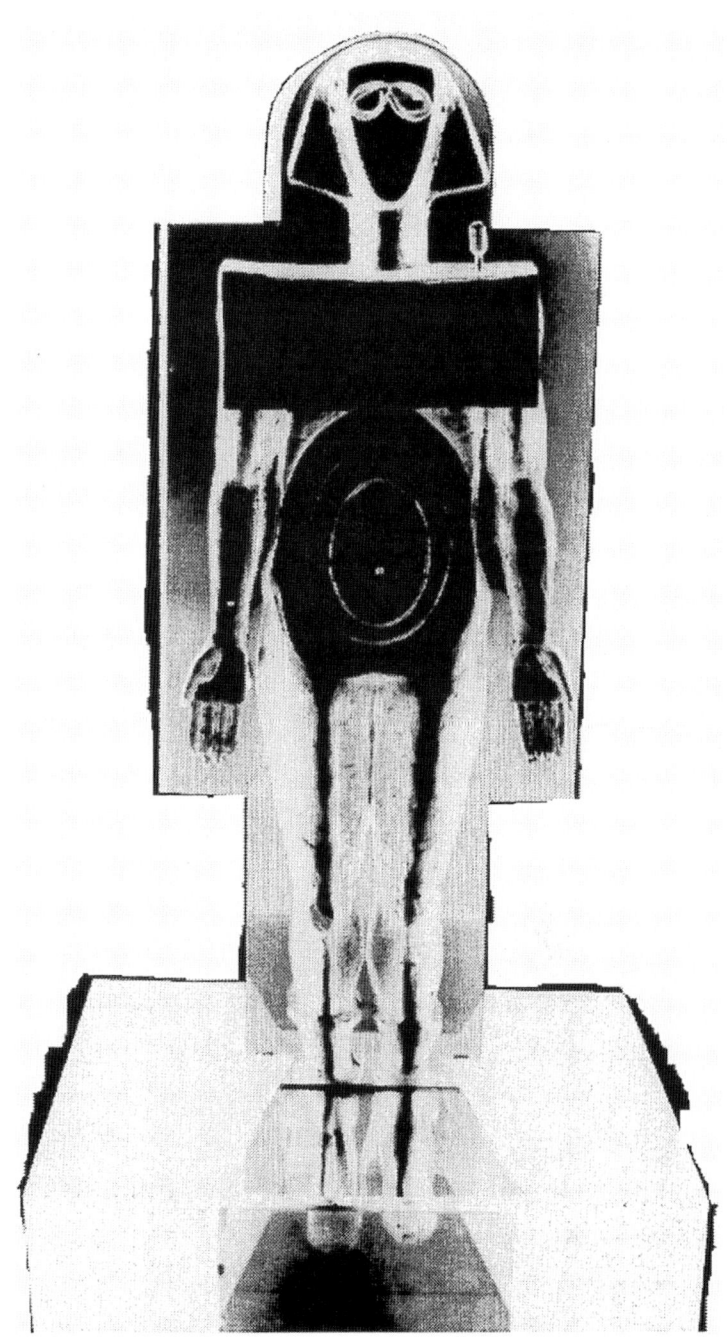

Abb. 2: Franz Fischnaller: LAUTRIV CHROMAGNON, Frontalansicht, Negativ

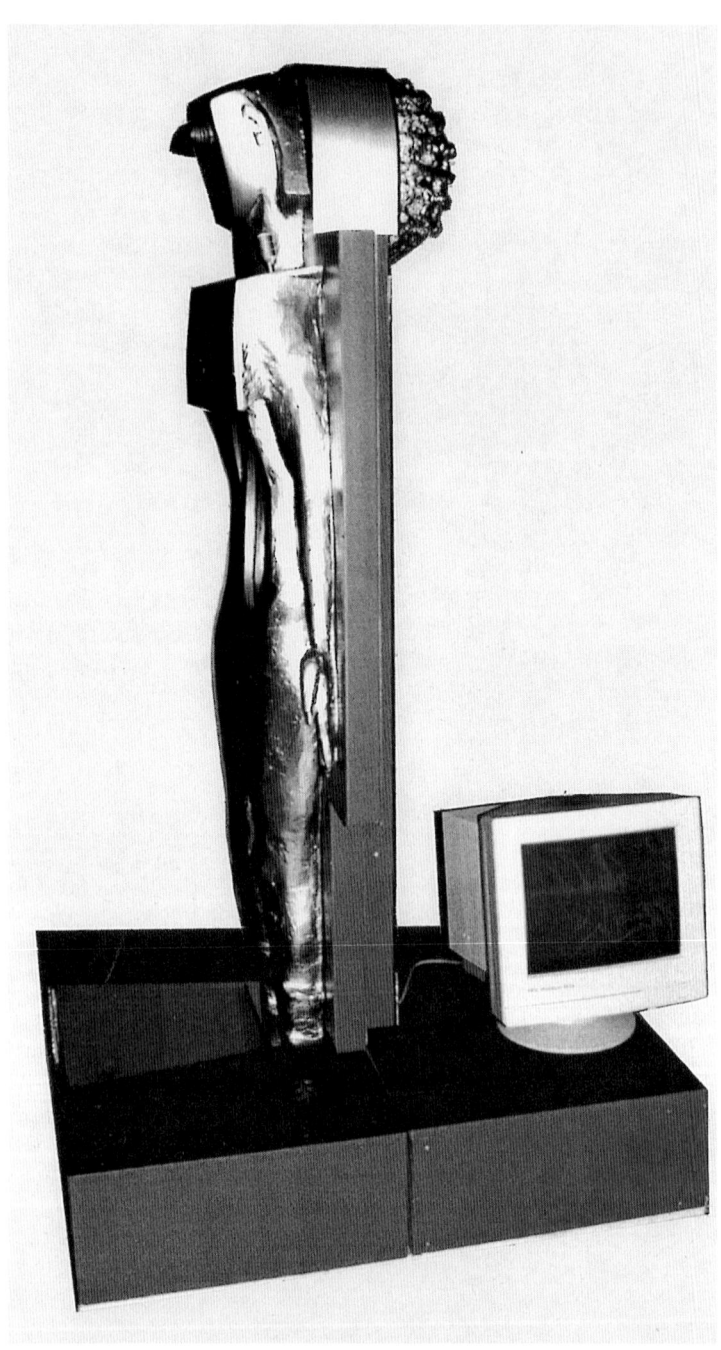

Abb. 3: Franz Fischnaller: LAUTRIV CHROMAGNON, Seitenansicht mit Bildschirm

180

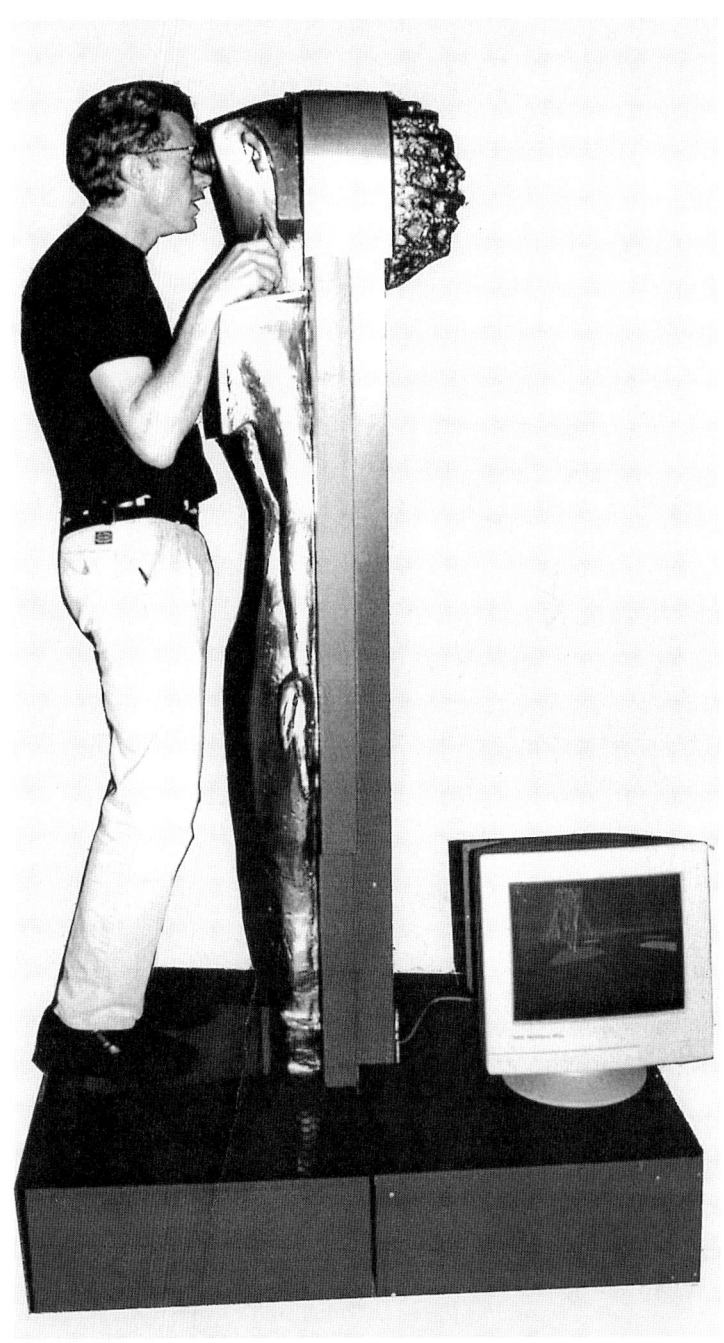

Abb. 4: Franz Fischnaller: LAUTRIV CHROMAGNON, 1994, Seitenansicht mit Interaktion

# Christof Koch

## Zu den neurobiologischen Grundlagen des Bewußtseins

Drei grundlegende Probleme beschäftigen die heutige Wissenschaft. Das erste ist der Traum der Physiker, alle bekannten Kräfte in einer einzigen, schlüssigen Theorie zu vereinigen. Die sogenannte Superstrings-Theorie scheint hier ein aussichtsreicher Kandidat zu sein, denn sie könnte, wenn sie jemals fertig ausgearbeitet wäre, auf der Grundlage der Bedingungen, die vor 15 Milliarden Jahren am Beginn des Weltalls herrschten, den gegenwärtigen Zustand des Universums erklären. Das zweite Problem ist der Traum der Biologen, zu erklären, wie aus einer einzigen Zelle innerhalb von fünf Wochen, fünf Monaten, fünf Jahren, eine Pflanze, ein Käfer, ein Mensch wird – das Phänomen der Entwicklung. Das dritte Problem schließlich betrifft unser eigenes Gehirn und war bislang die Domäne der Philosophen und Psychologen. Wie funktioniert unsere Wahrnehmung? Doch nicht nur wir Menschen, auch Affen, Katzen und selbst so niedere Kreaturen wie Fliegen oder Schnecken, die wir manchmal achtlos zertreten, haben Wahrnehmungen. Wie nehmen wir unsere Umwelt wahr, und wie reagieren wir auf sie?

Die Antwort auf diese Frage ist eigentlich die Voraussetzung zur Lösung des Problems, das viele von uns überhaupt erst mit der Neurobiologie in Kontakt gebracht hat, das wir aber während des Studiums und später gelernt haben zu verdrängen. Es ist das heikle Problem des Bewußtseins. In den letzten 60 Jahren gab es vor allem in den USA, wo ich lebe und arbeite, eine starke Tendenz seitens der Behaviouristen – B. F. Skinner und seine Freunde –, das Problem schlicht zu negieren. Bewußtsein, so wird argumentiert, sei keine eigentlich wissenschaftliche Vorstellung. Es kann nicht experimentell getestet werden, also muß es außer Betracht bleiben. Andererseits wissen wir doch alle, daß wir ein Bewußtsein haben. Ich möchte daher versuchen, aufzuzeigen, wie das Problem in einer vereinfachten, aber dennoch wissenschaftlichen Weise angegangen werden kann.

Bei diesem Vorhaben gilt es einige Grundregeln zu beachten, damit wir nicht gleich am Anfang steckenbleiben. Erstens: Man versuche keine formale Definition von Bewußtsein zu geben. Wir wissen ungefähr, worum es geht, aber für jede Definition, die ein bewußtes Wesen beschreibt, könnte man mehrere Gegenbeispiele anführen; Schlafwandeln etwa, REM-Schlaf, Betäubung, Zombies oder ähnliches. Ohne also eine genauere Definition zu geben, könnte man sagen: Bewußtsein ist der Zustand, in dem Sie sich (hoffentlich) jetzt befinden. Sie schlafen noch nicht – das mag sich im Laufe der Lektüre freilich ändern –, und das ist genau der Zustand, von dem ich ausgehe.

Zweitens: Wir wollen davon ausgehen, daß auch höhere Tiere, vor allem Affen, aber wahrscheinlich auch Katzen und Hunde, eine Form von Bewußtsein besitzen.

Betrachtet man die Hirnstruktur unserer nächsten Verwandten, der Menschenaffen, stellt man eine große Ähnlichkeit mit dem menschlichen Gehirn fest. Unseres ist zwar größer, aber die Komplexität ist in etwa vergleichbar. Es gibt also keinen Grund, anzunehmen, daß Affen nicht auch ein Bewußtsein haben. Aus dieser Regel folgt, daß ein Sprachsystem nicht Voraussetzung von Bewußtsein ist. Dies wirft freilich die Frage auf, welche Tierarten dann ohne Bewußtsein sind. Dem sollten wir aber erst später nachgehen, wenn wir mehr über das Bewußtsein selbst wissen. Schnecken, so würde ich behaupten, haben wohl kein Bewußtsein, Katzen und Hunde vermutlich ja. Aber wo genau Bewußtsein beginnt, ist unklar.

Regel drei wird Sie enttäuschen: Die interessantesten Aspekte des Bewußtseins wie den freien Willen oder Qualia werde ich nicht behandeln. Qualia sind subjektive Eigenschaften wie etwa ›blau‹ oder ›Schmerz‹ oder das Gefühl, ›ich‹ zu sein. Wenn ich mit starken Zahnschmerzen im Bett liege, schon zwei Aspirin genommen habe und dann der Zahn so richtig zu hämmern beginnt, frage ich mich womöglich, warum das eigentlich so weh tut. Der Schmerz kommt von einer Nervenzelle, das ein Signal von dem kranken Zahn an das Gehirn aussendet, welches dort in irgendeiner Gehirnzelle eine elektrische Reaktion erzeugt. Aber warum führt diese zu Schmerz? Würde ein Neuron einige Zentimeter weiter aktiviert, würde ich vielleicht den Duft einer Rose wahrnehmen, und andere Nervenzellen, die sich nicht von dem ›Schmerz‹ oder den ›Geruch‹ Neuronen unterscheiden, signalisieren Freude oder Lust. Wie kann eine elektrische Reaktion in einer Zelle, wie kann überhaupt irgend ein physischer Vorgang das Gefühl von ›blau‹, von Abscheulichkeit, Freude oder die Duftwahrnehmung einer Rose auslösen? Das ist eine sehr subjektive Frage, denn mein Schmerzempfinden ist möglicherweise völlig anders als das anderer Menschen. Ich kann lediglich voraussetzen, daß Sie laut aufschreien, wenn ich Ihnen mit einem großen Hammer auf den Fuß schlage. Aus dieser Reaktion kann ich schließen, daß Sie wahrscheinlich das gleiche schreckliche Gefühl haben, das ich unter diesen Bedingungen hätte. Genau überprüfen läßt sich das allerdings nicht. Wir tun also gut daran, solche Probleme außer Betracht zu lassen. Sie sind nur innerhalb der Philosophie sinnvoll zu erörtern und werden sich eventuell einer wissenschaftlich nachprüfbaren reduktionistischen Erklärung entziehen. Der junge Wittgenstein formulierte dies in seinem kühnen »Tractatus logico-philosophicus«: »Worüber man nicht sprechen kann, darüber muß man schweigen.«

Keine Psychoanalyse wird mir jemals erklären können, wie ich Farben sehe, ganz gleich, wie lange ich für 100 Dollar pro Stunde auf der Couch liege. Vielleicht erfahre ich dadurch, warum ich meine Frau geheiratet habe, oder warum ich es immer vermeide, auf die Fugen zwischen den Bodenplatten zu treten; aber elementare Dinge wie die Wahrnehmung von Farben, Geräuschen oder Gerüchen sind dieser Art der Introspektion nicht zugänglich. Wahrscheinlich haben wir zum Großteil unseres Gehirns keinen bewußten Zugang. Psychologische Theorien über das Bewußtsein und andere mentale Phänomene haben zwar einige interessante Ergebnisse gebracht, aber sie betrachten die Dinge nur von außen. Die einzige

Möglichkeit, herauszufinden, wie das menschliche Gehirn wirklich funktioniert, ist, die ›Black box‹ zu öffnen und zu experimentieren. Das heißt, Elektroden einzusetzen, biochemische Versuche zu machen und das gesamte Spektrum wissenschaftlicher Verfahren anzuwenden.

Ich will mich nun dem Unbewußten zuwenden, einer Vorstellung, die zuerst von Nietzsche entdeckt wurde und die dann von Freud, Jung, Adler und anderen populär gemacht wurde. In den letzten 20 Jahren hat die Wahrnehmungspsychologie bei der Erforschung einiger Aspekte des Unbewußten große Fortschritte gemacht, insbesondere bei der Erklärung der sogenannten ›automatischen Prozesse‹ und des ›Wissens ohne Bewußtsein‹, zwei Vorgänge, die bei allen Menschen innerlich ständig ablaufen. Autofahren ist ein gutes Beispiel für einen automatischen Prozeß. Am Anfang erfordert es die volle Konzentration. Schalten, Spurwechseln, in den Rückspiegel schauen – alles muß bewußt ausgeführt werden. Aber schließlich, nach einigen Jahren Erfahrung, fährt man völlig automatisch und kann sogar an ganz andere Dinge denken. Wenn ich während der Fahrt in irgendein Problem vertieft bin, kann es sein, daß ich plötzlich wieder zu Hause in der Garage bin, ohne daß mir bewußt ist, wie ich dorthin gekommen bin, obwohl ich doch an roten Ampeln halten, beim Linksabbiegen auf Gegenverkehr achten und ganz allgemein intelligent auf den Straßenverkehr reagieren mußte. Und das passiert mir recht häufig. Ein weiteres Beispiel für einen automatischen Prozeß ist das Schreiben in Spiegelschrift, wie es Leonardo da Vinci in seinen Notizbüchern praktiziert hat. Die meisten Menschen können das Lesen und Schreiben von Spiegelschrift lernen. Es ist nicht ganz einfach und dauert eine ganze Weile, vor allem das Schreiben. Wenn ich Sie etwa als Versuchsperson bezahlen würde, könnten Sie es in wenigen Wochen erlernen. Und dann geht es völlig mühelos, genau wie normales Lesen und Schreiben, die übrigens auch weitere Beispiele von automatischen Prozessen sind. Bei dem anderen Phänomen ›Wissen ohne Bewußtsein‹ handelt es sich um Wissen, das vom Gehirn zwar verarbeitet wird, aber dem Bewußtsein nicht zugänglich ist. Man weiß etwas, weiß aber nicht, daß man es weiß. Ein Beispiel hierfür ist die unterbewußte Werbung, die in den 60er Jahren kontrovers diskutiert wurde. Ihre Wirkung ist bei weitem nicht so groß, wie die meisten Leute annehmen, aber sie existiert durchaus. Ich könnte die Worte »Kaufen Sie mein Buch« so schnell über einen Bildschirm huschen lassen, daß Ihre Augen sie nicht wahrnehmen, aber Ihr Gehirn sie registrieren würde. Leider würde Sie das wohl doch nicht dazu veranlassen, mein Buch zu kaufen. Viele der sozialen Urteile, die unser tägliches Leben bestimmen – warum wir manche Menschen mögen und andere ablehnen, manche bewundern und andere gar hassen –, sind eingehend untersucht worden. Viele Aspekte solcher subjektiver Urteile und Meinungen kommen ohne das Bewußtsein zustande. Man mag jemanden ›instinktiv‹ und kann oft nicht erklären, warum.

Doch wie läßt sich dieser Wust von Gefühlen testen, zu dem wir doch gar keinen Zugang haben? ›Wissen ohne Bewußtsein‹ ist am ausführlichsten an einer Gruppe von Patienten untersucht worden, die an Prosopagnosia leiden, das heißt, sie können Gesichter nicht wiedererkennen. Nach einem Schlaganfall oder einer Viruserkrankung war ein Teil ihres Gehirns ausgefallen. (Die Erforschung von Hirnverletzungen hat sich für die Neurologie als äußerst fruchtbar erwiesen, denn wenn man ermittelt hat, welcher Teil des Gehirns beschädigt wurde und welche mentalen Fähigkeiten davon betroffen sind, kann man auf die Funktion des fehlenden Gehirnteils schließen.) Wenn man einem solchen Patienten ein Photo seiner Frau zeigt, mit der er vielleicht schon ein oder zwei Jahrzehnte verheiratet ist, so erkennt er sie nicht. Gleichzeitig zeigen aber Messungen der elektrischen Leitfähigkeit seiner Finger eine deutliche Veränderung bei der Betrachtung des Photos seiner Frau (im wesentlichen das Prinzip des Lügendetektors). Etwas in seinem Hirn hat sie wiedererkannt, obwohl er sich nicht bewußt ist, wer sie ist. Zeigt man ihm ein beliebiges Gesicht, das er nie zuvor gesehen hat, sagt er ebenfalls, die Person kenne ich nicht, doch jetzt weist das Verhalten seiner Handflächen keine Veränderung auf. Man kann ihm Bilder von berühmten Präsidenten oder Filmschauspielern vorlegen, und meist zeigt sich eine starke Veränderung seiner Handflächen, obwohl er behauptet, keine dieser Personen zu kennen.

Eine weitere interessante Ausprägung des ›Wissens ohne Bewußtsein‹ ist das sogenannte Blindsehen (im Englischen ›Blindsight‹), das in England entdeckt im hinteren Teil der Großhirnrinde hatten, wo sich das Sehzentrum des Gehirns befindet. Sie sind danach in einem bestimmten Teil ihres Sichtfeldes blind, können also beispielsweise links von dem Punkt, auf den sich die Augen richten, nichts erkennen. Hält nun der Arzt auf dieser linken Seite einen Finger hoch und fragt: »Können Sie etwas erkennen?«, antwortet der Patient: »Nein, auf dieser Seite bin ich blind.« Der Arzt fragt weiter: »Sehen Sie denn nicht meinen Finger?« »Nein.« »Können Sie sehen, wie er sich bewegt?« »Nein! Warum fragen Sie denn immer weiter? Ich bin blind!«. »Sagen Sie mir doch einfach, ob sich mein Finger nach links oder nach rechts bewegt.« Schließlich sagt der Patient: »Also gut, dann werde ich eben raten. Er bewegt sich nach links.« Und seine Antwort ist immer richtig. Obwohl diese Patienten hartnäckig darauf bestehen, daß sie nichts sehen, können sie die Richtung einer Bewegung treffsicher ›erraten‹. Wird er gebeten, auf einen Gegenstand zu zeigen, trifft er die Richtung ziemlich genau. Selbst Farben können solche Patienten richtig bestimmen. Aber sie können nicht alles. Formen können sie zum Beispiel nicht erkennen. Hält man ein Quadrat hoch und fragt, ob es sich um ein Quadrat oder um einen Kreis handele, scheinen sie wirklich zu raten. Diese Gruppe von Patienten zeigt sehr eindrucksvoll, daß man etwas ›wissen‹ kann, ohne sich dieses Wissens bewußt zu sein.

Was heißt es also, sich einer Sache bewußt zu sein? Warum sind wir uns mancher Dinge bewußter als anderer? Wie kann unser Gehirn Informationen haben, deren wir uns nicht bewußt sind? In den letzten Jahren haben Francis Crick vom Salk Institute in La Jolla und ich ein Bezugssystem erarbeitet, von dem wir annehmen, daß es dieses Problem in vereinfachter Form auf der neuronalen Ebene erklären dürfte. Francis Crick ist ein Molekularbiologe, der für seine Arbeit über die

Doppelhelix zusammen mit Jim Watson den Nobelpreis erhalten hat. Ich selbst komme von der theoretischen Neurologie her, bin also kein experimenteller Biologe. Mein Arbeitsgebiet ist die Erforschung der Funktionsweise des Gehirns. Um unsere Theorie etwas genauer zu erläutern, will ich auf drei aufeinander aufbauende Ebenen zu sprechen kommen: Die psychologische Ebene, die das gesamte Gehirn umfaßt, die Ebene der verschiedenen Gehirnzonen und schließlich die der einzelnen Nervenzellen.

Crick und ich postulieren, daß Bewußtsein auf der psychologischen Ebene zwei Dinge voraussetzt: Aufmerksamkeit und Kurzzeitgedächtnis. Diese beiden Prozesse werden schon seit geraumer Zeit mit dem Bewußtsein in Verbindung gebracht. William James hat das Phänomen der Aufmerksamkeit und seine Beziehung zum Bewußtsein bereits vor 100 Jahren beschrieben. Wir gehen davon aus, daß immer, wenn man etwas bewußt wahrnimmt, der unbewußte Teil des Gehirns die Aufmerksamkeit auf diese Sache richtet und sie ins Kurzzeitgedächtnis überführt, auf das der bewußte Teil des Gehirns Zugriff hat.

Das Phänomen der Aufmerksamkeit tritt in allen sensorischen Bereichen auf, aber am besten läßt es sich bei der visuellen Wahrnehmung beobachten. Man muß es sich vorstellen wie einen Suchscheinwerfer. Wenn alles dunkel ist, kann man nur das sehen, was der Scheinwerfer beleuchtet. Lediglich dieser Lichtkegel ermöglicht weitergehende Analysen: Wen sehe ich? Was tut er/sie gerade? und so weiter. Wir glauben, daß sich ein ähnlicher Vorgang im visuellen System abspielt, und zwar unabhängig von der Bewegung der Augen. Man kann seine Augen auf einen bestimmten Punkt richten, die Aufmerksamkeit aber auf einen anderen. Dabei läßt sich der ›Suchscheinwerfer‹ umherbewegen. Diese Aufmerksamkeitsbewegungen vollziehen sich äußerst schnell. Eine solche Bewegung braucht nur etwa eine Vierzigstelsekunde, eine Augenbewegung dagegen eine Fünftelsekunde.

Psychologen gehen davon aus, daß diese Aufmerksamkeitsbewegungen eingesetzt werden, um bestimmte Arten von Aufgaben zu lösen, die komplexe Entscheidungen erfordern (zum Beispiel, wenn man in einer Menschenmenge ein bestimmtes Gesicht sucht). Das hat aber nichts mit den Suchbewegungen der Augen beim Betrachten eines Gegenstandes zu tun. In den 60er Jahren zeigte der Russe A. L. Yarbus, wie die Augen Objekte abtasten. Er setzte einen kleinen Saugnapf mit einem Spiegel auf den Augapfel einer Versuchsperson. Der Spiegel reflektierte einen Lichtstrahl auf eine Photoplatte und zeichnete so die Bewegungen des Auges auf. Dabei zeigte sich, daß beim Betrachten eines Gegenstands, eines Gesichts etwa, die Augen in ständiger Bewegung sind. Vielleicht beginnt der Betrachter mit einem Blick auf das rechte Auge, dann kommt das linke, danach wandert der Blick zum rechten Ohr, schwenkt zum Rand des Gesichts und zurück zum rechten Auge, danach zur Nase und so weiter. Normalerweise bewegen sich die Augen zu dem Punkt, auf den sich auch die Aufmerksamkeit richtet, aber das muß nicht notwendigerweise so sein.

Dieses Prinzip des Scheinwerfers, so glauben wir, gilt immer, wenn man sich auf einen seiner Sinne konzentriert. Man kann sich auf eine Melodie konzentrieren oder bei geschlossenen Augen die Stelle erspüren, an der man mit dem Finger seinen Fuß berührt und ähnliches mehr. Ich werde mich hier auf visuelle Wahrnehmung beschränken, weil ich mich damit am besten auskenne, aber die Scheinwerfer-Metapher gilt auch für die anderen Sinne.

Crick und ich postulieren als zweite Komponente des Bewußtseins das unmittelbare oder Kurzzeitgedächtnis. Jeder ist mit dem Langzeitgedächtnis vertraut, das sich in verschiedene Bereiche gliedert. Das sogenannte autobiographische Gedächtnis ist dabei das wichtigste (ich weiß, wo ich gestern vor einem Jahr war). Das semantische Gedächtnis speichert Fakten wie etwa die Hauptstadt von England. Diese Bereiche des Langzeitgedächtnisses sind bewußt. Daneben gibt es auch unbewußte Bereiche, wie zum Beispiel das prozedurale Gedächtnis, das Fähigkeiten wie Golfspielen oder Schreiben in Spiegelschrift speichert, die man durch Übung über einen längeren Zeitraum erlernt. Zu diesem Teil des Gedächtnisses hat man normalerweise keinen bewußten Zugang, sondern man muß die Fähigkeit ausführen um sich zu erinnern, wie das mit der Rückhand beim Tennis war. Das Kurzzeitgedächtnis, auf dem das Bewußtsein beruht, ist hiervon grundverschieden. Wenn man eine Telefonnummer hört, kann man sie sich für einige Sekunden merken, bis man von etwas anderem abgelenkt wird. Ist es notwendig, sie sich zu merken, bis man zu Hause ist, wird man sie sich immer wieder ›im Kopf‹ vorsagen. Tut man dies nicht, verschwindet sie aus dem Gedächtnis. Das Kurzzeitgedächtnis speichert komplexe Informationen. Zeigt man einem Schachspieler nur ganz kurz eine laufende Partie, so kann er die Positionen der Figuren angeben. Das funktioniert aber nur bis zu einem bestimmten Punkt, denn normalerweise kann das Kurzzeitgedächtnis nur in etwa sieben Einheiten speichern (plus/minus zwei). Sieben Ziffern, sieben Namen oder sieben Schachpositionen. Man kann sich das Kurzzeitgedächtnis wie ein Tablett mit begrenztem Fassungsvermögen vorstellen: Der Scheinwerfer streicht über die Gegenstände auf dem Tablett und beleuchtet sie einen nach dem andern. Die beleuchteten Gegenstände nehmen wir bewußt wahr. Da das Licht über jeden dieser Gegenstände in nur 30 bis 50 Millisekunden streichen kann, die bewußte Wahrnehmung aber Hunderte von Millisekunden beansprucht, entsteht der subjektive Eindruck, man könne alle Objekte auf dem Tablett gleichzeitig wahrnehmen. Kommt ein neues Objekt hinzu, muß eines der anderen weichen.

Das Kurzzeitgedächtnis ist sehr widerstandsfähig und äußerst schwer zu reduzieren. Eine Reihe von Medikamenten, die in der Chirurgie regelmäßig verabreicht werden, können jedoch das Langzeitgedächtnis beschädigen. Dazu gehören die Familie der Benzodiazepine – am besten bekannt durch Valium – und die Skopolamine. Es ist aber keine Droge bekannt, die das Kurzzeitgedächtnis blockieren könnte. Auf Unfallstationen werden schwer Verwundeten oft Benzodiazepine verabreicht, die entspannend wirken und eine Vorstufe zur Amnesie einleiten. Dies

**187**

bedeutet, daß der Patient jetzt nur noch über ein bewegliches ›Zeit-Fenster‹ von ungefähr zwei bis drei Minuten verfügt. Er vergißt alles, was sich vor mehr als drei Minuten ereignete, einschließlich der Schmerzen bei der Operation. Solche Patienten können aber dennoch rational auf die Anweisungen des Personals reagieren und manchmal sogar sprechen, sie sind also im eigentlichen Sinne des Wortes bei Bewußtsein. Läßt die Wirkung des Medikaments nach, können sie sich jedoch an nichts mehr erinnern. Daneben gibt es auch Patienten, die aufgrund von Krebs, operativen Eingriffen, epileptischen Anfällen oder der Alzheimerschen Krankheit ihre autobiographischen und semantischen Gedächtnissysteme verloren haben (beide zusammen werden auch als das deklarative Gedächtnissystem bezeichnet). Es gibt einen berühmten Patienten, der der Fachwelt als H. M. bekannt ist, dem in den 50er Jahren aufgrund von massiven epileptischen Anfällen beide Temporalloben des Gehirns operativ entfernt wurden. Die letzten deutlichen Erinnerungen, die er hat, beziehen sich auf die Zeit vor seiner Operation vor über 30 Jahren. Seit dieser Zeit lebt er in einer Klinik, doch er hat noch immer keine bewußte Erinnerung an seine Pfleger und Ärzte. Dabei ist er bei vollem Bewußtsein und klarem Verstand. Das heißt also, daß das Langzeitgedächtnis unser Leben zwar enorm bereichert, aber keine notwendige Voraussetzung für Bewußtsein ist. Bewußtsein braucht auf seiner untersten Stufe nicht mehr als das Kurzzeitgedächtnis und Aufmerksamkeit.

Nun möchte ich aufzeigen, was Bewußtsein auf der Ebene der verschiedenen Gehirnzonen bedeutet. Das Gehirn besteht aus mehreren Dutzend unterschiedlich großer Bestandteile, die man als kortikale Zonen bezeichnet. Ihre Fläche reicht von der eines Daumenabdrucks bis zu der einer Kreditkarte, und jede dieser Areale hat eine eigene Funktion – das Sehen von Farben oder Raumtiefe, Hören, Sprechen, Speichern von Namen und so weiter. Abbildung 1 zeigt ein kombiniertes PET/MRI-Bild des Hirns eines meiner Kollegen, John Allman. (PET steht für ›Positron Emission Tomography‹ und MRI für ›Magnetic Resonance Imaging‹). Wenn man ein PET-Bild über ein MRI-Bild projiziert, kann man sehen, welche Gehirnstrukturen bei der Lösung einer bestimmten Aufgabe oder Tätigkeit aktiv sind. Man kann also sozusagen dem Gehirn in einer primitiven Art und Weise beim Denken zuschauen. In diesem Fall hatte John Allman einen aufblitzenden visuellen Stimulus betrachtet. Das erste Kortexareal, das nach der Ankunft visueller Information von der Retina aktiviert wird, liegt ganz hinten im Hinterkopfflobus und heißt V1, ›visuelle Zone eins‹. V1 übernimmt das frühe Filtern, das heißt die ersten Stadien des Verarbeitungsprozesses für das Erkennen von Bewegung und Raumtiefe. Letzteres geschieht durch Vergleichen der ›Stereobilder‹, die wir von unseren beiden Augen geliefert bekommen. Von hier aus wird die visuelle Information an andere Stellen weitergeleitet. Eine der kortikalen Areale, an die der Stimulus als nächstes geht, heißt MT (manchmal auch V5, ›Visuelle Zone fünf‹, genannt). Die Nervenzellen hier sind alle an der Analyse von Bewegung beteiligt. Patienten, deren MT-Zone beschädigt ist, sehen die Welt als Abfolge stehender Bilder ohne Bewegung. Es ist, als ob man die ganze Zeit in einer Disco mit Strobo-skoplicht leben müßte. Das kann natürlich sehr gefährlich werden. Im Straßenver-kehr etwa, wenn ein Auto in einem Moment noch unten an der nächsten Ecke ist und bald danach schon praktisch über uns. Von V1 geht die visuelle Information auch nach V4 weiter, zur Erkennung von Farbe und Form. Es gibt mehr als 30 Gehirnzonen, die wie V4 und MT nur die Funktion haben, die visuelle Welt, die uns umgibt, zu analysieren.

Sämtliche Bezeichnungen, wie V1, MT et cetera, beziehen sich eigentlich nur auf Affengehirne, an denen man ihre Funktionen genau analysiert hat. Aber wir glauben, bei menschlichen Gehirnen die entsprechenden Zonen erkennen zu kön-nen. Sowohl bei Affen als auch bei Menschen ist das Gehirn eigentlich nur eine ein bis drei Millimeter dicke Schicht, die aber völlig zusammengeknüllt und verwickelt ist, um in den Schädel zu passen. Man vermißt das Gehirn, als ob die Hirnrinde herausgenommen und flach ausgebreitet wäre. Das typische Gehirn eines Maka-ken hat ungefähr die Fläche eines dieser Riesenkekse, die man in Einkaufspassa-gen kaufen kann – 160 Quadratzentimeter. Jede der beiden Hemisphären unseres Gehirns entspricht einer großen Pizza, einen Viertel Zentimeter dick, mit 35 Zenti-metern Durchmesser. Das macht ungefähr 1000 Quadratzentimeter. Jede der

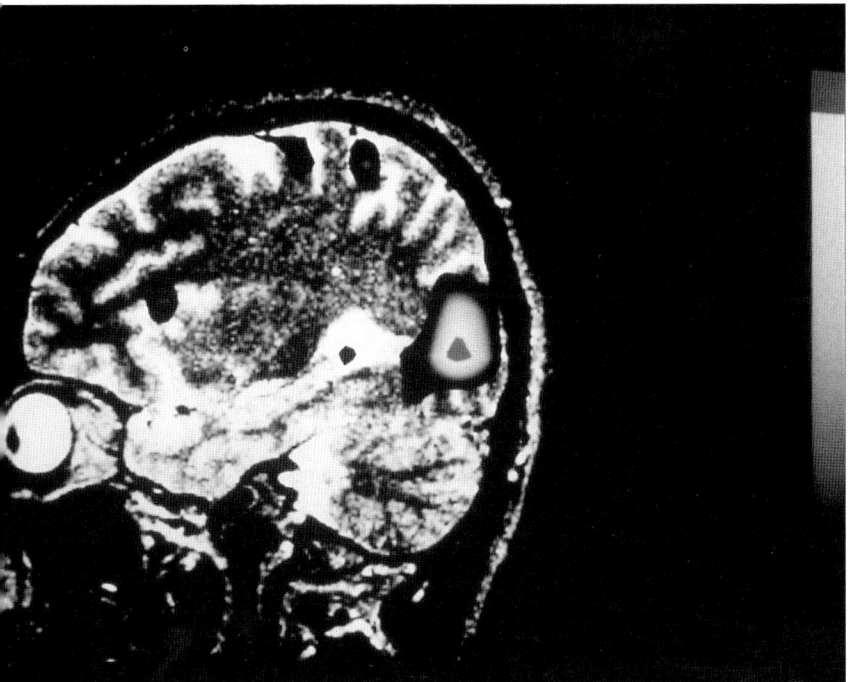

Abb. 1: Bildliche Darstellung (agitaler Hirnschnitt) des Gehirns von John Allman, erstellt am Cali-fornia Institute of Technology, mit Hilfe der vertikalen (para-sagitalen) Positron Emissions Tomo-graphy (PET) in Verbindung mit einem »Magnetic Resonance Image« (MRI) in Graustufen. Der Au-genaufbau (links) und die Großhirnrinde sind deutlich zu erkennen. Die PET-Darstellung zeigt den aktivierten Bereich des Hinterkopflappens von Allmans Großhirn, nachdem dieser dem Reiz eines Lichtblitzes ausgesetzt worden war.

Gehirnzonen auf dieser Fläche enthält mehrere zehn Millionen bis zu einigen Milliarden Neuronen.

Ich möchte nun noch eine Ebene tiefer gehen und mich den einzelnen Nervenzellen zuwenden. Unter einem Quadratmillimeter Hirnrinde befinden sich ungefähr eine Viertelmillion Nervenzellen und ein bis zwei Milliarden Synapsen (Synapsen sind die Verbindungsstellen zwischen Neuronen). Die Hirnrinde ist damit bei weitem dichter besetzt als alle zur Zeit technisch möglichen Mikrochips. 75 Prozent dieser Zellen sind sogenannte Pyramidenzellen, da sie in etwa die Form einer Pyramide haben. Jede dieser Pyramidenzellen hat eine große Anzahl von Zuleitungen, sogenannte ›Dendriten‹, die sich verzweigen und sich über die gesamte kortikale Schicht erstrecken. Eine solche Pyramidenzelle ist mit anderen Nervenzellen durch den sogenannten ›Axon‹ verschaltet. Diese Faser entspringt der Zelle am Zellkörper und verästelt sich vielfach, um dann durch die Synapsen Kontakt mit ein paar Tausend anderer Nervenzellen herzustellen. Neurobiologen gehen davon aus, daß Erinnerungen in den Synapsen enkodiert sind, und zwei Milliarden Synapsen pro Quadratmillimeter Hirnrinde können eine Menge Erinnerungen speichern.

Führt man eine Elektrode in das Hirn eines betäubten Tieres oder Menschen ein, so kann man die elektrische Aktivität der um die Elektrode liegenden Zellen aufzeichnen. Jede Nervenzelle wird nur durch eine ganz bestimmte Art von Stimuli in der visuellen Umwelt des Tieres (oder Menschen) aktiviert. Die Neuronen des Sehzentrums reagieren mit Vorliebe auf visuelle Dinge. In V4, dem kortikalen Farbareal, gibt es zum Beispiel Neuronen, die nur auf Objekte mit rötlicher Tönung ansprechen, andere nur auf blaue und so weiter. Dabei konzentriert sich jedes Neuron nur auf einen kleinen Ausschnitt des Sichtfeldes. Ein auf Rot spezialisiertes Neuron wird also nur ansprechen, wenn ein rotes Objekt in dem Teil des Sichtfeldes erscheint, für den es zuständig ist. In einem höheren Bereich des Sehzentrums gibt es Neuronen, die nur auf Gesichter ansprechen. Wenn man also einem Affen ein Gesicht zeigt – vorausgesetzt, es befindet sich in dem Teil des Sichtfeldes, das der Hirngegend entspricht, in der die Elektrode sitzt –, stellt man fest, daß eine kleine Gruppe von Neuronen elektrisch sehr aktiv ist. Diese Zellen produzieren dann elektrische Impulse und geben sie über ihren Axon an andere Nervenzellen weiter.

Jedes Mal, wenn wir also etwas in der Umwelt betrachten, erzeugt dieses Ereignis elektrische Aktivität in Nervenzellen, die über das gesamte Gehirn verteilt sind. Wenn ich meinen Freund Bill sehe, wird sein Gesicht in dem Teil meines Hirns verarbeitet, in dem ich meine ›Gesichts-Neuronen‹ habe. Die Farbe seines Gesichts wird in V4 wiedergegeben, die Bewegungen seines Kopfes im kortikalen Bewegungsareal MT. Meine Erinnerungen an ihn aktivieren Beuronen im Temporallappen, und wenn er spricht, wird mein Hörzentrum aktiviert. Und trotzdem sehe ich Bill als ein zusammenhängendes Ganzes. Wenn er zu mir spricht, ist seine Stimme nicht körperlos, sondern kommt aus seinem Mund. Die Farbe bleibt auf seinem

Gesicht, auch wenn er sich bewegt. Und ich weiß genau, daß es Bills Gesicht ist, das sich bewegt, und nicht der Hintergrund. Wie das zustande kommt, ist noch immer ein großes Rätsel – das sogenannte Bindungsproblem. Wenn ein wahrgenommener Vorgang in der Außenwelt elektrische Aktivität überall im ganzen Gehirn auslöst, wie wird er dann zu einem einzigen homogenen Bild – das wir dann wahrnehmen – zusammengesetzt? Warum sehen wir die Welt nicht völlig zergliedert wie in einem kubistischen Gemälde? Bis jetzt hat noch niemand einen Bereich im Gehirn gefunden, in dem alles zusammengesetzt würde. Viele haben die Vorstellung, daß sich irgendwo ein Kontrollraum befinden müsse, in dem ein kleiner Homunculus sitzt, der mit Monitor und Kopfhörer alle Impulse aufnimmt und dann die entsprechenden Hebel betätigt, damit wir Dinge tun. Vielleicht erinnern Sie sich an Woody Allens Film ›Was Sie schon immer über Sex wissen wollten‹: Das ist genau die gleiche Metapher. Doch diesen Kontrollraum gibt es nicht. Die Hirntätigkeit verläuft völlig dezentral.

Die Lage wird noch schwieriger, wenn Sie bedenken, daß, während ich meinen Freund Bill anschaue, andere Leute neben und hinter ihm stehen, die sich ebenfalls bewegen und sprechen. Auch ihre Gesichter und Stimmen werden in denselben Gehirnzonen von anderen Neuronen registriert, aber ich verwechsle weder Bill noch irgend eine seiner Eigenschaften mit denen der Leute neben ihm. Wie ist das möglich? Warum kommt nicht Bills Stimme aus dem Mund des Mannes hinter ihm?

Alle Neuronen, die jenem Objekt zugeordnet sind, das ich momentan betrachte und wahrnehme, wie etwa Bill, müssen eine bestimmte Markierung tragen, die das Gehirn erkennt. Anhand dieser Markierung identifiziert es alle Neuronen, die auf unterschiedliche Aspekte desselben Objekts reagieren. Manchmal funktioniert dieses Markieren aber nicht richtig. Das kann etwa bei Zeugenaussagen in Kriminalfällen ein Problem sein. Der Zeuge sieht etwas nur sehr kurz, vielleicht nur eine Zehntelsekunde, und erinnert sich anschließend: »Da war ein Mann mit Brille und Regenmantel.« Später stellt

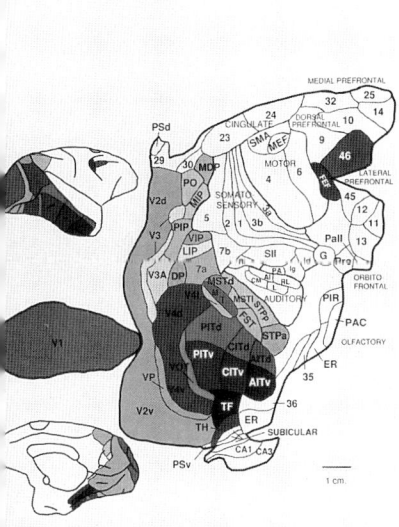

Abb. 2: Diese entfaltete Darstellung einer Kortexhemisphäre eines Makaken (ein Affe) zeigt die Lage von mehr als 30 verschiedenen kortikalen Arealen, die auf die Analyse von visuellen Informationen spezialisiert sind. Das Großhirn des Menschen ist größer, aber diesem Gehirn sehr ähnlich. Zur besseren Orientierung wird eine Seiten- (oben links) und eine Mittelansicht (unten links) gezeigt. Der Maßstab bezieht sich nur auf die »aufgeklappte Landkarte«. Die bildlichen Sinnesdaten gelangen über Netzhaut und Sehnerv (nicht dargestellt) zunächst in das primäre Sehzentrum (der große Bereich V1, links). Die Sinnesdaten werden dann im Großhirn verteilt, dessen verschiedene Zonen auf die Verarbeitung bestimmter Aspekte einer Wahrnehmung spezialisiert sind.

**191**

sich heraus, daß ein Mann die Brille trug und ein anderer den Regenmantel. Der Vorgang lief so schnell ab, daß die Bindung nicht richtig zustande kam und ein Merkmal oder Eigenschaften eines Objektes einem anderen Objekt zugeordnet wurde. Dieses Phänomen ist als illusorische Konjunktion bekannt. Bei einem anderen, allerdings seltenen klinischen Syndrom, der disjunktiven Aphasie, ist der Patient unfähig, Dinge in Zusammenhang zu bringen. Wenn er zwei Personen sieht, verwechselt er ihre Gesichter, insbesondere, wenn die beiden ähnliche Kleidung tragen oder einer eine blaue Hose und die andere Person eine blaue Jacke trägt. Sein Sichtfeld erkennt lediglich zwei überlappende gleichfarbige Bereiche, und er kann nicht unterscheiden, daß der eine Farbbereich zu der einen Person gehört und der andere zur anderen Person. Für einen solchen Patienten sieht die Welt wirklich ein bißchen wie eine kubistische Collage aus.

Was ist nun aber das Besondere an diesen markierten Nervenzellen? Gibt es spezielle Bewußtseins-Neuronen, B-Neuronen? Wenn ja, dann müßte sich jedes Mal, wenn ein solches B-Neuron aktiviert wird, eine bewußte Wahrnehmung des entsprechenden Objekts einstellen. Das bringt allerdings ein Problem mit sich, denn die Zahl der wahrnehmbaren Objekte ist potentiell unendlich, aus dieser Theorie jedoch folgt, daß man für jedes einzelne einen speziellen Satz B-Neuronen haben müßte. Man müßte also ›Großmutter-Neuronen‹ haben, um seine Großmutter zu erkennen. Crick und ich halten nun dagegen, daß Bewußtseins-Neuronen nicht anders sind als andere Neuronen, daß sie sich aber anders verhalten. Jedes Neuron in der Hirnrinde hat das Potential, am Bewußtseinsvorgang teilzunehmen. Es kommt lediglich darauf an, wie es auf Stimuli reagiert.

Crick und ich gehen davon aus, daß es ein bestimmtes Muster elektrischer Aktivität gibt, das mit bewußter Wahrnehmung zusammenhängt. Entscheidend ist nicht, wieviele Nervenzellen die Auslöser sind. Bei einem epileptischen Anfall zum Beispiel löst nahezu jede Nervenzelle etwas im Gehirn aus, aber der Patient ist bewußtlos.

Abbildung 3 stammt von einer Forschergruppe aus Frankfurt unter der Leitung von Wolf Singer, die mit Charles Gray in Californien zusammenarbeitet. Sie zeigt die elektrische Aktivität im Sehzentrum eines Katzengehirns beim Betrachten eines bewegten Lichtstreifens. Man kann sich das ähnlich vorstellen wie die Hirnwellen, die man auf dem EEG, dem Elektroenzephalogramm, beim Arzt sieht. Hirnwellen waren zwar schon vorher bekannt, aber nicht diese Art. Es handelt sich um eine hochfrequente Aktivität mit ungefähr 40 Schwingungen pro Sekunde (40 Hertz). Die beiden Hälften des Bildes zeigen die Aufzeichnungen der beiden Elektroden, die im Abstand von 0,8 Millimetern, also ungefähr 20 bis 30 Zellkörper voneinander entfernt, angebracht wurden. In diesem Fall wurde ein einzelner Lichtbalken auf schwarzem Hintergrund über die rezeptiven Felder der mit den Elektroden verbundenen Neuronen bewegt. In beiden Hälften des Schaubilds zeigt die Wellenlinie oben das jeweilige Feldpotential aus der summierten elektrischen Aktivität einiger tausend Nervenzellen in der näheren Umgebung der Elektrode. Die Impulse darunter demonstrieren die Aktivität einiger weniger Zellen direkt an der Elektrode. Man sieht deutlich, daß diese Impulse sich, zumindest ungefähr, mit den Tiefpunkten der Feldpotential-Kurve decken. Vergleicht man die Feldpotentiale, die an beiden Elektroden gemessen wurden, zeigt sich, daß die Hirnwelle auf beiden Seiten synchron verläuft. Mit anderen Worten: Die Aktivität in einem Teil der Hirnrinde hat eine äußerst genaue Beziehung zur Aktivität eines anderen Teils der Hirnrinde, der auf denselben Stimulus reagiert. Darüber hinaus zeigen die Pfeile am unteren Rand des Schaubilds an, wo einzelne Nervenzellen gleichzeitig Impulse auslösen. In anderen Experimenten, bei denen der Katze zwei Teile des Lichtbalkens gezeigt wurden, mit einer dunklen Stelle in der Mitte, verliefen die Wellen weniger synchron, obwohl sich beide Teile bewegten, wie zuvor der ganze Streifen. Wenn sich schließlich beide Teile in unterschiedliche Richtungen bewegen, so feuern die Nervenzellen nicht mehr synchron.

Crick und ich vermuten, daß hier eventuell der Schlüssel für das Problem liegt. Der Rückschluß ist natürlich gewagt, denn die Katze war bei diesen Experimenten leicht betäubt, aber wir nehmen an, daß diese synchronisierten Oszillationen die neuronale Spur des Bewußtseins sein könnten. Das heißt konkret, daß, wenn man einen Vorgang bewußt wahrnimmt, alle an dieser Wahrnehmung beteiligten Nervenzellen überall im ganzen Gehirn zur gleichen Zeit, also synchronisiert, auslösen. Andere Vorgänge, die man nicht bewußt wahrnimmt, wie etwa der Verkehrslärm auf der Straße, erregen zwar auch irgendwelche Neuronen, aber nicht synchron. Man kann sich dies auch mit Hilfe von Milliarden flackernder elektrischer Christbaumkerzen deutlich machen. Die Untermenge aller Neuronen – hier elektrische Kerzen – die momentan für den Inhalt unseres Bewußtseins kodieren, flackern alle gleichzeitig an und aus, während im Hintergrund womöglich viele ander Kerzen auch ›erregt‹ sind, aber zufällig an- und ausgehen. Bei Katzen sind die Indizien für diese synchrone neuronale Aktivität relativ eindeutig. Einige meiner Kollegen haben sie auch bei Affen beobachtet, wie das von Eberhard Fetz und Venkatesh Murthy von der University of Washington in Seattle gemachte Dia deutlich zeigt. Diese Linien wurden von fünf verschiedenen Elektroden aufge-

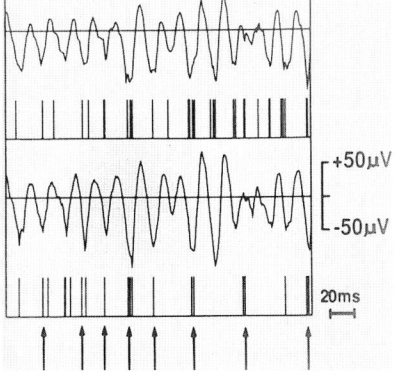

Abb. 3: Sinnesdaten, aufgezeichnet von zwei Elektroden (Nr. 1 und 3, im Abstand von etwa 0,8 mm) im Sehzentrum des Großhirns einer narkotisierten Katze. Die Katze wurde mit einem deutlich sichtbaren, bewegten, um etwa 112° aus der Vertikalen gekippten Lichtbalken erregt. An jeder Stelle werden die Erregung einer kleinen Anzahl von Neuronen als Impulse ebenso wie die umfassende Erregung Tausender von Neuronen als oszillierende »Hirnwellen« aufgezeichnet. Die Pfeile zeigen an, wo die Erregung beider Neuronen – stets ungefähr gleichzeitig – erfolgt, also synchron verläuft. Der Maßstab zeigt etwa ¹/₅₀ Sekunde als typisches Zeitmaß für neuronale Vorgänge. Diese Daten wurden von A. Engel, P. König und C. Gray im Labor von W. Singer im Max-Planck-Institut für Hirnforschung in Frankfurt a. M. aufgezeichnet.

zeichnet, während der Affe Rosinen aus der Hand des Versuchsleiters nahm. An jeder Elektrode lassen sich große Wellen erkennen, die aus der Überlagerung von Impulsen tausender Neuronen bestehen. Dabei verlaufen die großen Wellen aller fünf Elektroden ungefähr synchron. Bei Menschen ist die Beweislage schwächer, aber im menschlichen Hörzentrum sind schon 40 Hertz Oszillationen, sogenannte evozierte Potentiale, nachgewiesen worden. Hierfür werden zwei Elektroden an den Zeitzonen des Gehirns, also ungefähr an den Schläfen, angebracht, und der Proband hört Klickgeräusche über Kopfhörer. Nach mehreren 100 dieser Klicks erkennt man einige Schübe einer 40 Hertz Welle. Diese Welle verschwindet bei tiefer Betäubung, im Schlaf, bei leichter Betäubung dagegen nicht. Diese Methode wird nun auch von einigen Anästhesisten für medizinische Zwecke genutzt, um herauszufinden, ob ein Patient, der gerade operiert wird, tatsächlich betäubt oder durch das Medikament nur gelähmt und seiner Erinnerung beraubt ist, ähnlich den vorhin erwähnten Patienten, die Benzodiazepine erhalten.

Unsere Theorie läßt sich experimentell relativ leicht nachweisen. (Mit ›leicht‹ meine ich, daß das Verfahren im Prinzip einfach ist. Der Aufbau der eigentlichen Versuchsanordnung ist dagegen recht zeitaufwendig.) Eine Möglichkeit wäre, einen Affen grüne und rote Streifen anschauen zu lassen, von denen sich einige nach links, andere nach rechts bewegen. Die Tatsache, daß diese bewegten Streifen rot oder grün sind, würde Neuronen in V4 zum Auslösen bringen, die Bewegung ließe Neuronen in MT auslösen. Der Affe wird angeleitet, einen bestimmten Streifen zu finden (das ›Ziel‹), etwa den roten, der sich nach links bewegt. Jetzt schauen

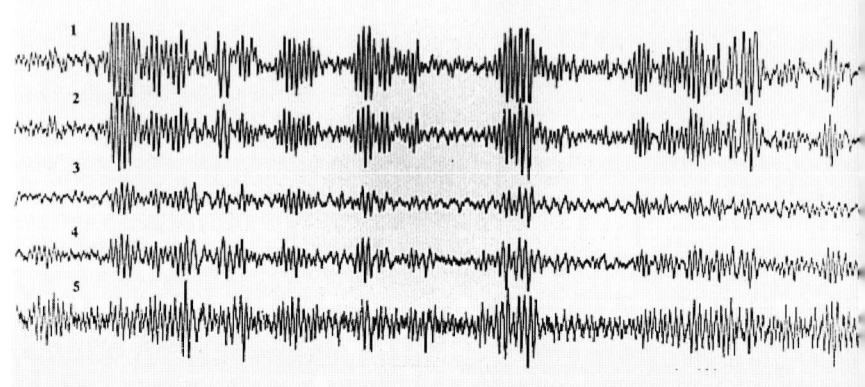

Abb. 4: Aufzeichnungen von fünf Elektroden, die im Abstand von etwa 2 mm in jenen Gehirnbereich eines Rhesusaffen implantiert wurden, der für die Kontrolle der Handbewegung (sensomotorisches Großhirn) zuständig ist; aufgezeichnet im Labor von Eberhard Fetz an der University of Washington, Seattle, USA. Jede Elektrode verzeichnet die gemeinsame Erregung einiger tausend Neuronen. Der Affe versuchte, nach Rosinen hinter seinem Kopf zu greifen und mußte sich am Arm des Experimentators entlangtasten, um die Rosinen zu lokalisieren: Seine Aufmerksamkeit war also auf die Hand konzentriert. Eine Folge von 30 Hz-Erregungen dauert im Durchschnitt etwa 200 Millisekunden und wird gewöhnlich von allen Elektroden gleichzeitig angezeigt – Hinweis auf eine synchrone Tätigkeit des Gehirns. Wegen einer tiefen Falte im Großhirn zwischen den Elektroden 2 und 3 erfassen die Elektroden eine Strecke von etwa 20 Millimetern auf der Hirnoberfläche, eine im Gehirn beachtliche Distanz.

wir nach synchronen Hirnwellen in V4 und MT. Es gibt dabei natürlich noch einige Feinheiten. Man muß zum Beispiel sicher sein, daß sich das Ziel in jenem Teil des Sichtfeldes befindet, das von den mit Elektroden verbundenen Nervenzellen registriert wird.

Abschließend möchte ich noch einmal kurz unser Programm zur neurophysiologischen Erklärung des Bewußtseins zusammenfassen:

1. Wir sind überzeugt, daß die Zeit reif ist, um das Problem des Bewußtseins – und was es bedeutet, sich einer Sache bewußt zu sein – zwar vereinfacht, aber wissenschaftlich korrekt auf der neuronalen Ebene anzugehen. Crick erinnert sich, daß vor 40 Jahren endlos darüber diskutiert wurde, wie ein Gen zu definieren sei. Statt sich um solche Metadiskussionen zu kümmern, wandten sich Crick, Watson und ihre Kollegen der materiellen Basis der genetischen Substanz, der DNS, zu und entdeckten ihre Doppelhelix-Struktur, was zu spektakulären Fortschritten in der Molekularbiologie geführt hat.

2. Wir behaupten, daß man, um eine Sache bewußt wahrzunehmen, seine Aufmerksamkeit auf sie lenken und sie ins Kurzzeitgedächtnis überführen muß. Auf der neuronalen Ebene entspricht das einer spezifischen bioelektrischen Aktivität. Sind die Neuronen, die auf diese Weise auslösen, nun zufällig mit dem Schmerzsystem verbunden, empfindet man Schmerzen, sind sie mit dem visuellen Zentrum verbunden, können wir etwas sehen. Unbewußte Phänomene – automatische Prozesse wie Autofahren, während man an etwas ganz anderes denkt, oder Wissen ohne Bewußtsein, wie das Blindsehen – lassen zwar ebenfalls Neuronen auslösen, aber nicht auf diese besondere Weise.

3. Unsere Theorie des Bewußtseins kann mit der derzeit verfügbaren Technologie getestet werden.

Wenn mir ein Vergleich zwischen Neurologie und Physik erlaubt ist, würde ich sagen, daß das Gehirn das komplizierteste Objekt im ganzen Universum ist, das wir kennen. Galaxien sind zwar bei weitem größer, aber sie gehorchen einigen ziemlich einfachen Gesetzen und sind daher in ihrem Verhalten leicht vorhersagbar. Die Neurologie ist dagegen noch immer in ihrem vorgalileischen Stadium. Die komplizierten Gesetze, die das Verhalten des Gehirns bestimmen, sind noch weitgehend unbekannt, und Theorien über Hirnfunktionen haben bisher noch erschreckend wenig vorzuweisen. Sollte sich unser Modell als falsch erweisen, würde uns das nicht besonders überraschen. Wir werden aber mit unserer Forschungsarbeit immerhin zur Klärung der Probleme beigetragen haben, die in der nächsten Runde von Theorien und Experimenten anstehen. Per aspera ad astra!

*Übersetzung aus dem Englischen von Roland Mahle*

# Rotraut Pape

## Die Früchte vom Baum der Erkenntnis[1]

(Gummihandschuhe anziehen, Serviette nehmen.) Ich werde Ihnen anhand einiger Beispiele zeigen, wie ich sehe. Es wird ganz einfach sein, und Sie werden es später mühelos nachmachen können.

Sie sehen hier eine kleine Versuchsanordnung: Messer, Mixer (Elektromesser, Handmixer hochhalten.), Auge (auf das Brettchen fassen: Bildstörung.) – mein Auge.

Dann haben wir hier die vier Versuchsobjekte, sogenannte kleine Patienten: eine Honigmelone, eine Wassermelone, ein Vollkornbrot und eine Paprikaschote.

Beginnen wir also hiermit: (Paprikaschote nehmen und mit Serviette abreiben.)

Die Form, die Farbe zu sehen, ist leicht. Alles nur eine Frage des Lichts. (Paprikaschote im Lichtkegel drehen.) Aber der Blick ins Innere der Dinge ist unmöglich – versuche ich hineinzusehen, wird alles schwarz. (Paprikaschote aufs Auge drücken.) Die Oberfläche trennt uns vom Wesen der Dinge, oberflächlich gesehen, liegt also da das Geheimnis: in der Oberfläche.

Logische Konsequenz: Um hineinsehen zu können, muß das Ding aufgeschnitten werden. (Erste Scheibe von Paprika mit Elektromesser abschneiden.)

Machen Sie das mit langsamen, tiefen Schnitten, und legen Sie dann jede Scheibe an einen eigens dafür freigehaltenen Platz.

(Paprikascheibe auf das Brett ›Auge‹ legen: Bild 1 auf Leinwand.)

Achten Sie darauf, die Schnitte möglichst parallel zueinander anzusetzen. Schneiden Sie in einem rechten Winkel zur Basis mit Richtung auf die Anziehungskraft. Rücken Sie dem Ding auf die Pelle. (Zweite Scheibe von Paprikaschote mit Elektromesser abschneiden.)

Sehen Sie sich nacheinander alles gut an. Alles ist abhängig von der Methode der Betrachtung. (Paprikascheibe auf das ›Auge‹ legen: Bild 2 auf Leinwand.)

Benutzen Sie nur scharfes Werkzeug, und machen Sie es immer wieder sauber. (Dritte Scheibe von Paprika mit Elektromesser abschneiden, Messer abwischen.)

Scharfes Werkzeug für scharfe Konturen! Scharfes Werkzeug für saubere Linien! (Paprikascheibe auf das ›Auge‹ legen: Bild 3 auf Leinwand. Messer abwischen.)

Scharfes Werkzeug für eine glatte Oberfläche! Jeder Schnitt eine neue Oberfläche. (Vierte Scheibe von Paprika mit Elektromesser abschneiden.)

Wir sehen, daß sogar in der Tiefe, in der Mitte der Dinge, alles auch nur aus Oberflä-

1 Videoperformance für Melonen, Brot und Paprika. Kernspintomographien auf Beta Sp, 40 min, Videoprojektion, Ton, 1993. Mit freundlicher Unterstützung von Dr. Daniel Heyer, Radiologische Klinik/UKE Hamburg.

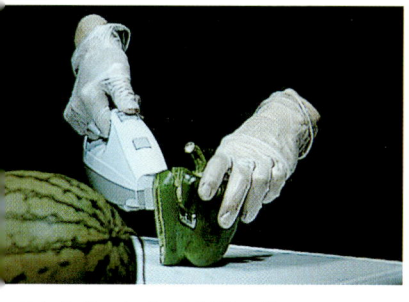

Abb. 1: Hand schneidet Paprika

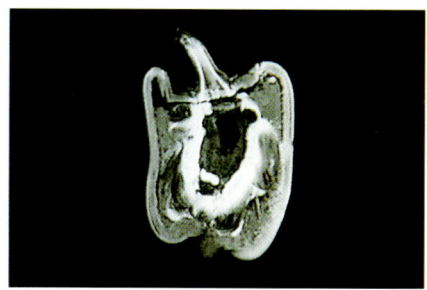

Abb. 2: Kernspin-Paprika

chen besteht. Erkenntnis läßt sich nur in der Beziehung zwischen ihnen finden. (Paprikascheibe auf das ›Auge‹ legen: Bild 4 auf Leinwand. Messer abwischen.)

Der nächste Schritt erfordert daher etwas Konzentration: Halten Sie alle geschnittenen Informationen fest, und sehen Sie alle Oberflächen hintereinander, vorwärts und rückwärts. Lassen Sie sich das sozusagen scheibchenweise durch den Kopf gehen. Dazu schließt man die Augen, öffnet den Mund und hängt die Bilder an die eigenen Atemzüge.

Abb. 3: Paprika ins Glas

Abb. 4: Kernspin-Paprika

(Tief durchatmen, Bild auf Leinwand beginnt, sich zu bewegen. Scheibenanimation.)

Nach diesem oberflächlichen Blick von außen auf die inneren Strukturen lassen Sie alle Informationen los. Jetzt geht es darum, sehr gut umzurühren.

(Paprikascheiben in den Glasbehälter legen. Handmixer anmachen und rühren.)

Reißen Sie bedenkenlos alle Zusammenhänge auseinander. Vermischen Sie alles. Begreifen Sie, wie sich die Konsistenz mit ständigem Rühren ändert. Schmeißen Sie alles durcheinander. Zwingen Sie die Welt, sich zu zeigen. Machen Sie das Objekt zum Subjekt, und hören Sie zu, was das Auge dem Gehirn erzählt. (Bild auf Leinwand wird zu 3D-Animation, dreht sich.)

Dann brauchen Sie nur noch zuzusehen, wie plötzlich das Bild sich zusammenzieht – und wir sehen das Herz der Dinge.

(Messer und Mixer saubermachen, Gummihandschuhe ausziehen, Serviette weglegen.)

(Neue Gummihandschuhe anziehen, neue Serviette nehmen, Brot nehmen.) Kommen wir zu unserem zweiten kleinen Patienten, dem Sonnenblumenkernenergiebrot.

Verlassen wir wieder unseren externen Blickwinkel. Da wir wissen, daß diese objektive Realität vom Beobachter abhängt, setze ich diesmal die Schnitte nicht senkrecht, sondern horizontal an. (Erste Scheibe vom Brot mit Elektromesser abschneiden.)

 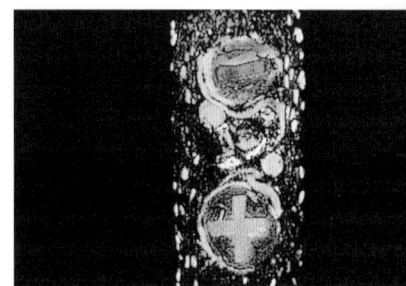

Abb. 5: Hand schneidet Brot          Abb. 6: Kernspin-Brot.

Machen Sie die Augen auf, und legen Sie das Bild hinein. Bewegen Sie ihren Augapfel jetzt nicht mehr, verringern Sie seine Reibung in der Augenhöhle.

(Brotscheibe auf das ›Auge‹ legen: Bild 1 auf Leinwand.)

Tun Sie einfach so, als wären Sie ein leerer Spiegel. (Zweite Scheibe vom Brot mit Elektromesser abschneiden.)

Bemühen Sie sich nicht um einen Durchblick oder einen Überblick. Nehmen Sie auf, speichern sie ab. (Brotscheibe auf das ›Auge‹ legen: Bild 2 auf Leinwand.) Geben Sie Ihren Augen keine Hinweise. Schalten Sie also Ihr Gedächtnis ab.

Das ist ganz einfach. Für mich funktioniert das am besten mit Wolken: Ich denke mir Wolken in die Augenhöhle und lasse sie dort kurz durchwischen. (Zeit-

 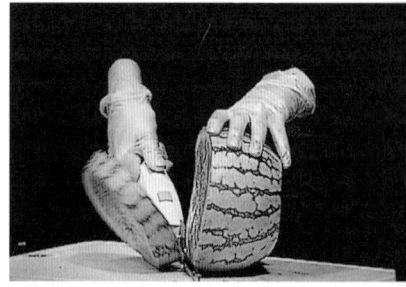

Abb. 7: Wolken          Abb. 8: Hand schneidet Wassermelone

raffer-Wolkenbild auf Leinwand.) Es klebt so viel alter Dreck in der Netzhaut; wenn man da nicht ab und zu mal saubermacht, bleiben die meisten Bilder schon dort stecken.

(Dritte Scheibe vom Brot mit Elektromesser abschneiden.) Mit abgeschaltetem Gedächtnis werden sehr viel mehr Informationen aufgenommen, da sie nicht verarbeitet werden müssen. Stellen Sie auch alle Effektgeräte, Equalizer, Filter, Peakmeter, Noisegates und so weiter ab.

(Brotscheibe auf das ›Auge‹ legen: Bild 3 auf Leinwand.) Ich lege mir das Bild vorne auf die Netzhaut, Scheibe für Scheibe wie einen Schleier aufs Auge, lasse nichts auf den Augenhintergrund durchsickern, das ausgeschaltete Gedächtnis hat den Sehnerv abgeriegelt, alle Verbindungen zur Kommandozentrale sind jetzt unterbrochen.

(Brotkrümel aufsammeln und auf das ›Auge‹ legen: Bild 4 auf Leinwand.) Passen Sie auf, daß zwischen den einzelnen Zuständen nichts verlorengeht. Kleine Krümel können Sie liegenlassen, die verschwinden eh im optischen Rauschen.

Dann geht es los. Ich schließe die Augen. Für einen Moment herrscht die totale elektrische Ruhe in der Netzhaut. (Leinwand schwarz.)

Dann mache ich mein Gedächtnis wieder an und lasse es völlig ungeordnet auf die immer noch daliegenden Bilder los. Meine Energie, die elektromagnetischen Felder meiner Konzentration, der thermische Lärm meines eigenen Klimas, schlägt ein. Und ich sehe die als Reaktion darauf entstehende Bewegung. (Scheibenanimation: Plus- und Minuspol werden sichtbar, alles wabert.)

Das ist die Kraft, die ausgeht von den Dingen.

(Messer und Mixer saubermachen, Gummihandschuhe ausziehen, Serviette weglegen.)

(Neue Gummihandschuhe anziehen, Wassermelone nehmen und mit einer sauberen Serviette abwischen.)

Die Oberfläche, die Haut, ist die Grenze zwischen mir und dem Ding, die Grenze zwischen dem Ding und der Außenwelt. Deswegen klebt auch so viel Dreck auf der Haut, den wir durch einfaches Abwischen nicht runterkriegen. Schneiden Sie daher gleich vorne und hinten eine dicke Scheibe ab, und werfen Sie sie einfach weg. (Erste und letzte Scheibe der Wassermelone mit Elektromesser abschneiden und wegwerfen.)

Nur wenn man weiß, welche Privilegien man als externer oder objektiver Beobachter hat, kann man sie vergessen. (Zweite Scheibe von Wassermelone mit Elektromesser abschneiden.)

Wenn man mit Computern arbeitet, kann man plötzlich auch im Kopf verschiedene Fenster gleichzeitig offenhalten. (Wassermelonenscheibe auf das ›Auge‹ legen: Bild 2 auf Leinwand. Messer saubermachen.)

(Dritte Scheibe von Wassermelone mit Elektromesser abschneiden.) Wenn man weiß, daß es andere Sprachen gibt, kann man welche lernen. Wenn man Wör-

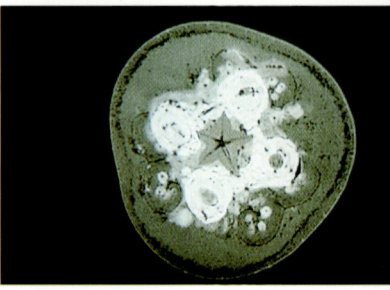

Abb. 9: Hand nimmt Wassermelonenscheibe          Abb. 10: Kernspin-Melone

schlägt ein. Und ich sehe die als Reaktion darauf entstehende Bewegung. (Scheibenanimation: Plus- und Minuspol werden sichtbar, alles wabert.)

Das ist die Kraft, die ausgeht von den Dingen.

(Messer und Mixer saubermachen, Gummihandschuhe ausziehen, Serviette weglegen.)

(Neue Gummihandschuhe anziehen, Wassermelone nehmen und mit einer sauberen Serviette abwischen.)

Die Oberfläche, die Haut, ist die Grenze zwischen mir und dem Ding, die Grenze zwischen dem Ding und der Außenwelt. Deswegen klebt auch so viel Dreck auf der Haut, den wir durch einfaches Abwischen nicht runterkriegen. Schneiden Sie daher gleich vorne und hinten eine dicke Scheibe ab, und werfen Sie sie einfach weg. (Erste und letzte Scheibe der Wassermelone mit Elektromesser abschneiden und wegwerfen.)

Nur wenn man weiß, welche Privilegien man als externer oder objektiver Beobachter hat, kann man sie vergessen. (Zweite Scheibe von Wassermelone mit Elektromesser abschneiden.)

Wenn man mit Computern arbeitet, kann man plötzlich auch im Kopf verschiedene Fenster gleichzeitig offenhalten. (Wassermelonenscheibe auf das ›Auge‹ legen: Bild 2 auf Leinwand. Messer saubermachen.)

(Dritte Scheibe von Wassermelone mit Elektromesser abschneiden.) Wenn man weiß, daß es andere Sprachen gibt, kann man welche lernen. Wenn man Wörter für Dinge kennt, kann man sie sich vorstellen. (Wassermelone auf das ›Auge‹ legen: Bild 3 auf Leinwand. Messer abwischen.)

(Vierte Scheibe von Wassermelone mit Elektromesser abschneiden.) Wenn man weiß, daß man vorn und hinten Augen hat, hat man seine Augen überall. (Wassermelonenscheibe auf das ›Auge‹ legen: Bild 4 auf Leinwand.)

Es kommt allerdings sehr auf die eigene Stimmung an, in welcher Weise die eintreffenden Meldungen zu Bildern gemacht werden. Es müssen auch genug Energievorräte bereitstehen. Aber wie wir gesehen haben, liegen ja überall Batterien herum.

Wischen Sie immer gut das Werkzeug ab, es darf nicht kleben. (Fünfte

Scheibe von Wassermelone mit Elektromesser abschneiden.) Das ist das Mindest-maß an Objektivität, um das Sie sich bemühen sollten. (Wassermelonenscheibe auf das ›Auge‹ legen: Bild 5 auf Leinwand. Messer abwischen.)

Sie haben jetzt einen Haufen von inneren Oberflächen vor sich liegen, Sie haben sie nacheinander angesehen. Da sich alles irgendwo immerzu wiederholt, reicht es, eine Scheibe zu nehmen. Nehmen Sie nicht unbedingt das Mittelstück. Die anderen Scheiben können Sie vergessen. (Mittelgroße Wassermelonenscheibe nehmen, die anderen weg.)

Diese eine Scheibe sagt alles über die anderen. Sie muß nochmals betrachtet werden. (Mittelgroße Wassermelonenscheibe in kleine Stücke schneiden.) Sie schneiden am besten nicht im rechten Winkel hinein. So setzen Sie ihren Blick aus vielen Perspektiven zusammen. (Bild auf der Leinwand beginnt sich zu bewegen.) Sie sehen, wie sich die Informationen zusammenziehen, wie alles eben Gesehene mit der einen exemplarischen Scheibe abrufbar ist. Wenn man die Tiefe seines Blickes regulieren kann, kann man kurz unter die Oberfläche bis auf den Grund der Dinge sehen. (Wassermelonenstücke einsammeln und in Glasbehälter stopfen.)

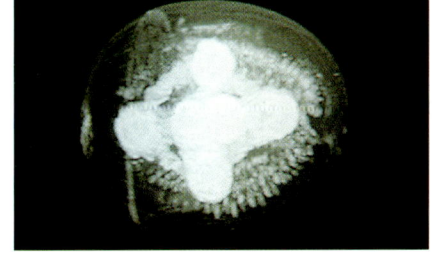

Abb. 11: Hand mixt                    Abb. 12: Kernspin 3D-Volumen: Atom-Melone

Wir wollen aber mehr sehen. (Mixer anmachen und rühren.)

Wir müssen also die oberflächlichen Zusammenhänge noch weiter auseinan-derreißen. Den Abstand verringern zwischen innen und außen. Rühren Sie gut. Immer kleiner werden die Abstände. Immer klarer wird die Form. (Scheibenani-mation wird zu 3D-Objekt, es dreht sich. Im Inneren Atommodell.)

Wenn Sie gut gerührt haben, brauchen Sie nur noch hineinzusehen, und Sie sehen die Seele der Dinge.

Die Tatsache, daß wir nicht verstehen, wie das möglich ist, braucht uns nicht daran zu hindern zu sehen, daß es so ist.

(Messer und Mixer saubermachen, Gummihandschuhe ausziehen, Serviette weglegen.)

(Neue Gummihandschuhe anziehen. Honigmelone nehmen und mit einer sauberen Serviette abwischen.)

Mit Hilfe unserer letzten drei kleinen Patienten haben wir gesehen, wie einfach es ist, das Herz, die Kraft und die Seele der Dinge, die uns umgeben, zu sehen.

Dieser letzte kleine Patient hier, die sogenannte ›Monolone‹, soll uns helfen, noch etwas anderes zu sehen.

Wir konzentrieren also wieder den Blick unter die Oberfläche. (Erste und letzte Scheibe der Honigmelone mit Elektromesser abschneiden und nach hinten werfen.)

Wir sezieren das Objekt. Schmeißen Sie die äußeren Scheiben wieder gleich auf den Sondermüll. (Honigmelonenscheibe auf das ›Auge‹ legen: Bild 1 auf Leinwand. Elektromesser abwischen.)

Legen Sie sich das Bild in die Netzhaut, jetzt setzt eine komplizierte Verrechnungsarbeit ein. Davon spüren Sie nichts. Elektrische Impulse springen über Synapsen und fahren erstmal ein in die ältesten Gebiete unseres Wahrnehmungsapparats, ins Zwischenhirn. (Zweite Scheibe von Honigmelone mit Elektromesser abschneiden.)

 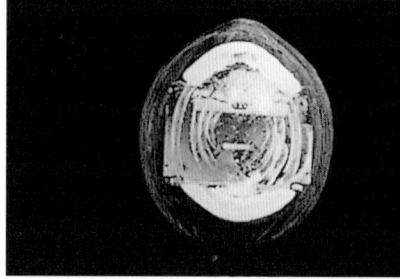

Abb. 13: Hand nimmt Honigmelonenscheibe          Abb. 14: Kernspin 3D-Volumen: Monolone

Legen Sie die nächste Scheibe auch gleich in die Wirklichkeit ihres Zwischenhirns, das tief in den unteren Schichten des Bewußtseins steckt. (Honigmelonenscheibe auf das ›Auge‹ legen: Bild 2 auf Leinwand. Elektromesser abwischen.)

Sie benutzen dafür möglichst nur die Nervenbahnen, die bereits im Zwischenhirn enden. (Dritte Scheibe von Honigmelone mit Elektromesser abschneiden.)

Hier in dieser Welt existiert nichts, was ohne Bedeutung für uns wäre. (Honigmelone auf das ›Auge‹ legen: Bild 3 auf Leinwand. Elektromesser abwischen.)

Legen Sie das Bild zu den anderen, und konzentrieren Sie sich auf den Raum zwischen den Fasern (Vierte Scheibe von Honigmelone mit Elektromesser abschneiden.)

Was hier lebt, hat mit dem Original nicht mehr viel zu tun. (Honigmelonenscheibe auf das ›Auge‹ legen: Bild 4 auf Leinwand. Elektromesser abwischen.)

Konzentrieren Sie sich daher auf alles, was Sie bislang nicht gesehen haben, und halten Sie sich an diesem Bild fest. (letzte Scheibe nehmen und auf das ›Auge‹ legen: Bild 5 auf Leinwand.)

Sie haben jetzt allerdings zu viele Informationen angehäuft, als daß Sie sie mit der Kapazität ihres Zwischenhirns noch bewegen könnten. Nehmen Sie nur ein paar Mittelstücke mit möglichst wenig Außenhaut. (Mit Elektromesser aus dem ganzen Haufen Scheiben die Mittelstücke rausschneiden und in Glasbehälter stopfen, Rest weg. Mixer anmachen und auf Stufe 1 umrühren.)

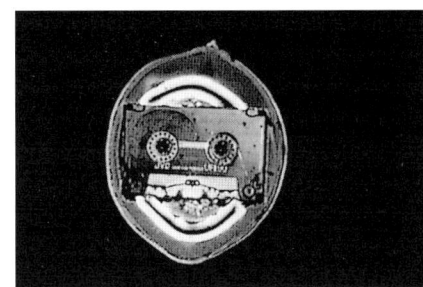

Abb. 15: Hand und Mixer                          Abb. 16: Kernspin-Monolone

Jetzt lassen Sie die Programme ablaufen, die hier auf Ihrer ›Festplatte‹ gespeichert sind. Sehen Sie zu, was passiert. Bewegen Sie sich zwischen den Bildpunkten hindurch, bis Sie ein scharfes Bild haben. (Honigmelonenscheibe fadet langsam in 3D-Animation. Standbild.)

Lassen Sie die Programme auf vollen Touren laufen – die Programme, die sozusagen vom Werk schon mitgeliefert wurden. (Mixer auf Stufe 2: 3D-Animation beginnt sich zu drehen.)

Sehen Sie meinem Gehirn beim Arbeiten zu. Alles liegt glasklar vor uns. Wir sehen durch immaterielle Wände alles von innen an. Wir haben unseren äußeren Standpunkt verlassen. Unsere objektive Position. Das ist das Rezept für den klaren Blick. (Überblendung in Honigmelonenscheibe mit deutlich sichtbarem Audio-Tape.)

Und plötzlich merken Sie, daß Sie das Bild schon kennen, obwohl Sie es vorher nie gesehen haben. Sie sehen die Stimme und verstehen die Sprache. (Das Audio-Tape beginnt sich zu drehen.)

(Messer abwischen, Handtuch zusammenfalten, Gummihandschuhe ausziehen.)

Alles, was wir sehen, ist abhängig von der Beschaffenheit unserer Wahrnehmungsorgane und der Struktur unseres Denkens; man könnte sogar sagen, die von uns erlebte Wirklichkeit ist eine Schöpfung unseres Gehirns.

Ich bin der Schöpfer meiner Welt.

# Dietmar Kamper

## Das Auge, der Schwachsinn der Zukunft
## Über Bildstörung und das Versagen des Blicks

In einer Zeit hochgehender Bilderfluten von Bildstörung und Blickversagen zu sprechen, ist einigermaßen riskant. Zwar weiß man von Ambivalenzen, die bei jenem säkularen Projekt, die Welt und alles, was zu ihr gehört, in ein Bild zu verwandeln, zunehmend auftreten. Man konzediert auch Irritationen, aber noch läßt der Mainstream des Bildermachens keinen Zweifel daran, daß er seine Richtung kennt und seine Geschwindigkeit beschleunigt. Es ist nicht allein die Vervielfältigung der Bilder, die damit zusammenhängt – heute müssen die Menschen in einem einzigen Monat mehr Bilder verkraften als früher in ihrem ganzen Leben –, es ist die Radikalität der Entdinglichung, Entkörperlichung und Entmaterialisierung, die einen Zug ins Unheimliche hat. Es hat sich ein Orbit des Imaginären gebildet, in dem die Masse der Bilder längst ›kritisch‹ ist, und zugleich damit die Strategie einer Transformation des Gegebenen in Ausgedachtes, Eingebildetes.

Das nötigt die Insassen des Orbits, bei Schwierigkeiten, die mit der Forcierung des bildhaften Weltumgangs auftauchen, immerzu jene Problemlösungen zur Anwendung zu bringen, die für die Verschlimmerung der Lage verantwortlich sind. Ein derart absurdes und objektiv widersprüchliches Verhalten wird im übrigen nahegelegt durch technologische Erfindungen, die im Bereich der Bildproduktion immer dann auftauchen, wenn ein Medium ausgereizt zu sein scheint und offensichtlich an eine Grenze geraten ist: Malerei, Photographie, Film, Video in ihrer puren Existenz verdecken so eine hintergründige Eskalation in der Praxis der Weltbilder und Menschenbilder. Die simple Frage, was ein Bild sei, wird auf diese Weise immer unwahrscheinlicher, und eine mögliche Antwort geht im Lärm eines faktischen Imaginären dauernd unter. Theoretische Zweifel werden geradezu niedergewalzt. Es gibt keine Zeit mehr, sich mit der hintergründig-destruktiven Zeitstruktur der Bilder und des Imaginären näher zu beschäftigen. Hier herrscht ein Strahlen, das blendet. Und nichts untergräbt die Forderung nach Selbstaufklärung derart vehement wie das bloße Dasein von Bildern, Bildmaschinen und Bildmedien.

Dabei bietet der genannte ›point of no return‹, die radikale Forcierung des Bildermachens über jede Vernunft hinaus, durchaus Anlässe für ein anderes Nachdenken. Bildstörung und Blickversagen sind die beiden Seiten einer einzigen Medaille, die gegenwärtig geprägt wird. Man sollte sich nicht durch den Hochglanz des Metalls davon abbringen lassen, auch in Fragen des Sehens genauer hinzusehen und die Methode der Abstraktion, welche im Kern ein ›Absehen von‹ darstellt, endlich zum alten Eisen zu werfen. Es geht vielmehr um eine Kritik des

Augenscheins und nun jederzeit um den zweiten Blick, damit die Wände des imaginären Orbit, der dabei ist, zum historischen Gefängnis zu werden, als durchlässig erfahren werden können.

In Definitionen entsprechend der Lacanschen Triangel des Imaginären, des Realen und des Symbolischen wird im folgenden mit drei Termini gearbeitet, mit Bild, Auge und Blick. Das Besondere liegt in der Differenzierung von Augen und Blicken. Wenn man ›Augenblick‹ sagt, suggeriert man, daß es das Auge sei, das blickt. Aber im Blick geht es mehr um das Erblicktwerden, um das Angesehenwerden, also eher um eine passive Position als um das Erblicken, das kontrollierende Sehen. Letzteres nämlich ist sehr früh vom Auge abgelöst worden, hat sich verselbständigt und schließlich in Apparaten manifestiert. So wurde das Auge zu einem leidenden Organ, das für die Bilder, die der Blick produziert, herhalten muß. Zu Zeiten der Macht der Malerei konnte es gelegentlich gelingen, daß Bilder zu Blickfallen wurden und dem Auge somit die Freiheit der Entlastung bieten konnten. Seitdem jedoch die Beschleunigung der Bilder über einen kritischen Punkt hinaus getrieben worden ist, funktioniert die Zähmung des Blicks keineswegs mehr, wird das Auge zwischen Bildern und Blicken, zwischen dem Imaginären und dem Symbolischen geradezu zermalmt: Das Auge ist zutiefst täuschbar. Dagegen hat es sich eine Zeitlang mit Bildern und Blicken zur Wehr setzen können. Nun aber wird die Geschichte der Täuschung in eine Epoche der Enttäuschung überführt, was für das menschliche Auge eine Leidensgeschichte mit noch unauslotbaren Dimensionen nach sich zieht. Bildstörung und Blickversagen wären, so betrachtet, Aspekte einer Hoffnung, daß nämlich das eingekeilte Auge frei käme durch maßlose Übertreibung seiner Antagonisten.

Was das Bildverständnis betrifft, so werden im folgenden der Einfachheit halber drei Momente akzentuiert:

1. Das Bild ist ein intensiver Augentrost, immer noch. Es hat für den Menschen phylogenetisch und ontogenetisch die Funktion, schreckliche Erfahrungen zu moderieren. Es entsteht in den Wunden, die das Leben dem Menschenkind zufügt. Es ist gewissermaßen die Narbe, die anstelle der Wunde wuchert, und bietet dem Gedächtnis so weiterhin Anlässe, auch inkommensurable Erfahrungen zu verarbeiten. Wann immer also von der Intensität der Bilder die Rede ist, hat man es mit diesem fundamentalen anthropologischen Befund zu tun: Das Bild schützt eine inkommensurable Erinnerung, insbesondere den Verlust geliebter ›Objekte‹, und wird andererseits von solchen Erinnerungen gestützt. Seine Struktur ist ein Schirm und seine Funktion die Abschirmung. Nach alter Lehre können Bilder, so betrachtet, entweder Fenster oder Spiegel sein. Im Zuge einer exorbitanten Bildproduktion schwindet allerdings diese Kraft immer mehr und verliert sich in winzigen Beigaben.

2. Das Bild ist ein Referent des Realen, und zwar unter der Bedingung, daß eine akzeptierte symbolische Codierung vorliegt, nämlich die: Das Imaginäre und das Reale verweisen aufeinander und sind auf Dauer in ein Verhältnis von Zeichen

und Bezeichnetem gebannt. Seitdem die Zeichen den Aufstand proben, entkoppelt sich das Imaginäre aus diesem historischen Verhältnis und läßt das Reale zunehmend unbezeichnet zurück. Das Zeitalter der Repräsentation und der Referenz geht seinem Ende entgegen. Auch hier schwinden die Konturen, auch hier lassen sich Gewohnheiten nicht mehr halten, auch hier treibt die forcierte Strategie des Bildermachens die hochgehenden Bilderfluten, die wildgewordenen Zeichensysteme und die massenhaften, hauptsächlich binären Codierungen über jeden Referenzrahmen hinaus. Die schöne Unterscheidung zwischen einer Welt, die es gibt, und einer Welt, die jene Welt, die es gibt, bezeichnet, die Unterscheidung also zwischen Wirklichkeit und Fiktion entfällt, was eine Kette von Verwirrungen und Desorientierungen nach sich zieht. Eine besonders harte Konsequenz ergibt sich für einen Bildumgang, der in früheren Zeiten nur einer unter anderen war, nun aber zum einzigen zu werden droht.

3. Das Bild ist eine Waffe gegen das, was es gibt. Die Geschichte der Neuzeit kann zunächst als Widerstand gegen die Idole, die auf den Märkten und bei den Machthabern in genau diese Funktion eines Krieges eingespannt waren, gelesen werden. Über kurz oder lang aber hat dann die Aufklärung im Zuge ihrer Radikalisierung genau das selbst gemacht, wogegen sie angetreten ist. Sie hat Bilder als Machtmittel eingesetzt, sie hat Zeichen benutzt, um die Herrschaft über das Gegebene zu errichten und zu verteidigen. Das hat eine Qualität der Bilder favorisiert, die man nachträglich als Vernichtung qualifizieren kann. Bilder können das, was sie zeigen, vernichten. Sie müssen das, was sie zeigen, vernichten, wenn keine Konterkarierung solcher Gewalt mehr möglich ist. So gerät auch das Auge unter Einfluß des bösen Blicks und beteiligt sich oft im Gegensatz zu seinen Ambitionen an der rücksichtslosen Zerstörung des Sichtbaren. In Zeiten also dieser wildgewordenen Aufklärung hat schon der bloße Umstand, daß etwas ins Auge fällt, tödliche Konsequenzen. Alles, was dann gesehen wird, wird nach dem Verbrauch auf den Müll der Geschichte gekippt. Was man philosophisch Nihilismus genannt hat, hat hier genau seinen Platz: Sehen selbst ist Töten und Vernichten und Zerstören. Eine unerhörte Gnadenlosigkeit hält Einzug. Die Mortifikation alles Lebendigen kann sich ungehindert ausbreiten, allein dadurch, daß ein Lebewesen in ein Auge fällt. Mußten die Jäger des Wildes, nachdem sie es gestellt hatten, immerhin noch eine vom Auge getrennte Waffe benutzen, so ist unter den Bedingungen der genannten Gnadenlosigkeit das Bild selbst die Waffe, der Blick selbst die Tötungsmaschine, das Auge selbst der mörderische Anschlag auf alles, was sich noch regt und für sich sein will und eine schöne Gestalt hat.

Wie sehr diese drei Bestimmungen des Bildes gegenwärtig durcheinandergeraten, insbesondere durch das, was hier Bildstörung und Blickversagen genannt wird, mag an den folgenden sechs Exempeln deutlich werden.

- Bildstörung als das aktuelle Verbrechen

In einer hektisch geführten Diskussion vor einigen Monaten hat Bundeskanzler Helmut Kohl selbst das Wort ergriffen und die Störung einer Gedenkfeier, von Berliner Autonomen geschickt inszeniert, als das ›wirkliche Verbrechen‹ bezeichnet. Es komme heute und in Zukunft nicht so sehr darauf an, Vergehen, die irgendwelchen Straftatbeständen entsprechen, zu ahnden, sondern die fundamentale Störung des Bildes, das, bei Gedenkfeiern beschworen, nach außen transportiert, über alle Fernsehstationen der Welt läuft, radikal zu diskriminieren. Diese Richtungsanweisung des Kanzlers zeugt, wie immer, von hoher Sensibilität für den Gang der Dinge. Jemand, der alle Politik nur noch für eine Frage der Inszenierung hält, muß die Bildstörung in der Tat als ein Verbrechen von der Art ausgeben, wie früher Majestätsbeleidigungen Verbrechen waren. Eine Gegenlektüre beweist das Exempel, aber auch, wie nah Bild und Bildstörung zusammengehören und wie untrennbar sie längst sind, denn es ist, trotz massiven Medieneinsatzes, nach wie vor nicht möglich, das reine Bild zu erzeugen. Störungen von außen und von innen sind jederzeit zu erwarten und müssen mit Machtworten diskreditiert werden, obwohl sie niemand mehr glaubt.

- Todesanzeige für einen Bild-Reporter

Ende Juli 1993 stand, von *Associated Press* ausgegeben, die folgende Todesanzeige in den überregionalen Zeitungen der Bundesrepublik Deutschland: »Er hat die Gefahr nie gesucht, aber auch nicht gescheut. Er ging einfach raus, wo die Bilder waren.« Nicht das miterklärte Berufspathos, nicht der traurige Anlaß, nicht die kollegiale Sorge um die Erinnerung sind hier interessant, sondern der Zusammenhang von Gefahr und Bild. Baudrillards mehrfach intensivierte Argumentation, daß die Realität der Kriege sich in Bildern aufgelöst habe und insofern nicht mehr davon die Rede sein könne, daß solche Kriege stattfinden (sie haben weder in Zukunft noch in Vergangenheit, noch in Gegenwart einen Ort), bezieht sich auf diese neuartige Kontamination. Draußen, wo die Bilder waren, ist die Gefahr. Wo Gefahr ist, waren die Bilder. Krieg ist Bild. Bild ist Krieg. Das weiß ein Bild-Reporter. Aber was weiß man davon wirklich?

- Wim Wenders' Suche nach dem ›guten Blick‹

In seinen letzten Filmen hat der deutsche Filmautor Wim Wenders seinerseits auf die Gefahr reagiert, die in der maßlosen Bilderproduktion zu Recht vermutet werden darf. Er glaubt, daß es sich um ein Problem handelt, das innerhalb der Medien verhandelt werden kann, und versucht, das Bild als Waffe gegen das, was es gibt, mit einem irgendwie ›guten Blick‹ aufzuwiegen. Es müsse doch möglich sein, in welchem historischen Zustand auch immer, den Willen zum Gutsein zu mobilisieren und ihn auf die Augen zu übertragen. Vielleicht kommt dieses Einlenken zu spät. Vielleicht gibt es den ›guten Blick‹ nicht mehr oder nur noch als gutgemeinten, dessen Nähe zum Kitsch unabweislich ist. Vielleicht aber ist es überhaupt nicht möglich, innerhalb der Bildmedien selbst das Problem, das Vernichtungspotential, das sie historisch-gesellschaftlich produziert haben, zu lösen. Weshalb nichts so wichtig wäre wie die Formulierung eines Ortes außerhalb der imaginären Immanenz.

● Die Unberechenbarkeit des Imaginären

In der an die Benetton-Werbung der letzten Jahre anschließende, zum Teil heftig geführte Debatte um Zulässigkeit oder Unzulässigkeit von Bildern für Werbezwecke wird von Gegnern und Befürwortern übereinstimmend unterstellt, daß sich Bildwirkungen bis auf den Punkt berechnen ließen. Das Gegenteil ist offenbar der Fall. Es gibt zwar eine Logik, in der sich das abgelöste Imaginäre manifestiert, und es gibt auch bereits einige Versuche, den Schlüssel zu dieser Logik zu finden, aber er läßt sich noch nicht gebrauchen. Der – um ein altes Motto aufzugreifen – eherne Gang der Phantasie in den Köpfen der Menschen hat noch längst nicht die Aufmerksamkeit gewinnen können, die ihm gemäß wäre. Zwar wird weltweit im gesteckten Rahmen agiert. Keine Politik, keine Ökonomie, keine Weltkultur des Träumens kommt ohne Rücksicht auf die Gesetzmäßigkeiten, die im Orbit des Imaginären herrschen, mehr aus. Dennoch ist die Erkenntnis dieser Kenntnisse minimal. Nur eines steht fest: Die Logik ist so komplex, daß ein intentionaler Umgang mit zielgerichteten Absichten hier immer noch scheitert.

● Die Bombe mit Augen – eine Metapher für das Sehen heute

Bei dem Versuch, genauer hinzusehen, wurde während des Golfkrieges den interessierten Zuschauern eine Gelegenheit geboten. Im Zuge des Slogans ›First look first kill‹ kam eine Rakete zum Einsatz, die ihr Ziel mittels einer aufmontierten Sehmaschine fand und die in dem Augenblick ihre Sendung beendete, als sie ihr Ziel erreicht und es aus dem Horizont des Sichtbaren ausradiert hatte. Das Auge in der Form des abgelösten Blicks, montiert auf eine explosive Ladung, die ihren Sinn erfüllt, wenn das, worauf sie gezielt war, aufhört zu existieren – was für eine grandiose Selbstauskunft für das vernichtende Sehen heute. Das leidende Auge nimmt das tätige Auge bei der realen Zerstörung wahr und weiß nicht weiter.

● Eine sich selbst blendende Vergewaltigung

Überboten wird das Bombenbeispiel nur noch von der pornographischen Kamera, die das obskure Objekt ihrer Begierde durch Penetration erreicht und damit den Film zerstört, der läuft. Das Objektiv als männliches Organ, das Objekt in unheimlicher Annäherung, das aufgerissene Geschlecht der Frau im Target vor der Nacht, die jeden Blick verdunkelt – auch dies eine unfreiwillige Metapher, die sprachlich kaum zu überbieten ist.

In anderer Fokussierung versuchen die nachstehenden acht Hypothesen, das Thema noch einmal durchzuarbeiten.

Das Großprojekt der Aufklärung bestand und besteht im Sichtbarmachen des Unsichtbaren. Dabei sind ältere ›Seharten‹ einerseits ausgeschlossen, andererseits benutzt und instrumentalisiert worden. Das Ziel wäre die absolute Transparenz der Dinge, Ereignisse und Prozesse.

Für eine Geschichte des Sehens kann man vorläufig vier Seharten unterscheiden: Vision, Anschauung, Beobachtung, Fernsehen. Die Skala reicht von der Spontaneität zur Strategie und – paradoxerweise – von der Aktion zur Passion. Vision ist aktiv, Fernsehen ist passiv.

Die Sinne des Körpers sind in einer Spannbreite zwischen Rausch und Sucht gehalten. Das gilt auch für das Auge. Nüchternheit wäre eher ein Glücksfall. Rausch ist produktiv, Sucht unproduktiv. Obwohl gegeneinander exklusiv, sind sie schwer zu unterscheiden.

Das Projekt der absoluten Transparenz bringt eine bestimmte Codierung der Bildfläche mit sich. Der Körper ist immer weiblich, der Blick immer männlich. Dazwischen situiert sich die Geschlechtlichkeit der Bilder. Die Augen werden nach und nach zu Kriegsschauplätzen.

Vom Normpunkt einer visuellen Bewältigung der Dinge an gibt es keinen guten Blick mehr. Aber der Blick ist böse gemacht worden. Der böse gemachte Blick geht auf Vernichtung des Sichtbaren. Das Auge ist zuletzt der katastrophische Sinn; unwiderrufliche Bildstörung.

Die Vision war keine Passion, sondern eine Aktion der Überanstrengung. Sie erschuf eine Welt. Ihr Motto lautete: Sichtbar ist nur, was selbst sieht. Die Beobachtung ist gegen solche Visionen erfunden worden. Dabei blieb die Anschauung übrig, die schon abgekühlt arbeitet.

Das Ideal der Anschauung wäre ein Mensch, der ins Angeschaute hingerissen ist. Das Ideal der Beobachtung ist der Beobachter, der nicht beobachtet werden kann. Beobachtung (Wissenschaft) und Anschauung (Philosophie) haben es schwer miteinander. Sie lähmen sich gegenseitig.

Fernsehen ist kein Tun, sondern ein Leiden, in dem Welten abgebaut werden. Der Zuschauer kann weder beobachten, noch ist er fähig, anschauend hingerissen zu sein. Deshalb versinken die Dinge ins Vergessen wie Narziß ins Wasser. Das Auge ist der Schwachsinn der Zukunft.

# Hubertus von Amelunxen

## Prolegomena zu einer Phänomenologie der Geister

»...das Kreditiv aller Bevollmächtigten aus der andern Welt (liegt) in den Beweistümern...«
Immanuel Kant, »Träume eines Geistersehers...«, 1766, S. 966

»Die Schriftleitung übernimmt keinerlei Verantwortung für Mittheilungen aus dem Geisterreich.«
*Zeitschrift für Spiritismus und verwandte Gebiete*, 1897

»Revêtir d'une armure
la vie
Déséquiper la mort.
Utopie.«
Edmond Jabès, *Le Livre du Partage*, 1987

Medien sind die Boten im Geisterverkehr. Ihnen obliegt die Regelung und Bahnung der Kommunikation mit dem, was unseren Sinnen entlegen ist, in unserer Ordnung regellos ist und was die Regeln unserer Ordnung schafft. Medien betreiben das Geschäft der Latenz, des Unbeobachtbaren, sie nehmen sowohl die Stelle des nicht zu sehenden Objekts – des entfernten, in ihnen aufgehobenen Referenten – wie des nicht sehenden Subjekts – der getilgten Zeugenschaft, des blinden Flecks – ein. Sie stellen das Subjekt in Frage und vermögen allein seine Abwesenheit zu bezeugen. Frei nach Luhmann: Medien teilen die Welt nicht mit, sie teilen sie ein.[1] Sie teilen sie ein in das faßbar Erfahrbare und in das unfaßbar Entlegene, dem Bereich der Kognition unverwandt, letztlich der Urteilskraft unzugänglich. Medien lassen uns an eine allzu verführerische Dichotomie glauben, dernach sie Mittler wären zwischen einer unbestimmbaren Zeit (der Evokation und Emanation) und einer Zeit der rezeptiven Aufnahme oder Verarbeitung – einer Zeit des Anrufs und des Abrufs. Medien bestimmen die Instanz des Dazwischen, der Luft (Aristoteles) oder der scheinbaren Transparenz (Virilio). Medien stellen sich uns als das Gerät des Dazwischen, zwischen Phantasma und Bewußtsein. Ihnen liegt, wie Dr. A. Freiherr von Schrenck-Notzing in seinem »Beitrag zur Erforschung der mediumistischen Teleplastie«

1  Luhmann, N.; Fuchs, P.: »Reden und Schweigen«, in: dies.: *Reden und Schweigen*, Frankfurt a. M. 1989, S. 7.
2  Schrenck-Notzing, Freiherr A., von: *Materialisations-Phänomene. Ein Beitrag zu Erforschung der mediumistischen Teleplastie*, München 1914, S. 43.
3  Capron, E.W.: *Modern Spiritualism, its Facts and Fanaticisms*, Boston 1885, zit. n.: Aksakow, Alexander: *Animismus und Spiritismus*, Leipzig 1915, Bd. 2, S. 366.
4  Kamper, Dietmar: »Das Verschwinden der Körper im Bild. Über Anmaßungen des Geistes gegenüber der Zeit«, in: *Binationale*, Ausstellungskatalog, 1986, S. 42.

bemerkt, wie »aller Trugwahrnehmung (...) eine virtuelle Realität zugrunde«.[2]

Im folgenden wird nicht von der Esoterik, nicht vom New Age, auch nicht vom Cyberspace die Rede sein, sondern von der sich mit der Entwicklung der modernen Medientechnik im 19. Jahrhundert zeitgleich erst in Amerika, dann in Europa, vornehmlich England und Frankreich, ausbreitenden Bewegung des Spiritismus: der professionellen und säkularen Mediumnitisierung des Subjekts im Zeitalter des Hochkapitalismus. Spiritismus ist Medienkunde. Am 14. November 1849 fand nach den Ereignissen von Hydesville – Klopflauten im Haus der Familie Fox – und einberufen von E. W. Capron in der Corinthian Hall in Rochester eine erste Veranstaltung »für eine allgemeinere Entwicklung des Geisterverkehrs« statt.[3] Am 1. April 1858 wird von dem Pädagogen und Pestalozzi-Schüler Allan Kardec (das ist Léon Hippolyte Deizart-Rivail) die Société Parisienne d'Etudes Spirites gegründet. Kardec, selbst ein Medium, veröffentlichte 1857 den ersten Medien-Katechismus, »Das Buch der Medien oder Wegweiser der Medien und der Anrufer, enthaltend eine besondere Belehrung über die Geister, über die Theorie aller Art Kundgebungen, über die Mittel für den Verkehr mit der unsichtbaren Welt, Entdeckung der Mediumität (...)«. Die Medienkunde verfährt über den Körper und gebraucht ihn als Bild und Wort zugleich; gestisch (photographisch, kinematographisch) oder verbal (psychographisch, phonographisch, chronographisch) stünde es dem Körper des Mediums an, Abwesenheit raumgebend zur Darstellung zu bringen. Die Visualisierung und Materialisierung von Botschaften aus dislozierten Räumen aus dem Diesseits (etwa Fernsehen oder telekinetische Materialisierungen) oder dem Jenseits gehören zu den wesentlichen Bestimmungen des Spiritismus. Das Medium ist Träger und Botschaft zugleich, heute würden wir sagen, es führt die Materialität der Kommunikation als leibhaftiges Wort zu ihrer allegorischen Kontur, jenem Geist – jenem Gespenst – vergleichbar, dem Benjamin in einem Traum begegnete: »Es ging durch alle Mauern und blieb immer auf gleicher Höhe mit uns. Ich sah das, trotzdem ich blind war.« Oder in den Worten von Henry James: »The presence before him was a presence.« In seiner ›auratischen‹ Ubiquität ist das Medium in der Tat von einer unumschränkten Verfügbarkeit, immer auf der Höhe der Zeit, bar jeglicher ›Zeitigung‹, vorausgesetzt, daß ihm ein ›Anruf‹ entspricht. In den spiritistischen Kreisen des 19. Jahrhunderts (wie auch heute noch in alljährlichen Sitzungen des spiritistischen Weltkongresses) tragen die Medien den Namen des ›Anrufers‹. Im folgenden also soll es um das imaginäre Leben des Mediums gehen, den ›imaginären Tod‹ (Lacan), apodiktisch gesprochen: »der den Tod des Imaginären nach sich zieht«.[4] Letztlich geht es den Geistersehern und der Gespenstergemeinschaft, heute wie damals, doch darum, was nach dem Tode übrig bleibt, um den Rest, um die Spuren der Transzendenz, die, im Jenseits gelegt, im Diesseits gelesen werden.

Jene Medien, deren Geist 1848 von Amerika nach Europa kam, traten mit dem positivistischen und auf Empirizismus geeichten Geist des 19. Jahrhunderts diesem entgegen: dem induktiven experimentellen Geist, dem Laplaceschen Dämon, der die Welt von einem energetischen Determinismus erfaßt sah. Bevor wir zum ›Mediumnismus‹ des 19. Jahrhunderts kommen, sollen einige erkenntnistheoretische Apriori in Erinnerung gerufen werden, wie sie in den »Träumen eines Geistersehers«, Kants 1766 veröffentlichter Schrift gegen das Geisterbegehren, zu finden sind. Dieses ›vorkritische‹ Traktat ist bedeutsam, weil es auch einen in der Kritik epistemologisch bedeutsamen Sprung markiert: den von der Kritik alchimistischer oder gnostischer Lehre zur Kritik der erkenntnistheoretischen Apriori. Diese Kritik ist gegenüber den folgenden Kants nicht zu überschätzen, sie macht jedoch bereits hier auf einen Umstand aufmerksam, dessen Virulenz erst im 19. Jahrhundert deutlich werden wird. Die großen Leerstellen, die von der spiritistischen und physiko-chemischen beziehungsweise elektromagnetischen Medientechnik im 19. Jahrhundert besetzt werden, heißen Imagination und Invention. Eine Hypothese lautet also: Die Medientechnik im 19. Jahrhundert, und allen anderen voran die der Photographie, richtet sich eben dort ein, wo der Fortschrittsglaube an seine äußerste Grenze stößt – in der Befindlichkeit des Subjekts, in dem elementaren Pulsieren des Lebens, in dem Phantasma einer unumschränkten Erinnerung an die Zukunft. Der Spiritismus greift ein in die Leerstelle der ›Memoria‹, er ist die ›ver-botene‹ Mnemosyne des 19. Jahrhunderts. Der Spiritismus bedeutet den Tod, faßt ihn in ein neues Zeichensystem ein und gibt ihm eine keineswegs kanonisierte Zukunft; er bedeutet die Kommunikation nach dem Tod (präpositional und modal, zeitlich und räumlich). Es ist sicherlich nicht zufällig, daß der Spiritismus zu einer Zeit aufkommt, wo das Erzählte (im Sinne des historisch Gewachsenen) vom Informativen (als dem medientechnisch Inkorporierten) abgelöst wurde. Spiritismus also, so die These, setzt den immateriellen Körper an die Stelle des von jeder Zukunft entleibten, weil in ihr prädeterminierten Körpers. »Mir ist das Wort Medium hier sehr lieb, so wie jene Bilder mich an Gespenster, Phantome und Revenants erinnern. Alles beschreibt hier in schwarz und weiß die Wiederkehr der Revenants, man kann sie nachträglich beglaubigen, von der ersten ›Erscheinung‹ an. Das ›Gespenstische‹, das ist das Wesen der Photographie.«[5]

Das Schattenreich ist das Paradies des Phantasten – mit diesen Worten beginnt Kant 1766 seine Kritik der Geisterkraft. Während die Singular des Geistes die beruhigende Semantik einer kategorialen Verortung mit sich trägt – Geist ist das Apriori eines vernunftbegabten Wesens –, verbirgt die Pluralisierung des Geistes (die Geister also) eine disseminierende, verstörende Präsenz, die weder Ort noch Zeit kennt, aller Anschauung also (im Kantschen Sinne) fremd ist: Die Geister tanzen den Reigen des Paradox' – sie entkräftigen oder deautomatisieren die DOXA, wie später im surrealistischen Vokabular eines Philippe Soupault oder

5  Derrida, Jacques: »Lektüre«, in: Plissart, Marie-Françoise; Peeters, Benoit: *Recht auf Einsicht,* aus dem Französischen von Michael Wetzel, Wien 1988, S. VI.

6  Kant, Immanuel: »Träume eines Geistersehers, erläutert durch Träume der Metaphysik«, in: *Werke in zehn Bänden,* hg. von Wilhelm Weischedel, Darmstadt 1983, Bd. 2, S. 923.

7  Zu Swedenborg, vgl. die Abhandlungen von Benz, Ernst: *Swedenborg in Deutschland,* Frankfurt a. M. 1947 und ders.: *Emmanuel Swedenborg. Naturforscher und Seher,* München 1948.

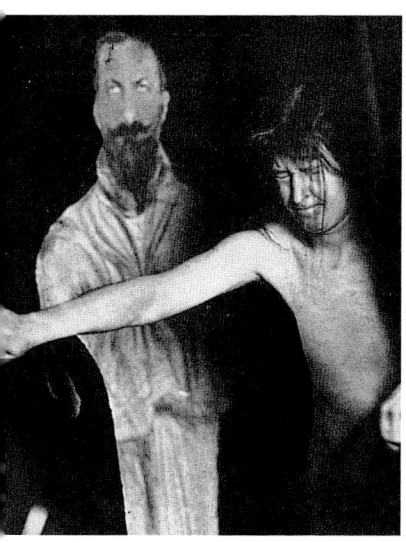
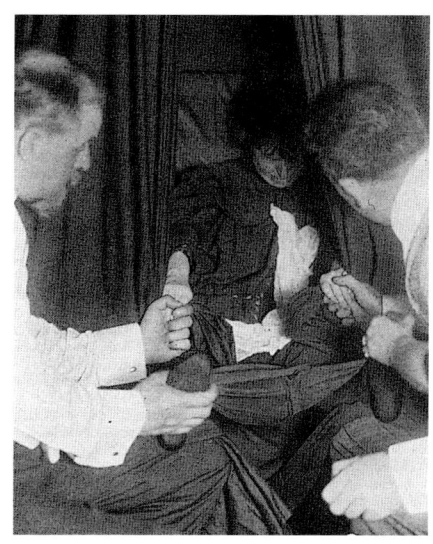

Abb. 1: Phantom mit unbekleidetem Medium, 23. Februar 1913, Photographie von Madame Bisson

Abb. 2: Blitzlichtaufnahme von Schrenck-Notzing, 7. Juni 1911

André Breton. Sie bevölkern das Reich des Unsicht- und Unnahbaren, so Kant, doch die Schlüssel, »welche die beiden Pforten der andern Welt auftun, öffnen zugleich sympathetisch die Kasten der gegenwärtigen.«[6] Deshalb also der Rückgriff auf Kants so wenig rezipierte Schrift heute. Kant verfaßte seine »Träume eines Geistersehers« gegen das obskure Werk des schwedischen Gelehrten Emmanuel Swedenborg, dem naturwissenschaftlich höchst angesehenen, illuminierten und akademisch diplomierten Denker und Visionär der Korrespondenzen zwischen Himmel und Hölle.[7] Mit einer vom Gegenstand her naheliegenden Ironie handelt die Schrift vom Sehen und vom Bezeugen des Gesehenen durch den ›Augenzeugen‹ (das körperhafte und vernunftbegabte Wesen ›äugnet‹ eine hier immaterielle Erscheinung), vom Apriori des Raumes und der Zeit, vom Beobachten und vom ›Eräugnen‹. Die Abhandlung ist eine kleine Vorstudie zur *Kritik der reinen Vernunft*, nebenbei ist sie auch noch ein Pamphlet gegen das »methodische Geschwätz der hohen Schulen«, der Akademien, und letztlich wären diese Träume als eine Kritik der Medienwissenschaft ›avant la lettre‹ zu lesen. Kants Versuch, den verwikkelten metaphysischen Knoten von Medien und Geistern zu entzweien, wird uns zum spiritistischen Mediumnismus des 19. Jahrhunderts führen, der signifikanten Materialisierung des Unsichtbaren.

Es ist hinlänglich bekannt – von Jean Paul, E. T. A. Hoffmann, Chamisso, Schlegel über Poe und Baudelaire zu den theoretischen Fundierungen von Barthes, Benjamin und Derrida –, daß Geister oder Gespenster, Phantome oder Wiedergänger, Doppel oder Zombies weder einen Ort noch eine Zeit haben; sie verhalten sich zu Raum und Zeit unspezifisch, etwa so, wie nach Freud das Unbewußte in diesem Sinne unspezifisch zu nennen ist, und spezifisch erst in der Übertragung, dann also, wenn das Unbewußte in der Sprache einen signifikanten Körper findet, wenn es sich spricht – auf der symbolischen Ebene. Geister aber, a-topisch und a-chronisch, finden ihren Ort in der Anschauung des anderen; sie können in den Körper des Anderen eingehen und ihn mit einer anderen Zeit erfüllen (wie etwa im Roman *Spirite* von Théophile Gautier, 1846), das derart erfüllte Subjekt kränkt aber an der Bezeugung dieser Präsenz wiederum anderen gegenüber: Geisterbekundungen stellen das Problem der Zeugenschaft, des ›différend‹, des Widerstreits im Sinne Lyotards. Geister teilen den Ort des Zeugen, und sie teilen ihn ein, aber, wie Kant schreibt, sie teilen den Ort unmerklich. Da sie immateriell sind, körperlos, vermögen sie vielleicht optisch, halluzinatorisch, aber nicht körperlich den Raum zu erfüllen und können somit anderes auch nicht aus diesem Raum verdrängen: Sie berühren uns nicht. Das Wesen dieser geistigen Substanz, wollte man es orten, gehört der immateriellen Welt des ›global village‹ an, »wo die Entfernung der Örter und Zeitalter, welche in der sichtbaren Welt die große Kluft ausmacht, die alle Gemeinschaft aufhebt, verschwindet. (...) die Gegenwart und die Zukunft würden also gleichsam aus einem Stücke sein, und rein stetiges Ganze ausmachen (...)«.[8] Das Geisterwesen bestünde in einem unfaßbaren Oszillieren zwischen Erscheinung und Verschwinden, An- und Abwesenheit, Sichtbar- und Unsichtbar-Sein, Nähe und Ferne, der Welt gegenüber immanent wie transzendent, folglich kommunikabel und inkommunikabel. Geister nisten in dem Weder-Noch der Unausschließbarkeit, der Unteilbarkeit und der Unentscheidbarkeit. Begrifflich zu fassen wären sie ganz unterschiedlich mit dem, was Benjamin mit ›Schwellenkunde‹ und ›dialektischem Bild‹, Heidegger mit ›Entsetzen‹, Freud und Derrida mit ›Rest‹ umschrieben haben: das Unentschiedene, das Verschiedene, das aufgeschoben und unteilbar Verbliebene. Gleichwohl bedürfen auch die Geister eines Zeichensystems, das ihrer signifikanten Materialisierung gleichkommt, denn damit diese Art der Erscheinungen sensibilisierten Personen, ›geläuterten‹ nach Swedenborg, sich ›eräugnen‹ kann, müssen die Geister »sich in die Zeichen derjenigen Sprache einkleiden, die der Mensch sonst im Gebrauch hat«.[9] Geister verlangen nach Äquivalenz in Sprache oder Bild.

Carl Gustav Carus berichtet 1846 in seinem Werk *Psyche* von einem Menschen, der »durch einen Traum veranlaßt, 23 Jahre in Sehnsucht zugebracht (habe), seine Seele zu schauen«, bis er sie dann »als leuchtende ätherische in einer seltsamen Hülle eingeschlossene Gestalt« erblicken konnte.[10] Man spricht von Halluzinationen oder Trugbildern – epikureisch ›simulacrae‹, wenn nicht das Bild selbst als Figuration der latenten Erscheinung, sondern seine Beschreibung überzeugen soll. Die Idee ihrer Abstraktion muß dann also figurenhaft werden, das ›Eräugnis‹ eines Gespenstes bedeutet die Verkörperung einer Abstraktion, deren Natur ungewiß ist, die gleichwohl aber als materialisiert beobachtet werden könnte. So

8 Ebd., S. 940 und S. 945.
9 Ebd., S. 949.
10 Carus, Carl Gustav: *Psyche. Zur Entwicklungsgeschichte der Seele* (1846), Stuttgart 1941, S. 159.

geschieht es dann, daß »übelgepaarte Bilder in die äußere Empfindung hereinziehen, wodurch wilde Chimären und wunderliche Fratzen ausgeheckt werden.« Es sind Bilder der inneren Empfindung, denen keine Anschauung voransteht, somit also, so Kant, eignet ihnen auch nicht das Wissen um die Differenz, die den Körper von anderen Körpern oder Wesen scheidet und diesem einen Zeit- und einen Standpunkt zuweist, also eine Einbindung in die raumzeitlichen (historischen) Koordinaten seines Anwesens. Der Träumende, dessen Blick ›pneumatisch‹ von innen her gerichtet ist, vermag das Urbild vom Schattenbild nicht zu unterscheiden. Der ›focus imaginarius‹, mit dem das Auge ein externes, sichtbares Objekt im Lichte von Raum und Zeit gewahrt, es imaginär in der Dreidimensionalität ergänzt und in Differenz zum eigenen Körper setzt – dieser ›focus imaginarius‹ ist beim Geisterseher nach innen gekehrt und projiziert Gegenstände der Einbildung in die Form einer zeitlosen, allzeit präsenten, wenngleich diffusen Gegenwart. Die Differenz als Realitätsprinzip, wenn man das so nennen darf, ist in den Simulakren der Vorstellungskraft zerstreut;

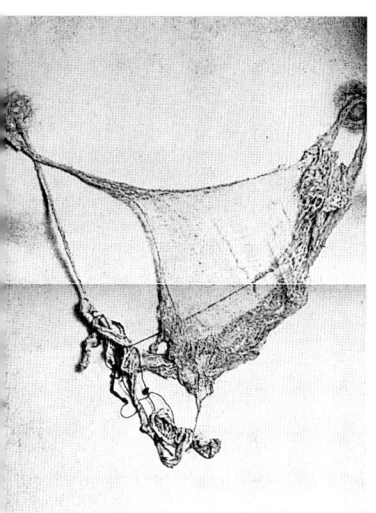

Abb. 3: Blitzlichtaufnahme von Schrenck-Notzing, 22. November 1911, Vergrößerung

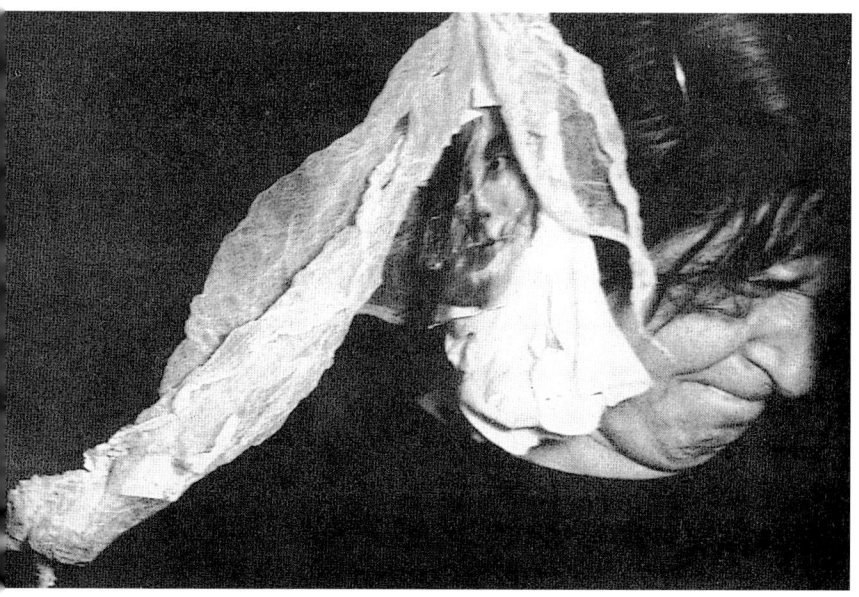

Abb. 4: Blitzlichtaufnahme eines Teleplasmas, 5. Januar 1913, Vergrößerung, Photographie von Madame Bisson

sie eckt nicht an, sie überbordet nicht, sie flutet. Vom Träumenden unterscheidet sich der Geisterseher darin, daß letzterer kein Erwachen kennt – so wie Benjamin an der surrealistischen, spiritistisch geschulten Traumschrift, der »écriture automatique«, den fehlenden Augenaufschlag, das nicht mehr eintretende Erwachen, die ausgebliebene Übersetzung des Traumgebildes in die Realität bemängelte. Kants Kritik, die beiläufig auch eine Ehrenrettung des Träumenden ist, richtet sich weniger an den Wahnbelegten als an den Vernunftbegabten. Da wir, so argumentiert er mit Descartes, von jeglichem, das »unserer Anschauung oder unseren anderen Sinnen gegenwärtig sein kann, kopierte Bilder in der Einbildung« haben, so bedarf es nur einer »Verrückung des Nervengewebes«, um die Kopie in ein Original ohne Ursprung zu übersetzen, in eben jenen Zustand also, der als der Makel (oder die Befreiung) in der postmodernen Mediengesellschaft immer wieder bekundet wird. Bilder finden ihren Ursprung nur noch in der Kopie, in die das Original eingegangen ist. In den Reizungen unserer Wahrnehmung kann bereits eine kleine Verschiebung zwischen externer Referenz – ein Lichtstrahl, ein Windhauch, eine Stimme, eine Berührung – und sinnlicher Sensibilisierung und Reaktion des Körpers zur Inversion des kausalen Zusammenhangs beziehungsweise zur Aufhebung jeglicher Kausalität führen. Es ist alsdenn kein Wunder, so Kant, »wenn der Phantast manches sehr deutlich zu sehen oder zu hören glaubt, was niemand außer ihm wahrnimmt, imgleichen wenn diese Hirngespenster ihm erscheinen und plötzlich verschwinden (...)«; der Unglückliche ist dem Blendwerk ausgeliefert und wird durch kein Vernünfteln weder selbst dieser Verrückung bewußt noch das Verrückte verständlich mitteilen können. Ein Jahrhundert später werden Hippolyte Bernheim und Charcot auf je eigene Weise Signifikanten für diese Verschiebung finden.[11]

Für die geläuterten Swedenborgianer war die Kommunikation niemals ein Problem, sie war nicht einmal der Erörterung wert, ist sie doch zwischen den Geistern ein fortwährender und atemporaler Zustand. Nur in der Zeit wird ja die Kommunikation zu einem Problem. Swedenborg unterscheidet daher zwischen dem ›äußeren‹, mundanen Gedächtnis, das selektiv ›Eräugnisse‹ und Phänomene der sichtbaren Welt aufnimmt, und dem ›inneren‹ Gedächtnis, das, einem endlosen Anrufbeantworter vergleichbar, den gesamten Geisterverkehr aufzeichnet und beliebig abrufbar hält. »Nach dem Tode«, so folgert Kant, »ist die Erinnerung alles desjenigen, was jemals in seine Seele kam und was ihm selbst ehedem verborgen blieb, das vollständige Buch seines Lebens.«[12] Das innere Gedächtnis kennt weder Kommunikation noch Selektion, denn die »Geistersprache ist eine

11 Vgl. Didi-Huberman, Georges: L'invention de l'hystérie. L'iconographie photographique de la Salpetrérie, Paris 1982.
12 Kant, Immanuel: a.a.O., S. 976.
13 Ellenberger, Henry F.: Die Entdeckung des Unbewußten, ins Deutsche übertragen von Gudrun Theusner-Stampa, Bern/Stuttgart/Wien 1973, Bd. I, S. 136.
14 Die Untersuchungen zur Telekinese, zur Ideoplastik, zum Ektoplasma und anderen Materialisationserscheinungen von Carl du Prel, Charles Richet, Flournoy und anderen deuten die ›Geisterhypothese‹ als ein sekundäres Phänomen; nicht das »transzendentale Subjekt« (du Prel) oder das »subliminale Bewußtsein« (Myer), sondern die mediumnistischen Materialisierungen sind Gegenstand der Untersuchungen. Das Syntagma der Medien, nicht die Semantik, wird analysiert und photographisch oder kinematographisch aufgezeichnet.

unmittelbare Mitteilung der Ideen«, und ein »Geist liest in eines andern Geistes Gedächtnis die Vorstellungen, die dieser mit Klarheit enthält«. Geister sind autokommunizierende Systeme, Medienschaltungen.

Im Unterschied zu Swedenborgs pseudo-theosophischer Lehre, die eben von der unmittelbaren Erfüllung handelt, geht es der spiritistischen Bewegung ab Mitte des 19. Jahrhunderts um die Übertragung geistiger Phänomene in materielle Gestalt; und um den Beleg dafür, daß eine Scheidung von Materialität und Immaterialität phänomenologisch nicht zu vollziehen ist, vielmehr ein energetisch-atomares Prinzip alle ätherisch gespeicherte Information in sich trägt. Von den Klopflauten 1849 im Hause Fox im Staat New York bis zu den mediumnistischen Gesamtkunstwerken Anfang des 20. Jahrhunderts in Paris – der Spiritismus versucht sich an der medientechnischen Visualisierung des Unsichtbaren. Oder, wie es Henry Ellenberger in seiner Geschichte der dynamischen Psychiatrie, *Die Entdeckung des Unbewußten*, formuliert: »Eine neue Art von Versuchspersonen, die Medien, stand jetzt für experimentelle psychologische Untersuchungen zur Verfügung, aus denen man ein neues Strukturmodell der menschlichen Psyche gewann.«[13] Der vielleicht historisch vordergründige Zusammenhang zwischen Messmerismus, Magnetismus, der hypnotischen Metempsychose des Patienten zum Medium und der Psychiatrie bis zur Psychoanalyse Freuds kann hier nur angesprochen werden (Freud hat bekanntlich in mehreren Schriften jegliche Annäherungen zwischen der Psychoanalyse und dem populären Spiritismus beziehungsweise Obskurantismus von sich gewiesen). Im Mediumnismus – ein Begriff, der von dem russischen Schriftsteller und Spiritisten Alexander Nikolajewitsch Aksakow (1832–1903) in seinem großen Werk *Animismus und Spiritismus* 1890 anstelle von Spiritismus vorgeschlagen wurde – begegnen wir dem Medium in der doppelten Bedeutung als menschlichem, körperhaftem Träger von Botschaften verstorbener (verschiedener) Menschen – der Mensch als eine kristalline Passage ins Jenseits sozusagen – und als technische, physiochemische Apparatur der Aufzeichnung, der Archivierung und der Übertragung.[14] Ich bleibe bei diesen beiden spezifischen Konnotationen

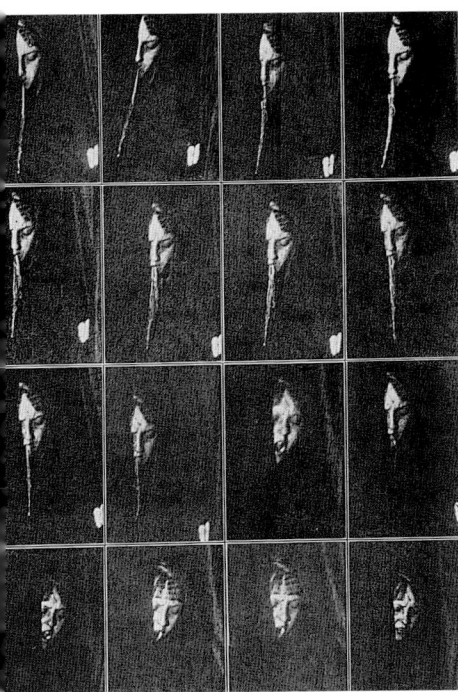

Abb. 5: »Ausgewählte Bilder aus dem Film *Der Kinematograph*, Aufnahme am 13. Juli 1913. Breiter- und schmalerwerden sowie Zurücktreten der Schleiersubstanz in den Mund«, Film und Auswahl der Stills von Schrenck-Notzing

des Wortes und Begriffs ›Medium‹ (im Unterschied beispielsweise zu Luhmanns generellem Gebrauch von Medium und Form, der explizit die Medientechnik ausgrenzt).[15] Gemeinsam ist beiden Medien allerdings, was Niklas Luhmann und Peter Fuchs in dem bedeutungsschweren Satz formuliert haben:»Das Jenseitige im Diesseitigen ist im Hiesigen angesiedelt.«[16] Für die transzendente Erscheinung bedarf es eines immanenten Pendants, um dem Unort und der Unzeit Koordinaten der Anschauung in Raum und Zeit zuweisen zu können.[17] Zur Bezeugung der Präsenz und zur ›Ansiedlung‹ des Mediums schrieb Maurice Maeterlinck:»Das Weiterleben eines Geistes ist nicht wahrscheinlicher als die wunderbaren Fähigkeiten, die wir den Medien zuschreiben müssen, wenn wir sie den Toten nehmen. Aber das Dasein des Mediums ist im Gegensatze zu dem ›Geist‹ unleugbar. – Die merkwürdigen Fähigkeiten verblüffen uns nur, weil sie vereinzelt dastehen; im Grunde sind sie nicht wunderbarer als unser Denken, unser Gedächtnis, unsere Einbildungskraft.«[18]

Der Spiritismus oder Mediumnismus muß epistemologisch deutlich sowohl von der theosophischen Tradition (Helena Blavatsky) wie von dem Messmerismus und dem Magnetismus der Romantik getrennt werden.[19] Nicht um des verzogenen Ursprungs oder der unio mystica willen sind die Mediumnisten vereint, sondern wegen der materialistischen, medientechnisch (im genannten doppelten Sinne) experimentellen Entgrenzung der sinnlichen Erfahrungsmodi. Medien werden instrumentalisiert zur Übertragung und Fixierung dessen, was sich biologisch und organistisch der menschlichen Apperzeption entzieht. Der Spiritismus, so Allan Kardec, enthülle die Welt des vordem Unsichtbaren, wie das Mikroskop uns die unvermutete Welt des unendlich Kleinen enthüllt habe.

Victor Hugo notiert nach einer seiner vielen, bereits 1853 auf Jersey begonnenen und stets stenographierten Gespräche mit dem Jenseits:»Der Geister-Schöpfer sieht die Phantom-Idee. Die Worte sträuben sich und der Satz erschauert (...), fahl läuft die Scheibe an, Furcht packt die Lampe (...). Hüte dich, Lebender, hüte dich, Mensch des Säkulums, du Vasall eines Gedankens, der von der Erde stammt. Denn das hier ist der Wahnsinn, das hier ist das Grab, das hier ist das Unendliche, das hier ist eine Phantom-Idee.«[20] Es ist der »kosmische Schauer im Erlebnis des Unsichtbaren«, wie Benjamin bemerkt, der jedoch weit

15 Vgl. u.a. Luhmann, Niklas: *Die Wissenschaft der Gesellschaft,* Frankfurt a. M. 1990, S. 181 ff.
16 Luhmann, Niklas; Fuchs, Peter: »Von der Beobachtung des Unbeobachtbaren: Ist Mystik ein Fall von Inkommunikabilität?«, in: dies.: *Reden und Schweigen,* a.a.O., S. 73.
17 Vgl. ebd., S. 77 f.
18 Maeterlinck, Maurice: *La Mort,* Paris 1913, hier zit. n. Schrenck-Notzing, a.a.O., S. 40.
19 Hier wäre beispielsweise auf die Lichtmetaphorik in den Aufzeichnungen Friedrich Schlegels zu den magnetischen Behandlungen der Gräfin Lesniowska genauer einzugehen. Dort ist von einer Lichtschrift die Rede (wie schon in Johann Wilhelm Ritters Aufzeichnungen): Zwei Zeilen, die am Himmel strahlen und in hebräischer Schrift die ersten Zeilen der mosaischen Schöpfungsgeschichte abbilden, Genesis I,3 : »Gott sprach: Es werde Licht. Und es ward Licht.« Ferner wird die Lichtepoche erwähnt, die nach Schlegels schwer nachzuvollziehenden Berechnungen »als die wunderbare Zeit der Infantia judicis«, zwischen 1830 und 1942, einbrechen sollte. Seine Geschichtsprophetie rekurriert auf die »Sonnenglut« in der 4. Schale der Apokalypse des Johannes (16, 8–9) (vgl. Schlegel, Friedrich: *Tagebuch* (über die magnetische Behandlung der Gräfin

entfernt sei von dem »nackten Schrecken«, von dem, wissend und nicht sympathetisierend, Baudelaire in Angesicht der optischen Medien, neben Panorama und Diorama vornehmlich der Photographie ergriffen wurde. Die Erfindung der Photographie erteilte »dem Augenblick sozusagen einen posthumen Chock«, wie Benjamin an anderer, berühmter und häufig mißverstandener Stelle bemerkte. Die Entladung des Blitzlichts verursachte beim Medium einen »heftigen Nervenchock«, wonach die Séancen meistens abgebrochen werden mußten und die Photographie dann zugleich das »Ende der Phänomene« bedeutet.[21] Der »Chock« des Unheimlichen, des Automaten, des Wiedergängers, der »Chock«, den die Teilung des Augenblicks in sich birgt und mit sich bringt. Wo Medien die unendliche, weil grenzenlos scheinende Ausdehnung des Raumes zu suggerieren vermögen, implodieren alle auf Endlichkeit angesetzten Systeme. Die Entgrenzung wird zur Beschränkung, Medien zum Rahmenwerk, das die »Hoffnung der Zukunft«, wie Kant jenes imponderable Gewicht auf der ›Verstandeswaage‹ nennt, das sich aller Urteilskraft versagt, zur vollendeten Zukunft, future antérieur, future perfect werden läßt. Wo das Medium das Andere beschwört, liegt der Tod in der Übersetzung. Ernst Jünger, in einer furchtbaren Passage, aufgezeichnet in Toulis am 6. Juni 1940, läßt es ahnen: »Im Bett, aber auf den Satteltaschen geschlafen, in einem engen, überplünderten Zimmer, in dem ein großes Damenbild, eine Photographie aus Flauberts Tagen, hing – von noch sehr dichter erotischer Substanz. Vorm Einschlafen leuchtete ich aus dem Bett die enggeschnürte Schönheit mit der Taschenlampe an und beneidete unsere Großväter. Sie pflückten die Erstlinge der Dekomposition.«[22] Der Blick in die Vergangenheit wird zur Brüstung auf die Zukunft, die vollendete Zukunft. Der Spuk des Mediumnismus im 19. Jahrhundert ist ein bereits entzauberter Spuk, was in ihm gewahrt wird, ist der Verlust, es ist weder die MacLuhansche ›Prothese‹ noch das ›global village‹, sondern die Überantwortung der menschlichen Apperzeption an die Geräteschaft des technifiziert-mediumnitisierten Panoptikums. Das Medium als Träger erzeugt eine Präsenz, die es zugleich zu bezeugen hat. Oder, mit Luhmann gesprochen: das Medium hat die Form, die es produziert, selbst zu authentifizieren.

Eduard von Hartmann bezeichnete in seiner 1885 veröffentlichten Abhandlung »Der Spiritismus« die mediumnistischen und psychokinetischen Phänomene als Halluzinatio-

Lesiowska 1820–1826), Kritische Ausgabe seiner Werke, hg. v. Ernst Behler, Bd. XXXV, München/Paderborn/Zürich 1979, S. 190 und S. 199 f.). In den Philosophischen Lehrjahren bedeutet Schlegel das göttliche Medium des Lichts als eine zeit- und raumtranszendierende Entität: »Zeit und Raum sind Media d(er) Gottheit, d(es) Unendlichen und Endlichen; aber eben darum auch Hindernisse und ihre Vernichtung also der Anfang des Tr(anszendentalen). – Sie s(ind) das Element d(er) Geister und ihr Produkt. – R/O (absoluter Raum) und Z/O (absolute Zeit) also allerdings ein Sensorium der Gottheit.« (Bd. XVIII, Paderborn 1962, S. 335.)
20  Simon, Gustave: Chez Victor Hugo. Les tables tournantes de Jersey. Procès-verbaux des séances, Paris 1923, S. 306–308 u. S. 314, hier in der deutschen Übersetzung zit. nach Benjamin, Walter: Charles Baudelaire. Ein Lyriker im Zeitalter des Hochkapitalismus, hg. und mit einem Nachwort versehen von Rolf Tiedemann, Frankfurt a. M. 1980, S. 62.
21  Schrenck-Notzing, a.a.O., S. 101 und S. 140.
22  Jünger, Ernst: Strahlungen I. Gärten und Straßen. Das erste Pariser Tagebuch. Kaukasische Aufzeichnungen, München/Stuttgart 1988, S. 153 f. Ich danke Achim Wenke für diesen Hinweis.

nen, was durch einen Großteil der physiologischen Abhandlungen, unter anderen der Helmholtzschen, zu belegen wäre. Dennoch blieb auch für Hartmann die Frage, ob »ein Medium imstande sei, nicht bloß in einem anderen die Halluzination einer Gestalt zu erwecken, sondern auch eine solche als reales Gebilde von einer allerdings verdünnten Materialität in den für alle Sitzungsteilnehmer gemeinsamen objektiv-realen Raum des Sitzungszimmers hinauszusetzen, indem es die Materie zur Gestaltbildung zuerst aus seinem eigenen Organismus herausdrängt oder heraushaspelt und dann zur Gestalt formiert.«[23] Eine Beweisführung sei eben nur durch die Photographie zu erbringen, nur sie könne zeigen, ob »die Materialisationserscheinung eine lichtreflektierende Oberfläche im objektiv-realen Raume besitzt«. Er fügt noch hinzu, daß »weder ein gewerbsmäßiger Photograph, noch ein Medium an den Apparat« dürfe, daß die Analyse nur aufgrund des Negativs, der Glasplatte, gemacht werden dürfe und schließlich, daß »Medium und Erscheinung gleichzeitig in der ganzen Figur sichtbar sind«.

Mit einem Blick auf die Kunst, die Medienkunst, wäre dieser Satz zu interpretieren, die Einsicht in die ›Logik des Produziertseins‹ transzendenter Erscheinungen gebührt dem Medium Photographie, dessen Referential wiederum vom beobachtenden Subjekt gesetzt ist. In dieser rekursiven Schleife wäre die Unterscheidung von empirisch und transzendental aufgehoben, denn »Kommunikation« kann nur als »eine stets stattfindende empirisch beobachtbare Operation« begriffen werden.[24] Die Materialisierungen der Medienkommunikationen wurden in einem Zeitraum von über 30 Jahren von Schrenck-Notzing mit bis zu sieben photographischen Apparaten (und teilweise auch einer kinematographischen Kamera) aufgezeichnet. Diese Medien waren wichtig, denn: »An Halluzinationen der Anwesenden (i.e. in den spiritistischen Séancen), die ganz gleichmäßig dieselben Wahrnehmungen machten, ist nicht zu denken, da die photographischen Aufnahmen die optischen Eindrücke regelmäßig rechtfertigten.«[25]

23  Hier zit. n. dem sehr gut dokumentierten Werk von Krauss, Rolf H.: *Jenseits von Licht und Schatten. Die Rolle der Photographie bei bestimmten paranormalen Phänomenen – ein historischer Abriß,* Marburg 1992, S. 107 f.
24  Luhmann, Niklas: *Die Wissenschaft der Gesellschaft,* a.a.O., S. 14.
25  Schrenck-Notzing, a.a.O., S. 70.

# Gertrud Koch

## Zur Ansicht: Voyeurismus und Kino

Unter Voyeurismus versteht man gemeinhin jene sexuelle Pathologie, die umgangssprachlich ›Spannen‹ heißt. Aus den beiden Bezeichnungen läßt sich die gemeinte Sache nicht schlecht zusammensetzen: Voyeurismus heißt demnach, aus dem Zuschauen des Tuns anderer eigene sexuelle Spannung zu ziehen.

Denkt man Voyeurismus und Kino zusammen, dann hat sich bereits jener Kreis geschlossen, in dem die Filmtheorie der 70er Jahre eingekesselt ist: der nämlich der Psychologisierung der Filmtheorie durch die Hinzuziehung der Psychoanalyse. Nur auf dem Hintergrund einer psychologischen Filmtheorie macht es mehr als metaphorischen Sinn, von einem internen Bezug zwischen Kino und Voyeurismus zu reden. Geprägt vor allem von den Diskussionen um die Bedeutung der Geschlechterdifferenz hat sich der klassische Begriff der Psychoanalyse auf die Kinoleinwand durchgepaust.

Daß der Voyeurismus zur zentralen Metapher der Filmtheorie der 70er und 80er Jahre avanciert ist, liegt zu einem guten Teil an der Einführung der psychoanalytischen Theorie in die bis dato semiotisch geführte Debatte um den Status des Films und des Kinos. Ein erster Schritt dahin war bereits getan, als es nicht mehr nur darum zu gehen schien, die filmischen Bilder auf der Leinwand zu analysieren, sondern die spezifischen Bedingungen ihrer Wahrnehmung und Rezeption. Die Anordnung des dunklen Kinosaals überhaupt als Kammer einer Peep-Show zu sehen, hat freilich einige Voraussetzungen, die vor der Psychologisierung der Filmtheorie deren Gebundenheit an die Illusionsästhetik des Kinos analytisch begreifen müssen. Denn ganz ohne Zweifel funktioniert das voyeuristische Sehen mitsamt seinen fetischistischen Implikationen nur solange, wie das Filmbild die Illusion erwecken kann, an einem Geschehen anderer teilzunehmen, die in einer geschlossenen Welt leben, in die ich zwar hineinsehen kann, aber die nicht zurücksehen können. Dabei stellt sich die Frage, die die feministische Theorie bereits beantwortet hat: Wer schaut und wer wird erschaut, wer ist Subjekt und wer Objekt des Blickes, wer hat die Herrschaft über den Blickpunkt, wessen Perspektive sehe ich und nehme ich vor dem Filmbild ein?

Um also überhaupt in die Position des Voyeurs kommen zu können, der, folgt man Freud, ja gleichzeitig auch exhibitionistische Züge hat, also in einem befriedigendem Szenario beide Positionen phantasieren wird, muß man davon ausgehen, daß das Kino einen Illusionsraum darstellt, in dem die beiden Positionen ineinander verwoben sind, der ideelle Zuschauer sich gleichzeitig als Hervorbringer wie als Inhalt seiner Phantasie erleben kann. Das aber setzt eine Art halluzinatorisches Erleben voraus, das selbst theoretisch als Effekt des filmischen Apparates gefaßt werden kann. Ist somit das Kino die Wunschmaschine des Voyeurs, und wenn ja, warum?

In der Freudschen genetischen Theorie der sexuellen Entwicklung geht der pathologischen Form des Voyeurismus die Schaulust voraus, die unabdingbare Voraussetzung forschender Neugier ist und damit Träger kognitiven Fortschritts. Schautrieb oder -lust – Freud ist terminologisch nicht eindeutig – interessieren ihn vor allem im Kontext der in Gegensatzpaaren auftretenden Perversionen, die aus den, wie er schreibt, »intermediär« wirkenden Partialtrieben sich herausbilden können. Deswegen gehören für Freud Voyeurismus und Exhibitionismus zusammen, so wie er sich auch Sadismus und Masochismus als Pendants eines einzigen Gegensatzpaares vorstellt. Und wie ein richtiges Paar repräsentieren sie hinter den Geschlechtszugehörigkeiten von männlich und weiblich die anthropologisch ältere Unterscheidung von aktiv und passiv. Aus diesem Schema vom Partialtrieb zur gedoppelten Perversion hat die feministische Kinotheorie im Anschluß an die Psychoanalyse ihr Paradigma entwickelt, mit dessen Hilfe die Attraktivität des Kinos in seiner dominanten kulturellen Form analysiert werden konnte: als kulturell sanktionierter Voyeurismus.

Der Voyeurismus, als die Sucht zu sehen, hat in der Freudschen Psychoanalyse eine direkte Wurzel in der Geschlechterdifferenz, auf deren Erkundung sich der ursprünglichere Wiß- und dann der Schautrieb richtet. In der Pathologie des Voyeurismus steht eine angstvoll erlebte Kränkung im Hintergrund, nämlich die als unbefriedigend erlebte Entdeckung der weiblichen Differenz, die als Penislosigkeit mit der Kastrationsdrohung in Zusammenhang gebracht wird. Erst, wo die ›infantile Sexualtheorie‹ von der kastrierten Frau die unbewußten Vorstellungen bestimmt, wird die Sehsucht zur voyeuristischen Pathologie, zu einer rastlosen Suche nach etwas, was es nicht gibt: dem verschwundenen Penis der Frau, der als phallisches Substitut auf der Ebene bewußter Inszenierungen von Fetischen wieder auftaucht. Hier nun hat die frühe feministische Filmtheorie die Klammer geschlossen zwischen den fetischisierten Bildern der weiblichen Stars auf der Leinwand und den Blicken der männlichen Protagonisten auf und vor der Leinwand.

Nun klingt das fast schon historisch anmutende Argument schematischer, als es gedacht ist, wird es doch hier aus Gründen der verknappten Darstellung von seinen dynamischen Verfransungen innerhalb der Freudschen Theorie bloßgelegt und gerät damit in einen deterministischen Kausalismus, der zugleich die Schwäche des Arguments mitbenennt.

Dennoch bietet nicht zuletzt die Filmgeschichte eine Fülle von Referenzen, die genau nach dem Freudschen pathologischen Schema des Voyeurismus aufgebaut sind und in denen ›Spannen‹ und ›Spannung‹, Schauen und Zeigen, der ständige Wechsel von Identifizierungen sich als genuiner Gegenstand des Kinos selber ausweisen. Geradezu paradigmatisch, auch für die Theorie, ist die Einleitungssequenz eines Films geworden, der den programmatischen Titel *Peeping Tom* trägt.

Bereits der Vorspann, der eine mise-en-abyme der Diegese enthält und darum genauso gut als Eröffnungssequenz gelesen werden kann, enthält den Rekurs auf das eigentliche psychologische Fundament des narrativen Kinos: Schaulust und Voyeurismus. Auf eindrucksvolle Weise visualisiert Powell in diesem Vorspann die verschiedenen Ebenen des filmischen Apparats – von der Aufnahmeapparatur der Kamera, die als instrumentelle und simulierte Verlängerung des Auges eingesetzt wird, bis zur Projektion der heimlichen Wunschbilder, die der sadistischen Komponente des Voyeurismus entstammen.

Der Vorspann führt die Produktion und Projektion eines ›Snuff-Films‹ vor: Ein professioneller Kameramann filmt den Mord, den er an einer Prostituierten begeht. Was ihn daran eigentlich fesselt, ist die Beobachtung der Todesangst des Opfers. Innerhalb der filmischen Narration wird diese extreme Einstellung als Wiederholung eines Schockexperiments der frühen Kindheit gedeutet: Der Vater hatte als Angstforscher die Schrecksekunden des Knaben gefilmt, der sich nun an denen der Frau auf der Leinwand weidet. Ein Jäger betrachtet seine Beute.

Die Wiederholung aber des einen Mordes im Vorspann sowohl als simuliertes pro-filmisches Ereignis wie als Projektion ist doppeldeutig: Sie suggeriert, daß es sich um einen reinen Apparateffekt handelt, zum anderen liegt aber gerade in der Wiederholbarkeit ein Gestus der Verfügbarkeit, der den sadistischen Impuls im Voyeurismus stark betont und vor allem dem Zuschauer zurückspiegelt. Der Zuschauer ist Mitproduzent: In der narrativen Klammer, in der Produzent und Rezipient identisch werden, verdichtet Powell die Motive, die zur Voyeurismustheorie der psychoanalytischen Filmtheorie geführt haben.

Der Zusammenhang zwischen Schaulust und Identifikation ist derjenige, der über den Blick hergestellt wird, wie ihn die Kamera delegatorisch auszuagieren scheint. Das projizierte Bild wird nicht mehr als das selbst produzierte erlebt, als innere Projektion, sondern als fremdes Schauobjekt voyeuristisch angeeignet. Die Spannung liegt nicht mehr in der Vorführung einer vor-filmischen Realität oder deren Evozierung, sondern ganz im Schauen selbst – der Film ist das Objekt, das nun beschaut wird.

Die Kamera gibt mehr zu sehen als das, was bloße Augen zu sehen imstande sind, zumindest ermöglicht sie eine andere Art zu sehen: wiederholt, nah und gleichzeitig auf Distanz. Die Bilder der lebenden Objekte nehmen nun den Status der Fetische an, tote Objekte, die sich keiner Manipulation mehr widersetzen. Im herrischen Blick des Mörders/ Betrachters spiegelt sich die Angst des Opfers. Der Produzent der Bilder ist der Benutzer der Apparatur, er ist der Transformator der Wünsche in die filmische Realität, er macht die Bilder, um sie anzusehen, die Morde um der Bilder willen. Produktion und Projektion erscheinen unlösbar ineinander verschlungen. Das romantische Schöpfungsmodell ist Teil der Selbstinszenierung des Regisseurs von *Peeping Tom:* Der Regisseur, der in diesem Vorspann eine Selbstreferenz auf die kinematographische Apparatur eingebaut hat, stellt sich als Doppelfigur vor. Er ist ebensosehr Exhibitionist wie Voyeur, er stellt

**223**

in den Bildern seinen eigenen Voyeurismus vor und macht sich darin zum Exhibitionisten. Ein ganzes Genre, das des psychologischen Horrorfilms, hat in den wenigen Minuten dieses Vorspanns sein ästhetisches Manifest geschaffen. Wenn Freud schreibt: »Bei der Schau- und Exhibitionslust (entspricht) das Auge einer erogenen Zone«[1], dann ist damit das theoretische Programm genannt, aus dem heraus begründet werden kann, daß Kino und Schaulust zusammengedacht werden. Und zwar nicht nur im Sinne der pathologisch verzerrten Geschlechterverhältnisse, wie sie im Voyeurismus und seiner Verleugnung der Weiblichkeit zum Tragen kommen können und in den fetischisierten Weiblichkeitsikonen des klassischen Kinos auch ihren kulturellen Ausdruck gefunden haben. Bereits auf der Ebene des an den Wißtrieb angekoppelten Schautriebs, der sich noch ungekränkt, sozusagen als sein eigener Schöpfer gerieren mag, bewegt sich das klassische Kino mit erheblichem Lustgewinn. Der nicht pathologisch verzerrte Herrscher der Beobachtung entstammt in der Regel jener Berufsgruppe, die im englischen passend ›private eye‹ heißt und in James Bond als Meisterspion das Genre bis an die Grenzen des Fortschrittsoptimismus in den 70er Jahren geformt hat.

In der Umgangssprache heißt eine Öffnung in Türen oder auch Wänden, Vorhängen et cetera, die es erlaubt, den Raum jenseits von dergleichen Sichtsperren unbemerkt zu beobachten, metaphorisch knapp und prägnant ein ›Spion‹. Andererseits ist ein Spion natürlich auch eine Person, die sich eines solchen ›Spions‹ bedient – und eine Berufsbezeichnung. Die optische Metapher des ›Ausspähens‹, wie sie im Wort ›Spion‹ steckt, sollte aber nicht zu schnell vergessen lassen, daß sich im konkreten Objekt des Tür-Spions nicht nur eine optische Metapher, sondern auch eine optische Konstruktion verbirgt, die auf dem alten System der Camera obscura basiert. Diese beruht auf einem dem Auge ähnlichen Arrangement: Durch eine Öffnung fällt das Licht, das die Außenwelt und ihre Objekte in einen dunklen Raum abstrahlen und auf der hinteren Wand, auf der es auftrifft, ein auf dem Kopf stehendes Bild erzeugt. Ein optisch-mechanischer Kasten also, nach dem Photo- und Filmkameras im Prinzip noch immer funktionieren. Was das Prinzip der Camera obscura mit seiner Simulation des Netzhautbildes von anderen Versuchen unterscheidet, geometrisch korrekte Bilder der dreidimensionalen Objektwelt auf eine zweidimensionale Fläche zu projizieren, wie sie in der berühmten ›perspectiva artificialis‹ von Alberti vorliegt, ist eine entscheidende Verlagerung. Hatte nämlich Alberti die zentralperspektivische Sicht mit der Metapher des Fensters belegt, das Rahmen und Konstruktion des Bildes bestimmt, so wird nach Kepler die Camera obscura zur Metapher für eine perspektivische Darstellung, bei der nicht das Auge auf dem Bild im Fenster ruht, das es durch dieses hindurch sieht (perspektive), sondern das Bild direkt ins Auge fällt und die Perspektiven beider identisch werden. Als die Camera obscura im 18. Jahrhundert ihren technischen Siegeszug antrat, gab es zwei Variationen derselben: eine, in der der Beobachter innerhalb,

1  Freud, Sigmund: »Drei Abhandlungen zur Sexualtheorie«, in: *Gesammelte Werke, Bd. V*, Frankfurt a. M. o.J., S. 68 f.
2  Panofsky, Erwin: »Die Perspektive als ›symbolische Form‹«, in: *Vorträge der Bibliothek Warburg 4 (1924–1925)*, S. 287.

und eine, in der er sich außerhalb des Kamerakastens befand. Bei dem ersten Typus wurden durch eine Öffnung die Lichtstrahlen von oben in einer Linse gebündelt und mit einem Spiegelsystem aufgefangen, um dem Maler als Vorlage zu dienen, im zweiten Typus wurde das Lichtbild auf eine Glasplatte geworfen. Das erste Verfahren mit den Spiegeln wird heute im Spiegelreflexsucher angewendet, das zweite ist das Prinzip der Plattenkamera. Spätestens seit dem Einsatz der Camera obscura in der perspektivischen Malerei sind die Kenntnisse der optischen Geometrie, Mechanik und Wahrnehmung in die ästhetische Konstruktion eingewoben. Seitdem gibt es aber auch einen andauernden Streit darüber, ob die Gesetzmäßigkeiten der Perspektive auf Eigenschaften beruhen, die der Objektwelt anhaften oder den wahrnehmenden Subjekten. Handelt es sich folglich um Gesetzmäßigkeiten physikalischer, physiologischer oder psychologischer Art? Und wenn psychologischer Art: Sind sie dann universelle Schemata oder kulturelle Codes?

In seinem berühmten Essay über »Die Perspektive als ›symbolische Form‹« entwickelt Erwin Panofsky seine entscheidende These über die Konstruktion der sogenannten Renaissance-Perspektive. Gleich zu Beginn dieses Essays situiert Panofsky sein Argument zur Perspektive als Perspektivität der Kultur im historischen Raum: »Mit dieser Formel ist nun aber die Tatsache bezeichnet, daß die Perspektive, gerade als sie aufgehört hatte, ein *technisch-mathematisches* Problem zu sein, in um so höherem Maße beginnen mußte, ein *künstlerisches* Problem zu bilden. Denn sie ist ihrer Natur nach eine *zweischneidige* Waffe: sie schafft den *Körpern* Platz, sich plastisch zu entfalten und mimisch zu bewegen – aber sie schafft auch dem *Lichte* die Möglichkeit, im Raum sich auszubreiten und die Körper malerisch aufzulösen; sie schafft *Distanz* zwischen dem Menschen und den Dingen (...) – aber sie hebt diese Distanz doch *wiederum* auf, indem sie die dem Menschen in selbständigem Dasein gegenüberstehende Ding-Welt gewissermaßen in *sein Auge hineinzieht;* sie bringt die künstlerische Erscheinung auf *feste, ja mathematisch-exakte Regeln,* aber sie macht sie auf der andern Seite vom *Menschen, ja vom Individuum abhängig,* indem diese Regeln auf die psychophysischen Bedingungen des Seheindrucks Bezug nehmen, und indem die Art und Weise, in der sie sich auswirken, durch die frei *wählbare Lage eines subjektiven ›Blickpunktes‹* bestimmt wird.«[2]

Folglich könnte man also sagen, daß der Spion im dunklen Raum wie in einer Camera obscura eingeschlossen ist und von dort aus die Welt in Erkenntnisfelder tranchiert, die über das optische Informationssystem, das er seinem Blick vorgeschaltet hat, einsehbar werden – aber nur innerhalb seiner selbst geschaffenen Konstruktion. Der sichtbare Erkenntnisgewinn des Spions ist ein begrenzter, und zwar innerhalb selbst gesetzter Grenzen einer paranoischen Konstruktion, in der das gesuchte Bild das projizierte ist. Auch dann, wenn dieses Modell eines standortgebundenen Beobachters für das erkennende Subjekt zu einem 360-Grad-Panoptikum erweitert wird, wie es Foucault als basale Idee geschlossener Institutionen beschrieben hat, bleibt das Modell an ein transzendentales Erkenntnissubjekt gebunden. Ideell ist es nicht nur, weil es auf einer konstruierten Subjektposition beharrt, die durch eine monokulare Perspektive vorgezeichnet ist, die mit der empirischen Wahrnehmung nicht alles gemeinsam hat; es läßt sich auch nur anwenden auf die Spezialfälle einer solchermaßen perspektivisch konstruierten Welt, der der optischen Mechanik im Anschluß an die Camera obscura.

Die Zweischneidigkeit der Entdeckung der Perspektive, die in ihrem Oszillieren zwischen ihrer behaupteten Objektivität und Wissenschaftlichkeit und ihrer Subjektbezogenheit begründet liegt, in ihrer Möglichkeit, Distanz zu schaffen und damit die Voraussetzung für den Erkenntnisposten des Beobachters und ihrem Eingeschlossensein in den monadischen Selbstbezug des Auges. Zwar hatte Leibniz den Begriff der standortgebundenen Perspektive in seiner »Monadologie« zur Geltung gebracht, aber keineswegs bis in den Nietzscheanischen Relativismus durchgezogen – hatten doch alle Monaden für sich eine Art prästabilierten Platz in der sich ihnen perspektivisch auffächernden Welt, »une parfaite harmonie y subsiste toujours.«[3]

Dagegen sieht Panofsky die Zweischneidigkeiten der Perspektive noch in ganz andere Dimensionen ausstrahlen, und exakt diese brachten seinem Aufsatz in der Filmtheorie keineswegs unumstrittenen Nachruhm. Das vorhin begonnene Zitat geht nämlich folgendermaßen weiter im Text: »So läßt sich die Geschichte der Perspektive mit gleichem Recht als ein Triumph des distanzierenden und objektivierenden Wirklichkeitssinns, und als ein Triumph des *distanzverneinenden menschlichen Machtstrebens*, ebensowohl als Befestigung und Systematisierung der *Außenwelt*, wie als Erweiterung der *Ichsphäre* begreifen.«[4] Der Machtkampf um die Perspektive ist der Kampf auch darüber, wer zu wessen Bild wird und wer der Autor und Leser des Bildes sein soll und wird. Der Kampf um die Perspektive, um den inhärenten Standpunkt des Bildes, ist nicht nur metaphorisch zu verstehen, sondern dreht sich in den Scharnieren der technischen, optischen und mechanischen Voraussetzungen von Film und auch von Photographie. Eben von allen Medien, die nach dem Prinzip der Camera obscura konstruiert sind.

Seine Brisanz erfährt der Kampf um die Perspektive nicht nur in einer Art Sartreschen Blickritual der Unterwerfung von Subjekt- und Objektrelationen, sondern auch über die Doppeldeutigkeit eines Paradigmas des Optischen, das im Sichtbaren auch immer das faktisch Gültige sehen möchte und umgekehrt nur das als bewiesen ansieht, was sichtbare Beweise vorzeigen kann.

Wie stark solche Strategien der Sichtbarmachung im filmischen Medium selbst Teil der visuellen Narration geworden sind, möchte ich kurz an einem Beispiel veranschaulichen – der Spion, der schneller schießt als sein platonischer Schatten: »James Bond, Agent 007 im Dienste Ihrer Majestät, der britischen Königin«, hat es in Guy Hamiltons Verfilmung *The Man With The Golden Gun* aus dem Jahre 1974 mit einem Gegner zu tun, der für den großen Tag der Abrechnung ein Spiegelkabinett bereithält, in dem er nicht nur

3  Zit. n.: Ritter, Joachim: *Historisches Wörterbuch der Philosophie, Eintragung zur Perspektive*, Bd. 7, S. 365.
4  Panofsky, Erwin: a.a.O.

seine Tötungsexerzitien als Fitnesstraining durchführt, sondern auch einen Bediensteten, der die technischen Apparaturen, mit denen die Trompe-l'œil-Effekte gesteuert werden, mit Raffinesse zu bedienen weiß. Herzstück dieses Kabinetts ist eine flache Attrappe von Bond selbst, elektronisch garniert mit dem Logo der Bond-Filme: einer sich drehenden Spirale, die aus der Mündung einer Pistole entwunden scheint. Die anderen Figuren und Szenen sind ebenfalls als Zitate von Filmgenres ausgestattet, vom expressionistischen Stummfilm über den Western bis zum Gangsterfilm. Die eingespiegelten Kulissen ergeben auf den Kontrollbildschirmen des Beobachters perfekte Filmbilder, denen die Kulissenhaftigkeit der szenischen Dekorationen nicht mehr anzumerken ist. Die Sequenz ist in drei parallelen, personengebundenen Dimensionen montiert: der Beobachter an den Bildschirmen, der die Kamera-Apparatur steuert, der Mann mit dem goldenen Colt und Bond. Dabei hat der Beobachter gleichzeitig die Rolle der Bildregie eingenommen: Er steuert Szenen und Akteure über den Sucher. Die beiden Akteure haben unterschiedlich privilegierte Rollen, der eine ist der Schöpfer der Illusionswelt, der andere als Bild in ihr vertreten. Zuerst wird Bond als Opfer der Regie gezeigt, sein Bild vervielfacht sich ins Unendliche des Spiegelkabinetts hinein, sein eigenes Konterfei richtet die Waffe auf ihn. Der Verlust über die Kontrolle des eigenen Bildes – von der zwischengeschnittenen Kameralinse mit boshafter anthropomorpher Expressivität quittiert – erscheint als das eigentlich Gefährliche, dem sich weder Regisseur noch Schöpfer auszusetzen haben. Die Kontrolle wird erst dadurch wieder hergestellt, daß Bond sich dem Zugriff entzieht, indem er den Blickwinkel des ›Spions‹ unterläuft: Er nimmt wieder die Rolle des versteckten Beobachters dadurch ein, daß er sich unter die Bühne begibt, nun plötzlich selbst zum Herrn über einen dreidimensionalen Raum mit Tiefeneffekten wird. Diese werden durch akustische Motive betont wie die hallenden Geräusche des durch die Gerüste des Bühnenbodens fallenden Revolvers. Das eigentliche, entscheidende Duell verbindet das Motiv der Beherrschung des eigenen Bildes mit dem der Schöpfung perspektivischer Täuschung: Der Mann mit dem goldenen Colt zögert nur kurz, als er Bonds ansichtig wird – er hält ihn für die selbst geschaffene Attrappe, die in ihrer Perfektion vom dreidimensionalen Objekt nicht zu unterscheiden ist; und genau diese Perfektion höhlt Bond aus, wenn er sich an die Stelle des Bildes, der Attrappe, stellt: Er nutzt nun die doppelt privilegierte Stellung der Vortäuschung einer Vortäuschung aus, um den verblüfften Schöpfer der Täuschung ersten Grades ins Jenseits zu befördern. Es braucht kaum hervorgehoben zu werden, daß es im Bond-Film nicht nur um eine Konkurrenz von Spionage-Systemen geht, sondern auch um die männliche Dominanz in der Festlegung, wer zum Bild verdinglicht wird: Die weibliche Spionin wird ihrer Kleidung entledigt und damit – quasi als Demütigungsritual – von der professionellen Agentin zum Pin-up degradiert. In einer einführenden Parallelmontage wird sie zum Schlußduell von einem schwarzen Techniker sexuell attackiert, während Bond die Herrschaft über die Welt der Bilder zurückerobert. Und der Zwerg, der Bildregisseur des

Schlußduells, verliert die bloß kompensatorische technische Gewalt über den Gegner und wird am Ende wie ein Kind, das stört, beiseite geräumt.

Daß die Erzeugung perspektivischer Raumillusion selbst zum narrativen Motiv der Herrschaftssicherung werden kann, hängt mit eben den strategischen Implikationen zusammen, die mit der Okkupierung des privilegierten Standorts gegeben sind, von dem aus sich das Subjekt ebenso als erkennendes wie als schöpferisches deuten kann. Der Zusammenfall der Entdeckung der Perspektive als ›artificialis‹ mit der als ›communis‹ (der zur Herstellung von Kunst und Künstlichkeit ebenso wie der, die als die natürlich gegebene gesehen wurde) scheint im voraussetzungvollen Als-ob der Filmwahrnehmung festgeschrieben zu sein. Obwohl natürlich jeder Filmbetrachter kognitiv jederzeit weiß, daß er vor einer zweidimensionalen Lichtprojektion sitzt und nicht unmittelbar gegebene Wirklichkeit wie durch ein Schlüsselloch beobachtet, scheint die Illusion eben doch überwältigend zu sein. Aus dem Als-ob wird ein So-ist-es, aus der optischen Illusion der Realitätseindruck.[5] Diese Differenz bestimmt sich aus der des bewegten Bildes zum statischen, es ist also diese Differenz, die den filmischen Realitätseindruck ausmacht: »(...) die Bewegung gibt den Objekten eine ›Körperlichkeit‹ und eine Autonomie, die ihrem unbeweglichen Bildnis versagt waren; sie entreißt sie der flachen Oberfläche, auf die sie beschränkt waren, sie ermöglicht es ihnen, sich als ›Figuren‹ besser von einem ›Hintergrund‹ abzuheben; befreit von seinem Halt, ›substantialisiert‹ sich das Objekt; die Bewegung erzeugt die Oberflächenstruktur, und die Oberflächenstruktur erzeugt das Leben.«[6]

Genau diesen Moment baut die zuvor beschriebene Sequenz des Bond-Films aus, wenn der reale Bond vom illusionsperspektivisch evozierten unterschieden werden soll, wenn innerhalb der Camera obscura eine optische Täuschung erfolgt. Aber diese findet natürlich vor allem im Auge des Zuschauers statt, der an die Substantialisierung der Filmkamera glaubt und den fiktiven Bond für real halten will. Dabei wird er genauso getäuscht wie der Künstler-Entwerfer im Film, der seine Attrappe für real hält. Bond repräsentiert das bewegliche Auge, das intelligible Ich, den Intelligence Service der Weltgesellschaft, dem gegenüber sich der Mann mit den handgefertigten goldenen Pistolen als überlebte Künstlerfigur des Renaissance-Zeitalters kaum halten kann, obwohl sie genau dort ihren gemeinsamen Ausgangspunkt haben.

Nun hat aber das Hinzutreten des durch die Bewegung erzeugten Realitätseindrucks im Film ein weiteres psychologisches Motiv im Gepäck, das wieder zurückführt zu den Debatten um den epistemologischen Status des Filmbetrachtens. Nach den filmpsychologischen Untersuchungen von Michotte provoziert das Bewegungssehen Kausalinterpretationen, die Christian Metz folgendermaßen beschreibt: »A. Michotte hat die Kausalinterpretationen studiert – der Eindruck, daß etwas ›gestoßen, gezogen, geworfen wird etc.‹ –, die Versuchspersonen entwarfen, denen man einfach aufgegeben hatte, *Bewegung*

5 Vgl. hierzu vor allem Metz, Christian: »Zum Realitätseindruck im Kino«, in: ders.: *Semiologie des Films*, München 1972, S. 20–35.
6 Ebd., S. 26.
7 Ebd., S. 27.
8 Ebd., S. 35.

*zu sehen.* Die Aufgabe wurde unterstützt durch eine kleine Versuchsanordnung, dergestalt daß die Bewegung allein erschien und nicht ihr Produktionsmechanismus: dieser spontane Kausalismus, nimmt A. Michotte an, beruht darauf, daß die Versuchspersonen von dem Moment an, wo sie die Bewegung gesehen haben, keinen einzigen Augenblick daran zweifeln, daß sie real ist.«[7] Was an dem Kausalismus, den Michotte bei den Filmbetrachtern ausmacht, für die Filmtheorie so faszinierend erscheint, ist der Übersprung in die Narration in dem Sinne, daß Ursachen und Handlungszusammenhänge außerhalb des Bildes herangezogen werden. Wenn das Michottesche Experiment stimmt, wenn Bewegungssehen dazu führt, daß die gesehene Bewegung für real gehalten wird und daran sozusagen epistemische Fragen nach ›reasons and causes‹ geknüpft werden, dann kann man in einem erweiterten Sinne davon ausgehen, daß der bewegte Akteur als ein Handelnder gedeutet wird, der Realitätseindruck des Films einem diegetischen Kontext sich verdankt. Daraus aber nun entstehen spezifische Probleme. Denn nach wie vor gilt, daß der Zuschauer den Realitätseindruck des Kinos nicht mit der Realität verwechselt, er transformiert, so könnte man also annehmen, die kausalistische Regung, die das Bildersehen begleitet, in einen diegetischen Impuls. Er fiktionalisiert die assoziierten Gründe und Ursachen in einen Erzählzusammenhang hinein. Oder, wie Christian Metz schreibt:»Das ›Geheimnis‹ des Kinos besteht *auch* darin, in die Irrealität des Bildes die Realität der Bewegung hineinzutragen und so die Fiktion bis zu einem noch nie erreichten Grad zu realisieren.«[8]

Bis jetzt habe ich mich sozusagen distanzlos einiger Begriffe und Theorien bedient, die ich nicht weiter situiert habe. Sie entstammen den Arsenalen der Filmtheorie ungefähr der letzten 25 Jahre, vor allem in Anschluß an Christian Metz und die Autoren der *Cahiers du Cinéma* der 60er und 70er Jahre. Von da aus haben sie nicht nur eine psychoanalytische Auslegung mitgebracht, sondern auch eine darauf basierende feministische. Beide Stränge haben eine Menge theoretischer Probleme im Schlepptau, nicht viel anders übrigens als der Essay aus den frühen 20er Jahren von Erwin Panofsky.

Der Kern all dieser theoretischen Erklärungen zu Kino und Film ist eine Verlagerung des ideologiekritischen Impulses von den Analysen des Bewußtseins, des falschen oder des richtigen, auf die der Technik und Technologie als einer basalen bedeutungsgenerierenden Struktur. Im Anschluß an die Semiotik und die strukturalistischen Theoretiker von Lévi-Strauss bis Althusser und schließlich Lacan und Barthes erfährt die Filmtheorie ihre entschiedensten Revisionen. Die Kritik am transzendental gesetzten Subjekt der Systemphilosophien des 19. Jahrhunderts, dessen Begriff nun identisch mit der Hypostasierung bürgerlicher Herrschaft wird, verändert die Begriffe des Kinos. Es wird als ein Apparat begriffen, der das Subjekt als Fiktion entwirft, die sich selbst nicht als solche begreifen kann. Der kontrollierende, machtzentrierte Blick, der ein handelndes Subjekt kausalistisch als diegetisches aus den Bildern hervorbringt, ist gleichwohl angewiesen auf ein Objekt des Blickes, das er als von sich Verschiedenes konstituieren kann – denn sonst wäre alle

Herrschaft nur Selbstbeherrschung. In diesem Motiv der Anerkennung der Differenz steckt aber ein ideologisches und politisches Problem, soweit die Differenz nur anerkannt wird als Objekt der Herrschaftsausübung und als zu Unterwerfendes und nicht als in der Differenz formal Gleiches. Die berühmte Blick-Analyse in Sartres Phänomenologie bleibt letztlich in einer solchen Dialektik des Kampfes um Anerkennung bis zum Tod (Hegel) haften.

Die Camera obscura in ihrer doppeldeutigen Stellung der Medialisierung des Subjekts als projizierendem und rezipierendem wird zur zentralen Metapher in den kritischen Theorien des Ocularismus. Die antipragmatische Analyse des Kinos, dessen Ideologie in der Technik selbst vermutet wird und nicht in deren Gebrauch, ist freilich kein Spezifikum der Filmtheorie, sondern korrespondiert theoretischen Konzeptualisierungen anderer Bereiche von Althussers ›ideologischen Staatsapparaten‹, über Foucaults ›Dispositive der Macht‹ bis zu dem des psychischen Apparates in der Psychoanalyse – hatte doch Freud selbst den ›psychischen Apparat‹ mit einem optischen verglichen. Und zwar im Anschluß an Fechners in der »Psychophysik« gestellte Frage, inwieweit »der Schauplatz der Träume ein anderer sei als der des wachen Vorstellungslebens«[9]: »Die Idee, die uns so zur Verfügung gestellt wird, ist die einer psychischen Lokalität. (...) Wir bleiben auf psychologischem Boden und gedenken nur der Aufforderung zu folgen, daß wir uns das Instrument, welches den Seelenleistungen dient, vorstellen wie etwa ein zusammengesetztes Mikroskop, einen photographischen Apparat u. dgl. Die psychische Lokalität entspricht dann einem Orte innerhalb eines Apparats, an dem eine der Vorstufen des Bildes zustande kommt. Beim Mikroskop und Fernrohr sind dies bekanntlich zum Teil ideelle Örtlichkeiten, Gegenden, in denen kein greifbarer Bestandteil des Apparats gelegen ist.«[10]

Zwar betont Freud ausdrücklich – in der rhetorischen Form der expliziten Verneinung: »Für die Unvollkommenheiten dieser und aller ähnlichen Bilder Entschuldigung zu erbitten, halte ich für überflüssig«[11], da wohl keiner »das Gerüst« für »den Bau« halten werde. Die Metapher des »photographischen Reflexapparates«, die Freud zur Veranschaulichung einführte, hat in der Filmtheorie der 70er und 80er Jahre seitenverkehrt Einzug gehalten: Was zuerst ›Gerüst‹ für das metapsychologische Theoriegebäude Freuds war, wird nun zur Theorie umgebaut, in der der psychische Apparat das ›Gerüst‹ ist, auf dem der filmische aufbaut.

Verstärkung erfährt diese Argumentationslinie mit dem Einbau einer weiteren Theorie aus dem Bereich der Spiegelreflexe. Mit der Einarbeitung von Jacques Lacans kurzer

9  Freud, Sigmund: Die Traumdeutung, Gesammelte Werke, Bd. II/III, London 1942, Frankfurt a. M. 1968, S. 541.
10  Ebd.
11  Ebd.
12  Lacan, Jacques: »Das Spiegelstadium als Bildner der Ichfunktion«, in: Schriften 1, Frankfurt a. M. 1975, S. 61–70.
13  Ebd., S. 67.
14  Paradigmatisch die beiden Aufsätze von Baudry, Jean-Louis: »The Apparatus« und »Ideological Effects of the Basic Cinematographic Apparatus«, in: Hak Kyung Cha, Theresa (Hg.): Apparatus. Cinematographical Apparatus: Selected Writings, New York 1980, S. 25–67.
15  Vgl. Mulvey, Laura: »Visuelle Lust und narratives Kino«, in: Nabakowski, Gislind; Sander, Helke; Gorsen, Peter (Hg.): Frauen in der Kunst, Bd. 1, Frankfurt a. M. 1980, S. 30–46.

Studie zum »Spiegelstadium als Bildner der Ichfunktion«[12] werden Thesen zur Identifikation im Kino vorgestellt, die sich ebenfalls als Theorien über notwendige Täuschungen verstehen lassen: »(...) das Spiegelstadium ist ein Drama, dessen innere Spannung von der Unzulänglichkeit auf die Antizipation überspringt und für das an der lockenden Täuschung der räumlichen Identifikation festgehaltene Subjekt die Phantasmen aussheckt (...).«[13]

Das Kino rückt nun an die Stelle des Spiegels, der das Subjekt »an der lockenden Täuschung der räumlichen Identifikation« festhält wie den Gefangenen in Platos Höhle oder Freuds Träumer an einem »anderen Schauplatz« oder den Artisten in der Camera obscura.[14] Immer dichter werden nun die Analogien gezogen, immer deutlicher tritt aber auch die Binnengrenze hervor, die solche Apparatus-Theorien des Kinos abschließt. An deren Beginn stand die Idee des Kinos als kultureller Institution, die von sich aus Identifikation zwischen Herrschaft und Subjekt herstellt, die noch die frühen Aufsätze der *Cahiers du Cinéma* begleitet. Diese Intention ist teilweise in die feministische Auslegung des Apparatus-Theorems integriert worden. Die kritische Hypostasierung des in den westlichen Diskurs vom optischen Primat der Epistemologie eingeschriebenen Transzendentalsubjekts hatte umgekehrt dazu geführt, das Kino als eine Art platonischer Ideenprojektion des psychischen Subjekts zu deuten und damit einer eher anthropologischen Technikdeutung Raum zu geben.

Die feministische Operationalisierung des Paradigmas schloß bereits eine Kritik ein, indem sie wieder zurückging auf die schon von Panofsky gestellte Frage nach der historischen, der kulturellen Funktion der Perspektive beziehungsweise der Camera obscura. Auf der Ebene der Positionierung des Subjekts und der kausalistischen Implikationen des Bewegungssehens für die diegetische Struktur von Filmen stellt sich eine empirische Frage: die nach dem Geschlecht des transzendental in der Schöpfer/Beobachter-Perspektive sistierten Subjekts. Die empirische Frage führt wieder zurück zum Verhältnis von Bild (im Illusionsraum) und Bewegung (im Realitätseindruck).

Der im wahrsten Sinne paradigmatische Aufsatz von Laura Mulvey versucht diese Fragen empirisch zu beantworten und theoretisch neu zu fassen.[15] Empirisch konstatiert sie eine Privilegierung des männlichen Subjekts in der Schöpfer/Beobachter-Position und auf der Handlungsebene der filmischen Diegese. Theoretisch schließt sie damit an Panofskys Theorem von der Perspektive als ›symbolische Form‹ an, die psychoanalytisch und kulturtheoretisch rekonstruiert wird als geschlechtsspezifisch organisiert: Das Leinwandbild der Frau ist die halluzinatorische Projektion eines technischen Apparates, dessen ›invisible hand‹ Psyche ist, die der männliche Narziß im filmischen Spiegel sucht, um sein Begehren nach Komplettheit im Fetisch des perfekten Bildes befriedigt zu sehen. Der Mythos von Psyche und Narziß ist bekanntlich der, daß der arme Narziß sein Spiegelbild im Wasser für die geliebte Psyche hält und im Versuch, sich mit ihr zu vereinen, ertrinkt. Umgekehrt kann man natürlich aus dieser mythischen Erzählung erfahren, daß das narzißtische Begehren nicht zu befriedigen ist – allenfalls als ewige Vorlust der Versenkung ins Bild, in der Substitution durch den Fetisch.

Nun haben die Apparatus-Theorien, auch in ihrer feministischen Konkretisierung, nicht ganz zu Unrecht den Verdacht monokausaler und deterministischer Verengung auf sich gezogen. Einziger Ausweg aus den Fallstricken der verschiedenen und doch offenbar gleichen Apparate ist die ständige Durchbrechung des Illusionsraums und des Realitätseindrucks, wie es etwa in den Ästhetiken der Avantgarden passiert. Wenn zum Beispiel jene berühmte Dame des französischen Avantgardekinos ohne sichtbare Ermüdungserscheinungen in einer technischen Endlosschleife immer wieder und wieder die Treppe hinaufgeht, dann verweist das nicht auf die Diegese, sondern auf die filmische Apparatur selbst und den Illusionismus, den sie erzeugt.[16]

Das führt natürlich zu der Frage, ob die Grenzen der deterministischen Apparatus-Theorien nicht doch empirische sind, die von Filmen gezogen werden. Daß auf der einen Seite die Apparatus-Theorien universellen Anspruch erheben, der entweder über die Ontologisierung der Technik oder über die Anthropologisierung der Wahrnehmung begründet wird, auf der anderen Seite aber sich auf das sogenannte dominante Kino als ihrem Referenzobjekt beziehen, bringt einen inneren Widerspruch hervor, der zu Einseitigkeiten zwingt. Entweder zum trotzigen Bekenntnis, daß es sich als Gefangener in Platos Höhle ganz gut leben ließe, oder, daß die ästhetische Avantgarde noch immer auch das ›Wahre‹ und ›Gute‹ im politischen Sinne sei.

16   Vgl. Léger, Fernand: *Le Ballett Mécanique*, 1924.

# Harun Farocki
## Substandard

1989, als es mit den Ceaușescus zu Ende ging, gab es auf den Straßen von Bukarest kaum ein anderes Auto zu sehen als den Dacia. Das ist ein in Rumänien in Lizenz nachgebauter Renault mit einem Heck wie ein Entensterz, dessen Produktion man in Frankreich 20 Jahre zuvor eingestellt hatte. Nur wenige Leute mit Deviseneinkommen besaßen Importautos: Schauspieler und Fußballspieler, und die Tochter der Ceaușescus, Zoë, fuhr einen Renault 21.

In den Fernsehstudios gab es noch die 2-Zoll-Maz-Technik, die man in den Ländern des europäischen Westens zehn bis fünfzehn Jahre zuvor aufgegeben hatte. Rumäniens erste Beta-Kamera befand sich in der Filmstelle des Zentralkomitees und war angeschafft, um auf die Ceaușescus gerichtet zu werden: auf seine Reden und beider Empfänge. Der Vorzug der Beta-Technik liegt in der geringen Größe von Kamera und Recorder und der daraus folgenden Beweglichkeit. Die Ceaușescus aber taten stets nur Dinge, die man im Protokoll bis ins kleinste festgelegt hatte, und wenn davon abgewichen wurde, so sollte das nicht erscheinen. Hat das Regime also eine bewegliche Kamera angeschafft, weil es künftige Bewegung und das Unvorhersehbare vorausahnte, unwissentlich vielleicht? Wir haben Bilder aus dieser Protokoll-Kamera in unserem Film[1]: Als am Vormittag des 22. Dezember 1989 die Volksmenge vor und in das ZK drängt und Bücher und Bilder aus den Fenstern und vom Balkon fliegen, ist das auf eben dieser Beta-Kamera mitgeschnitten worden. Sie war im dritten Stock des Seitenflügels positioniert, um von dort die Totale der organisierten Ceaușescu-Zuschauerschaft aufzunehmen.

Nun ist etwas soziologische Phantasie gefordert, um sich den Mann vorzustellen, der noch zu Zeiten von Stalin nach Moskau an die Filmschule entsandt wird. Er bekommt dort Filme der Sowjetavantgarde gezeigt, und er lernt, daß der Umschnitt von einer nahen Untersicht zu einer totalen Aufsicht ein Ereignis auf das höchste dynamisiert. Als ihm später bei der rumänischen Wochenschau die Bildregie für die Ceaușescu-Auftritte obliegt, weist er einer Kamera den erhöhten Standpunkt im dritten Stock zu – wenn er zu diesem Zeitpunkt noch weiß, weshalb, so vergißt sich die Begründung in den nächsten 20 Jahren, bei ständiger Wiederholung. (Das dramaturgische Problem der Einheitspartei: Große Massen sollen kämpferisch zusammenkommen – zugleich darf es keinen Gegner geben, da seine Vorhandenheit von der Schwäche des Regimes zeugte.)

Außerdem gilt hier der Begriff vom ›moralischen Verschleiß‹: Die Dinge werden durch Neuerungen entwertet, noch lange bevor sie

---

1  Bezug genommen wird hier auf den Film *Videogramme einer Revolution* von Harun Farocki und Andrej Ujica, BRD 1992, 16 mm, color. Verleih: Basis Film-Verleih, Berlin. Video-Vertrieb: Allstar, Düsseldorf.

technisch versagen. Jeder Kameramann heute fühlt sich herabgesetzt, wenn man ihm eine Kamera gibt, mit der Sternberg Bilder machte; und jeder Politiker fühlt sich herabgesetzt, wenn man eine Kamera auf ihn richtet, die Marlene Dietrich aufnahm. 1970 konnte das französische Kino zeigen, wie Anni Girardot vergnügt in einen Renault mit Entensterz einstieg – 20 Jahre später war dieser Wagen so unerträglich veraltet wie eine Röhrenkamera.

Der Begriff vom ›moralischen Verschleiß‹ ist ein Wort von Marx, 1968 wieder aufgenommen. In Rumänien gab es ein besonderes '68, weil Ceaușescu sich nicht am Einmarsch der Warschauer-Pakt-Staaten gegen die damalige ČSSR beteiligte. Das verschaffte ihm Spielraum. Man muß sich daran erinnern, daß de Gaulle 1968 bei Ceaușescu war, als Paris im Mai auf die Straße ging.

Von Zoë Ceaușescu, der Frau, die den Renault 21 fuhr, sagt der Arbeiter in der letzten Szene des Films, sie habe 97 000 Dollar auf dem Konto gehabt, während er und seinesgleichen sich nie hätten amüsieren können – um 6 Uhr wären die Lichter ausgegangen. Er sagt das in einer Fabrik und nicht in einem Geschäftsviertel, in dem bei uns das Fernsehen seit langem die Leute zu Wort kommen läßt, die keine 97 000 Dollar auf dem Konto haben. Damit über der Politik nicht wieder die Zeit für die Bilder vergeht, sage ich es verkürzt: 1968 setzte sich durch, daß es nicht mehr auf die Güterproduktion ankomme, vielmehr auf die Produktion der Güterverbraucher. Jedem, der eine Ware oder Dienstleistung begehren kann, wird das

Abb. 1: 22. Dezember 1989, gegen 14.00 h: Aus dem Studio 4 des Staatlichen Fernsehens wird der Sieg der Revolution verkündet. In der Mitte Mircea Dinescu

Wort erteilt. Der Arbeiter am Ende unseres Films ist nicht begehrlich genug, um künftig noch zu Wort zu kommen.

In Rückstand war Rumänien auch, was die Ausstattung mit nicht-professionellen Kameras anging. Die relativ wenigen VHS-Kameras zogen Benutzer an, die das Bildermachen für ein Handwerk hielten und nicht als Funktion des Aufnahmeprogramms auffaßten. Viele, deren Material wir im Film zitieren, haben aus Lehrbüchern oder in Kursen gelernt, daß ein Vordergrund dem Bild Tiefe gibt oder daß man Zwischenschnitte machen muß, weil ein durchgehend gefilmter Vorgang sonst kaum zu kürzen ist.

Der Mann, der von seinem Balkon aus den Ausblick erhascht, in dem die Armee-Soldaten über die Köpfe der Securitate hinwegfeuern und sich also auf die Seite der Revolution stellen – er gab sein Band einem Studentenarchiv und hat sich um die Verwertung nicht geschert. Viele andere aber haben versucht, mit den Aufnahmen von der Revolution im Medienberuf voranzukommen. Es drängt sich auf zu denken, daß die Kameraleute der Revolution sich mit ihrer Arbeit für das nachrevolutionäre Fernsehen bewerben wollten. Vor der Kamera: die zukünftige Politiker-Schicht – hinter der Kamera: die zukünftige Fernseh-Schicht; und wir sehen dem Versuch dieser beiden Parteien zu, den Amateurstatus loszuwerden.

Warum aber gab es in einem Staat, in dem die Polizei Schreibmaschinen registrierte und von diesen Schriftproben einbehielt, überhaupt Videorecorder zur

Abb. 2: Prozeß und Hinrichtung Ceauşescus

**235**

privaten Verfügung? Die naheliegende Antwort ist richtig: Die Polizei war auf die Schrift fixiert, es war die Schrift gewesen, die die Arbeiterbewegung organisierte – eine Erinnerung, die in den Sicherheitsdiensten undeutlich fortlebte. Ebenso gilt, daß es bisher keine Widerstandsbewegung gibt, die auf der Grundlage einer Video-kommunikation organisiert wurde. Offensichtlich ziehen Videobänder keine Auto-ren an, die von ihnen einen imaginativen Gebrauch machen können. Ein Stück Papier kann dazu dienen, ein anderes Leben zu entwerfen und auch, wie man zu diesem kommt – ein Videoband dient eher dazu, aufzuzeichnen und wiederzuge-ben, was geschehen ist. Nicht einmal diese dokumentierende Funktion haben Videokameras in der rumänischen Revolution gehabt. Daß die Sicherheitskräfte im Temesvar auf Kinder schossen, daß es zu Massendemonstrationen kam und daß die Armee sich zurückzog – diese Nachricht erreichte Bukarest über Auslandssen-der (in Worten aus dem Radio), durch Telefonate, Reisende, vielfache Gerüchte-übertragungskanäle, aber nicht über Videobänder.

Ich will hier auf die lange Einstellung zu Beginn unseres Films eingehen: Ein Mann hält die Kamera aus dem Fenster – weil er mit dem Objektiv dem Demonstra-tionszug nicht nahe genug kommt, werden zwei Drittel des Bildes von zwei über Eck stehenden sechsstöckigen Wohnbauten und einem Garagenflachbau einge-nommen. Ein Bild von solcher Trivialität kann nur von einem Menschen ausgehal-ten werden, der an diesem Ort lebt und oft aus dem Fenster schaut, um sich seines besonderen Seins zu versichern. Es ist dem Kameramann zu danken, daß er über mehrere Minuten dieses Bild aushält, ein Bild, das trifft, gerade weil es verfehlt.

Der Mann an der Kamera nimmt das Bild nicht auf, weil er hofft, es verbreiten zu können – und damit die Idee des Aufstands. Vielleicht hat er ein paar Freunde im Sinn, denen er es zeigen könnte, womit das Ereignis an Tatsächlichkeit gewänne. Wenn es dazu kommt, daß die Demonstrationen niedergeschlagen werden, daß Ceauşescu-Regime siegreich bleibt, wird es schwer sein, die Erinnerung an den Auf-stand festzuhalten. Mit seinem Bild beweist der Mann an der Kamera, daß er nicht weggeschaut hat. Sein Bild rechnet außerdem auf eine Zeit, in der man solche Bilder zur Vorführung bringen kann, es soll die Herankunft einer solchen Zeit beschwören.

Das unvorhergesehene und außergewöhnliche Ereignis, die Revolution, kommt in das Blickfeld der Kamera. Unter dem Bild der Revolution scheint ein Nachbild der vorhersehbaren und gewöhnlichen Welt auf, auf dessen Aufnahme die Kamera-Apparatur eingestellt ist. An einer Kamera, die produziert und ver-kauft wurde, um Familienfeste oder Urlaubsreisen aufzuzeichnen, kommt ein Demonstrationszug vorbei, und vor einer solchen Kamera wird der Prozeß gegen die Ceauşescus aufgeführt. Eine Militärperson erhält den Auftrag, die Kamera aus-zulösen und zu richten, wobei dieser Prozeßfilmer einen höheren Rang hat als der Gerichtsschreiber.

Hier ein paar Anklagepunkte gegen diese Filmaufnahme:

1. Weil der Prozeß mit Amateurgeräten beleuchtet und gefilmt wurde, taugen die Bilder nicht dazu, die Legalität des Aktes zu bezeugen. Die Prozeßbilder in

Und wir hatten Angst
vor einem Idioten.

Alle vom Inland... Klarer Fall.

Abb. 3: 22. Dezember 1989, gegen 16.00 h: Eine Kamera dokumentiert die Fahrt in die Innenstadt, zum Platz vor dem Zentralkomitee. Auf der Straße Tausende mit gleichem Ziel, dazu die Gespräche der Autoinsassen, deren Gesichter nicht erscheinen.

Abb. 4: 22. Dezember 1989, gegen 20.00 h: Im Gebäude des Zentralkomitees ist ein provisorischer Führungsstand errichtet. Der zur Zeit Oberkommandierende der Streitkräfte, Guse, bekommt einen Anruf: es wird gemeldet, man habe acht feindliche Hubschrauber abgeschossen. Guse fragt, wo die herkämen und wiederholt für die Kamera und die leiblichen Zeugen: »Alle vom Inland... Klarer Fall.«

VHS, verwackelt und von vielfachem Kopieren ausgefranst, passen besser zu einer terroristischen Aktion. Eine Amateurkamera setzt die Angeklagten herab – nicht anders als die Ankläger und Verteidiger, die die Ceaușescus grob beschimpfen.

2. Wenn es um Leben und Tod geht, müssen wenigstens zwei Kameras zum Einsatz kommen. Geht es um Leben und Tod, so ist nicht vorherzusehen, welche Augenblicke wichtig sind und welche peinlich. Unmerkliche (›weiche‹) Kürzungen werden unvermeidlich sein – und werden diese an einem Material vorgenommmen, das aus nur einer Kamera kommt, werden sie wie Fälschungen erscheinen.

3. Die Revolutionsmacher, indem sie Prozeß und Hinrichtung filmen, räumen damit ein, daß man ihnen nicht aufs Wort glauben wird. (In den USA wird eine Hinrichtung zu Unterhaltungszwecken gefilmt, aber nicht zum Beweis, daß sie tatsächlich stattfand.) Die rumänischen Militärs wollen beweisen: »Wir machten ihnen so etwas wie einen Prozeß«, und: »Am Ende waren sie wirklich tot«. Als die Prozeßbilder in der Nacht nach der Hinrichtung zum ersten Mal im Fensehen gezeigt wurden, geschah das ohne Originalton und mit einem Begleitkommentar, der lange Pausen setzte. In der Montage unseres Films kann dieser Pausenstille eine dramatische Bedeutung zukommen, etwa wenn der Sprecher sagt: »Das Urteil war rechtskräftig und wurde durch Erschießung vollstreckt«, und man die Ceaușescus, von Schultischen eingesperrt, noch lange dasitzen sieht. Viele Zuschauer der Erstsendung 1989 waren mit dieser kunstvollen Auslassung nicht zufrieden und verlangten, die Bilder der Leichen zu sehen, die am nächsten Morgen auf den Bildschirm kamen.

4. »(...) das Leben muß sein Murmeln einstellen, damit die juristische Zeremonie ihren Lauf nehmen kann. Dabei gilt für die Justiz das gleiche wie für Religion, Theater oder Unterricht: Sie kann überall ausgeübt werden (ein Tisch

genügt), doch nur unter der Bedingung, daß Verhandlungszeit und -raum von privater Zeit und privatem Raum getrennt bleiben.«[2] Jede Anwesenheit einer Kamera setzt das Gericht herab.

Die Bilder von Prozeß und Hinrichtung sind wahrscheinlich die am schlechtesten gefilmten der ganzen Revolution. Eine Kritik richtet sich dabei nicht auf einzelne Schwenks oder auf eine bestimmte Kadrage, vielmehr auf die grundsätzliche Organisation der Filmaufnahme. Arbeitet man heute für den elektronischen Darbietungsbetrieb, so kommt es vor allem darauf an, die der Situation angemessenen Geräte zu bestellen, das Bedienungspersonal wird folgen. Wie bei der Produktion materieller Güter schreibt die Einrichtung der Arbeit ihre Ausführung fest.

Bei der Herstellung von Autos oder Fernsehgeräten wird man in nächster Zukunft nicht ganz auf menschliche Arbeit verzichten können. Ebenso wird es in nächster Zukunft, zumindest außerhalb der Studios, keine vollautomatische Bild- und Tonaufzeichnung geben. Eine Person mit der Eignung zum Journalisten, Handelsvertreter oder Zählerableser wird ein Gerät zum Schauplatz bringen, von dem sie nicht mehr wissen muß als die Art und Weise, wie es an- und abzuschalten ist. Der Apparat wird sensorisch einen ›optischen Grundriß‹ nehmen und einer Zentrale die Daten übermitteln, in der sie in Auf- und Untersichten, Close-Ups und Totalen, Schwenks und Fahrten, kontrastarme oder kontrastreiche Bilder umgerechnet werden. Kalkulative Prozesse werden den Kamera-Handwerker ersetzen. Algorithmen werden den Stil einschreiben oder die Handschrift, das Design, den Geist. Wie ist das mit dem Geist?

Unser Film zeigt, wie die Ceauşescus in Begleitung einer Militärperson über das Dach des ZK hasten und den Hubschrauber besteigen, der abhebt. Diese Aufnahme stammt von einem Amateur, der nach der Revolution Kaufmann wurde (und sein Material einem Studenten-Archiv übergab und sich nicht weiter darum kümmerte). Weil er mit der Kamera auf dem Platz vor dem ZK stand, gerät der Hubschrauber bald aus seinem Blickfeld. Da schneiden wir um auf eine Aufnahme, die ein Mann, der höchstwahrscheinlich für die Securitate arbeitete, vor dem Balkon eines Hotelzimmers machte. Die vorige Einstellung fortsetzend folgt diese Kamera dem fliegenden Hubschrauber und überschwenkt dabei Dächer, die voller Zuschauer sind. Entstand die erste Einstellung aus dem Geist der Freiheit und die zweite aus dem der Polizeistaatlichkeit? (Döblin zitierte viel aus Polizeiprotokollen, Thomas Mann aus Wissenschaftstexten.) Oder hat der Geheimpolizist während der Aufnahme die Seite gewechselt – und konnte folglich nach der Revolution Kaufmann werden? Selbst wenn man nur den Flug eines Hubschraubers filmt, entscheiden der Standpunkt des aufnehmenden Subjekts und die Bewegung des aufzunehmenden Objekts nicht alles. Ähnlich, wie beim Umgang mit der Wortsprache die Regeln der Syntax und der Aussagenlogik nicht gänzlich den Ausdruck entscheiden. Es scheint schwerer zu sein, den Bildern einen Geist einzugeben als den Worten; und es scheint schwerer, den Bildern abzulesen, was einging. Auch faßt das Bild nicht jeden.

2  Finkielkraut, Alain: *Die vergebliche Erinnerung – Vom Verbrechen gegen die Menschheit,* Berlin 1989.

Der Aufstand in Bukarest begann mit einer live übertragenen Rede von Ceauşescu, bei der er sich gestört fühlte und die er abbrach, woraufhin auch die
TV-Übertragung unterbrochen wurde. Am nächsten Tag ging das Fernsehen auf
revolutionäre Sendung, und von da an konkurrierte das Studio 4 mit dem Balkon
des Zentralkomitees darum, der zentrale Ort der Revolution zu sein. Der Sturz des
Regimes wurde mit der Ausstrahlung der Bilder von Prozeß und Hinrichtung besie-
gelt. Diese Ereignisse erschienen zunächst ohne den originalen Ton und ohne die
Bilder der Toten, dann ohne den originalen Ton und mit den Bildern der Toten,
dann mit (gekürztem) originalen Ton, aber ohne die Bilder der Ankläger, Verteidiger, Richter und Beisitzer, und schließlich mit dem kompletten Material in Bild
und Ton, einschließlich der minutenlangen Ansicht der gerade Erschossenen. Um
die Bilder dieser Ereignisse gab es über Monate einen Kampf wie einst in Religi-
onskriegen um Worte. Wir fuhren also nach Bukarest, um zu der Frage Material
beizubringen, ob, im Wortgebrauch Vilém Flussers, die Kameras die Revolution
»abgebildet« oder »eingebildet« hätten. Wir stellten uns eine Erörterung vor, aber
wir merkten bald, daß die Materialien zu einer filmischen Erzählung drängten. Zu
einer Erzählung allerdings, deren Bruchstellen die Erörterung einschließen.

In den Archiven fand sich nicht nur der erste Revolutionsaufruf von Mircea
Dinescu im Studio 4: »Schauen wir stumm zu Gott auf, aber zuvor rufen wir die
ganze Armee auf«, sondern auch die vorausgegangene Generalprobe. Der Schauspieler Caramitru will den Dichter Dinescu inszenieren, er schlägt diesem deshalb
vor, in sein Notizbuch zu schauen: »Mircea, ich stelle dich vor, zeig, daß du arbei-
test.« So wird verständlich, warum später der Schauspieler vom Dichter sagt: »Vor
euch steht unser Held, Mircea Dinescu, der Dichter. Seht, er arbeitet.« Und zu
Dinescu: »Sag, was Du gerade tust.« Dieser hat inzwischen das Buch einige Male
niedergelegt und wieder aufgenommen und dabei längst vergessen, daß er Arbeit
darstellen soll und fängt einfach an zu sprechen. Er verpatzt damit die fernseh-
übliche Überleitung und verfehlt so den heute gültigen Code der Wahrhaftigkeits-
darstellung. Der verlangt, daß sich das Sprechen aus dem Handeln herleite, die
Politik aus dem Telefongespräch, die Philosophie aus dem Autofahren (im Dacia
möglicherweise). Der Ablaufregisseur in Studio 4 hat gesagt: »Wenn wir auf Sendung gehen, sehen euch 23 Millionen Menschen zu« – und tatsächlich bot sich uns
eine Szene an, diesen Gedanken ins Bild zu setzen. Ein Wohnzimmer im Neubaublock erscheint, da sitzt eine Familie mit vier Kindern und Großmutter vor dem
Fernseher und verfolgt die ersten revolutionären Sendungen aus dem Studio 4 am
22. Dezember 1989, der Vater zeichnet auf VHS auf, die Mutter kommentiert: »Die
wissen schon, wer mit wem«, und: »Da blickt keiner durch«. Der Kameramann dieser Bilder verließ nun die Wohnung und begab sich in die Innenstadt, wo er auf
einem Lautsprecherwagen vor dem ZK Platz fand und die Rede vom Balkon doku-
mentierte – davon haben wir später wieder zitiert. Die filmische Reise aber von
dem Neubaublock in die Innenstadt konnten wir wählen, in einem anderen Fahr-
zeug zurückzulegen – einem Dacia. Wie von der Nouvelle Vague inspiriert, filmt

**239**

die Kamera starr aus dem Auto auf die Straße, die Insassen sind zu hören, aus dem Radio kommt Chansonmusik.

— »Die Soldaten sind nicht zu sehen.«
— »Die mußten in die Kaserne. Demobilisiert.«
— »Und wir hatten Angst vor einem Idioten.«
— »Es mußten doch noch Menschen sterben, um ihn loszuwerden.«
— »Schau mal, die Alte!«
— »Das ist es, wir haben's!«
— »Jetzt laß dir ein Gebiß machen ... hattest ja kein Geld früher.»
— »Mach das Radio leiser.«

Eine filmische Erzählung verlangt vor allem, daß die Personen und Schauplätze als wiedererkennbar dieselben in Abwandlung erscheinen. Zur Behauptung einer Entwicklung des Geschehens muß die Montage vor allem die Kontinuität der Ereignisse bestätigen. Weil unsere Filmerzählung aus vorgefundenem Material zusammengesetzt ist, weil keine zentrale Regie den Personen vor oder hinter der Kamera Anweisungen gab, will es scheinen, als sei es die Geschichte selbst, die sich hier ausgestalte.

Eine Szene aus Bukarest, kurz vor der Revolution:

Vater: In diesem Jahr ist ein kommunistisches Regime nach dem anderen verfallen, manchmal innerhalb von Stunden. All diese konnten sich offensichtlich nur so lange halten, wie die Sowjetunion ihre Interessensphäre behaupten konnte, das Gebiet, das ihr in Yalta zugesprochen wurde.

Mutter: Gerade das Ceauşescu-Regime, das doch seit 1968 behauptet, von der Sowjetunion unabhängig zu sein, hat sich am längsten halten können.

Tochter: Auch hier werden Armee, Miliz und Securitate, wenn erst ein Riß in das Machtgefüge gekommen ist, versuchen, die Seite zu wechseln. Gerade weil Ceauşescu sich von der Sowjetunion distanziert hat, hat er noch nicht verstanden, daß Moskau nichts mehr an seiner Fortexistenz liegt.

Großvater: Hurra, eine richtige Revolution! Eine wie '68 in Frankreich, als de Gaulle hier war. Ich hab mal einen Film mit Anni Girardot gesehen, da fuhr sie einen Dacia.

Tochter: Nein, das war ein Renault!

Großmutter: Bald kannst du dir ja ein Gebiß machen lassen, hattest ja kein Geld bisher.

Sohn: Der Sturz all dieser Regimes in diesem Jahr war gänzlich undramatisch. Die Feiern in Paris zum Jahrestag der Revolution waren spektakulärer als all die tatsächlichen Revolutionen.

Jüngste Tochter: Hier in Rumänien wird das anders.

Obwohl diese Szene verfaßt ist, um darzustellen, daß es Ideen gibt, die in die Handlung der Menschen hineinwirken und dennoch kaum je sich in einem szenischen Dialog vergegenständlichen – dieses Kind hat recht behalten.

# Biographien

- **Dr. Hubertus von Amelunxen**

1958  geboren in Hindelang/Allgäu.

1978–1985 Studium der Germanistik, Romanistik und Kunstgeschichte an den Universitäten in Marburg und Paris.

1990/91 Gastdozentur am Kunsthistorischen Seminar der Universität Basel.

1992  Gastprofessur für Kunstgeschichte, Medientheorie und Photographie an der University of California Santa Cruz (Vertretung Victor Burgin).

Arbeitet gegenwärtig am Lehrstuhl Romanistik I der Universität Mannheim an seiner Habilitation.

Mitinhaber der Firma zur Förderung von Kunstausstellungen *EXPOsezession* und Kurator zahlreicher Ausstellungen.

//////\ Ausgewählte Veröffentlichungen:

*Die aufgehobene Zeit. Die Erfindung der Photographie durch William Henry Fox Talbot*, Berlin 1987.

*Die Tode von Roland Barthes*, (Hg. mit Jacques Derrida), Berlin 1987.

*Fotografien aus China. Zhang Hai Er*, (Hg.), Heidelberg 1990.

*Theorie der Fotografie IV* (1980–1992), (Hg.), München 1995.

*Allegorie und Fotografie. Das Vermächtnis der Moderne*, München 1995.

- **Prof. Dr. Gottfried Boehm**

1942  geboren in Braunau/Böhmen.

1961–1968 Studium der Kunstgeschichte, Philosophie und Germanistik an den Universitäten in Köln, Wien und Heidelberg.

1975–1979 Dozent und außerplanmäßiger Professor für Kunstgeschichte an der Ruhr-Universität Bochum.

1979–1986 Lehrstuhl für Kunstgeschichte an der Justus-Liebig-Universität Gießen.

Seit 1986 Ordinarius für Neuere Kunstgeschichte an der Universität Basel.

//////\ Ausgewählte Veröffentlichungen:

»Mnemosyne. Zur Kategorie des erinnernden Sehens«, in: Boehm, G.; Stierle, K. H.; Winter, G.: *Tradition und Modernität. Festschrift Max Imdahl*, München 1985.

*Paul Cézanne, Montagne Sainte-Victoire*, Frankfurt a. M. 1988.

»Abstraktion und Realität. Zum Verhältnis von Kunst und Kunstphilosophie in der Moderne«, in: *Philosophisches Jahrbuch*, Jg. 97/1990.

»Sehen − Hermeneutische Reflexionen«, in: *Internationale Zeitschrift für Philosophie*, Heft 1, Jg. 1/1992.
*Was ist ein Bild?*, (Hg.), München 1994.


● **Prof. Dr. Norbert Bolz**

1953  geboren in Ludwigshafen/Rhein.
Professor für Kommunikationstheorie an der Universität Gesamthochschule Essen. Arbeitsschwerpunkte: Medientheorie, Kommunikationstheorie, Designwissenschaft.
//////| Ausgewählte Veröffentlichungen:
*Chaos und Simulation*, München 1992.
*Philosophie nach ihrem Ende*, München 1992.
*Am Ende der Gutenberg-Galaxis*, München 1993.
*Das kontrollierte Chaos*, Düsseldorf 1994.


● **Prof. Dr. Bazon Brock**

1936  geboren in Stolp/Pommern.
1957−1965 Studium der Philosophie, Germanistik und Politikwissenschaften an den Universitäten in Zürich, Hamburg und Frankfurt a. M.
1965−1969 Dozent an der Hochschule für Bildende Künste Hamburg.
1969−1977 Professor an der Hochschule für Bildende Künste Hamburg.
1977−1980 Professor an der Hochschule für Angewandte Kunst, Wien.
Seit 1980 Professor an der Bergischen Universität-Gesamthochschule Wuppertal.
1992  Verleihung der Würde eines Ehrendoktors der Technischen Wissenschaften durch die Eidgenössische Technische Hochschule Zürich.
Einrichtung von ›Besucherschulen‹ auf einigen *documenta*-Ausstellungen, Veröffentlichungen von Hörspielen, Fernsehfilmen und Theaterstücken.
//////| Ausgewählte Veröffentlichungen:
*Ästhetik als Vermittlung. Arbeitsbiographie eines Generalisten*, (hg. von Karla Fohrbeck), Köln 1977.
*Ästhetik gegen erzwungene Unmittelbarkeit. Die Gottsucher-Bande*, (hg. von Nicola von Velsen), Köln 1986.
*ZeitZeugeKunst*, (Mitherausgeber), München (seit 1990).
*Bazon Brock − die RE-DEKADE − Kunst und Kultur der 80er Jahre*, (hg. mit Achim Preiss), München 1990.
Video-Dokumentationen:
*Wir wollen Gott und damit basta*, Köln 1985.
*Selbsterregung − eine rhetorische Oper zur Erzeugung der Gefühle*, Köln (WDR) 1990.

*Der Körper des Kunstbetrachters*, Video-Katalog zur *documenta IX*, Kassel 1992.

### • David Dunn

Komponist und ›Sound Artist‹, studierte Komposition u.a. bei David Ernst, Norman
  Lowrey, Pauline Oliveros und Kenneth Gaburo.
1970–1974 Assistent des amerikanischen Komponisten Harry Partch.
  Direktor des Electronic Music Studio an der San Diego State University.
1989 Mitbegründer der *Independent Media Labs*, Santa Fe.
/////| Ausgewählte Veröffentlichungen:
  *Eigenwelt der Apparatewelt (Ars Electronica)*, (hg. mit Woody Vasulka), Linz
  1992.

### • Harun Farocki

1944 geboren in Sukabumi/Indonesien.
1966–1968 Studium an der Deutschen Film- und Fernsehakademie Berlin.
Seit 1969 freier Autor und Produzent.
1973–1983 Redakteur und Autor der Zeitschrift *Filmkritik*, Berlin.
Seit 1992 Filmseminare an der University of California, Berkeley.
/////| Ausgewählte Filme:
  *Nicht loschbares Feuer*, 1969.
  *Zwischen zwei Kriegen*, 1978.
  *Etwas wird sichtbar*, 1982.
  *Betrogen*, 1985.
  *Bilder der Welt und Inschrift des Krieges*, 1988.
  *Videogramme einer Revolution* (mit A. Ujica), 1992.

### • Franz Fischnaller

1954 geboren in Bozen.
1979 Tätigkeit als Werbegraphiker in Bozen.
1980–1984 Studium an der Staatlichen Akademie der Bildenden Künste, Stuttgart.
1985/86 Studium des Graphikdesigns an der F.I.T. (Fashion Institute of Technology),
  New York.
1993 Gründung der Gruppe *F.A.B.R.I.CATORS* (Forschung in Kunst und
  Technologie, Mensch und Maschine).
/////| Ausgewählte Ausstellungen und Ausstellungsbeteiligungen:
  *UPTODATES*, Galerie Elefant, Landeck 1990.
  *UPTODATES II*, Galerie Thoss-Kesstler-Brandt, Frankfurt a. M. 1990.
  *Art 21 '90*, Internationale Kunstmesse, Basel 1990.

*Ala spaziale*, Casino Container auf der *Biennale di Venezia*, Venedig 1993.
*ARTEDESIGN*, Spazio Vivre, Mailand 1994.
*LAUTRIV CHROMAGNON; TECHNO ART*, Ontario Science Centre, Toronto,
Kanada.
*LAUTRIV CHROMAGNON*-Versione *MEDUSA*, Museo Nazionale Delle Scienza
e della Technica Leonardo da Vinci, Mailand 1994.


• **Dr. Rolf Giesen**

1953  geboren in Moers.
      Studium der Soziologie, Psychologie und Alten Geschichte an der Freien
      Universität Berlin.
Seit 1980 Tätigkeit als Publizist sowie Referent und Lehrbeauftragter an verschiedenen
      Hochschulen und Akademien.
1983  Mitbegründer des Trickstudios *FuturEffects*, Berlin.
1985  Organisation der *Berlinale*-Retrospektive »Special Effects«.
1990  Einrichtung des Trickstudios *CineMagic* in Babelsberg.
1991  Gründung der *Rolf Giesen Sammlung* (Phantastischer Film und Special Effects)
      der Stiftung Deutsche Kinemathek Berlin.
//////\ Ausgewählte Veröffentlichungen:
      *Lexikon des Phantastischen Films*, Frankfurt a. M./Berlin/Wien 1984.
      *Special Effects*, Ebersberg 1985.
      *Sagenhafte Welten – Der Phantastische Film*, München 1990.
      *Cinefantastic*, Berlin 1994.


• **Prof. Dr. Friedrich Wolfram Heubach**

1944  geboren in Nordrach/Schwarzwald.
1965–1970 Studium der Psychologie, Soziologie und Kunstgeschichte an der
      Universität zu Köln.
1977–1979 Studienaufenthalt in New York.
1984–1989 Lehrstuhl für Psychologie an der Universität zu Köln.
1989–1992 Professor an der Hochschule für Bildende Künste Hamburg.
1991/92 Vizepräsident der Hochschule für Bildende Künste Hamburg.
Seit 1992 Professor für Psychologie und Pädagogik an der Kunstakademie Düsseldorf.
//////\ *Ausgewählte Veröffentlichungen:*
      »The Visible Eye or Making Vision Visible«, in: Graham, D.: *Works*, Halifax 1979
      (Supplement).
      »Die Verinnerlichung der Abbildung oder das Subjekt als Bildträger«, in: Gruber,
      Bettina; Vedder, Maria (Hg.): *Kunst und Video*, Köln 1983.
      »Zur Psychologie von Abbildungsverhältnissen: Das Video-System«, in:
      *Zwischenschritte*, Heft 1, 4.Jg./1985.

*Das bedingte Leben, Theorie der psycho-logischen Gegenständlichkeit der Dinge,*
München 1987.


## ● Prof. Dr. John M. Hull

1935  geboren in Corryong, Victoria/Australien.
1959–1967 Studium der Theologie an den Universitäten in Melbourne, Cambridge und
Birmingham.
1968–1989 Dozent für Religionserziehung an der University of Birmingham.
Seit 1989 Professor für Religionserziehung an der University of Birmingham.
1990–1993 Dekan der Fakultät für Erziehungswissenschaften an der University of
Birmingham.
//////| Ausgewählte Veröffentlichungen:
*Sense and Nonsense about God*, London 1974.
»Menschliche Entwicklung in der modernen kapitalistischen Gesellschaft«, in:
Nipkow, Ernst u.a. (Hg.): *Glaubensentwicklung und Erziehung*, Gütersloh 1988.
*Touching the Rock. An Experience of Blindness*, London 1990.
*Im Dunkeln sehen. Erfahrungen eines Blinden*, München 1992.


## ● Res Ingold

1955  Gründung des Hans Ingold Flugbetriebs, Langenthal/Schweiz.
1971  Mitarbeit in der Firma des Onkels.
1979  Das erste Büro in Bern (Koordination und Administration).
1982  Umwandlung der Firma in *Ingold Airlines*. Helikopterbasis in Berlin.
1985  Erste Geschäftsstelle in New York (Transatlantikverkehr).
1987  Das Schwedische Abkommen – Dreiländer-Querverbindung in Skandinavien.
1988  Geschäftssitzverlegung nach Köln.
1990  City-Computer-Netz. Pilotprojekt Luftschiffverkehr in Venedig.
1992  Die periphere Direktverbindung–Regionalanschlüsse.
1993  *The Frisian Hurry* – Nordseeküstenverbindung.
Umstrukturierungen. Gründung der *Ingold Airlines Aktiengesellschaft*.


## ● Prof. Dr. Dietmar Kamper

1936  geboren in Erkelenz.
Studium des Sports, der Literatur und der Philosophie an den Universitäten in
Köln, Tübingen und München.
1959  Diplomsportlehrer-Examen.
1973–1979 Professor für Erziehungswissenschaft an der Philipps-Universität, Marburg.
1977–1978 Vizepräsident der Philipps-Universität, Marburg.

Seit 1979 Professor für Soziologie an der Freien Universität Berlin.
Seit 1981 Gemeinsam mit Christoph Wulf Veranstalter internationaler transdisziplinärer Kolloquien zur »Historischen Anthropologie«. Gemeinsam mit Christoph Wulf Herausgeber zahlreicher Bücher zur Historischen Anthropologie.
Arbeitsgebiete:
Sozialisation und Erziehung; Familiensoziologie; Zivilisationstheorie, insbesondere Geschichte des Körpers; Philosophische und Historische Anthropologie; Soziologie der Imagination; Ästhetik.

//////\ Ausgewählte Veröffentlichungen:
*Zur Soziologie der Imagination*, München 1986.
*Hieroglyphen der Zeit*, München 1988.
*Das Schwinden der Sinne*, Frankfurt a. M. 1984.
*Transfigurationen des Körpers*, Berlin 1989.
*Historische Anthropologie*, Reinbek 1989.
*Das Schweigen*, Berlin 1992.


● **Prof. Dr. Wolfgang Kemp**

1946 geboren in Frankfurt a. M.
Studium der Kunstgeschichte, Germanistik und Philosophie an den Universitäten in Tübingen, Rom, Münster, Bonn.
Assistent an der Rheinischen Friedrich-Wilhelms-Universität, Bonn. Professor für Kunstgeschichte an der Gesamthochschule Kassel, University of California Los Angeles, Harvard University, Cambridge/MA.
Seit 1983 Professor für Kunstgeschichte an der Philipps-Universität, Marburg.
//////\ Ausgewählte Veröffentlichungen:
*Sermo corporeus. Die Erzählung der mittelalterlichen Glasfenster*, München 1987.
*Der Betrachter ist im Bild. Kunstwissenschaft und Rezeptionsästhetik*, Berlin[2] 1992.


● **Prof. Dr. Christof Koch**

1956 geboren in Kansas City/USA.
Studium der Physik und Philosophie an der Universität Tübingen.
1984–1986 Assistent am MIT (Massachussetts Insitute of Technology), Boston.
Forschungsmitglied des Center for Biological Information Processing am MIT.
1986–1991 Assistant Professor für Neurobiologie und Neuroinformatik am California Institute of Technology, Pasadena.
1993 Full Professor am California Institute of Technology, Pasadena.
Ausgezeichnet mit dem »Presidential Young Investigator Award « der National Science Foundation (NSF) sowie dem »Young Investigator Award« des ONR; zwei Patente für analoge VI.SI-Sehschaltkreise.

1993   Gastprofessor für Theoretische Physik an der Eidgenössischen Technischen Hochschule Zürich.

Zahlreiche Mitgliedschaften, u. a. in der *Society of Neuroscience*, der *Association for Artificial Intelligence (AAI)*, der *American Association for the Advancement of Science (AAAS)* sowie der *New York Academy of Sciences*.

//////\ Ausgewählte Veröffentlichungen:

Koch, Christof; Segev, I. (Hg.): *Methods in Neural Modelling, From Synapses to Networks*, Boston 1989.

Koch, Christof; Mathur, B. (Hg.): *Visual Information Proceedings: From Neurons to Chips*, SPIE Proc., Bd. 1473, Boston 1991.

Koch, Christof; Joel, D. Large: *Scale Neuronal Theories of the brain*, Boston 1994.


● **Prof. Dr. Gertrud Koch**

1949   geboren in Garmisch-Partenkirchen.

Studium der Soziologie, Germanistik und Erziehungswissenschaften an der Universität Frankfurt a. M.

Gastprofessuren u.a. an der University of California, Irvine; Freie Universität Berlin; City University of New York; Universität Hamburg; Columbia University, New York.

Seit 1991 Professorin für Film- und Fernsehwissenschaft an der Ruhr-Universität Bochum. Z. Zt. am Kulturwissenschaftlichen Institut der Universität Essen.

1993   Förderpreis der Akademie der Künste, Berlin, in der Sparte Film und Medien für die Herausgabe der Zeitschrift *Frauen und Film* (mit Heide Schlüpmann) und das Buch *Die Einstellung ist die Einstellung*.

//////\ Ausgewählte Veröffentlichungen:

Mit Brunkhorst, Hauke: *Herbert Marcuse zur Einführung*, Hamburg 1987.

*»Was ich erbeute, sind Bilder«. Zur filmischen Repräsentation der Geschlechterdifferenz*, Frankfurt a. M. 1989.

*Die Einstellung ist die Einstellung. Zur visuellen Konstruktion des Judentums*, Frankfurt a. M. 1992.

*Siegfried Kracauer zur Einführung*, Hamburg 1995.

*Babylon. Beiträge zur jüdischen Gegenwart*, (Mitherausgeberin), Halbjahresschrift.

*Frauen und Film*, (hg. mit Heide Schlüpmann), Frankfurt a. M.


● **Prof. Dr. Alfred Krovoza**

1940   geboren in Rheydt.

1960–1967 Studium der Philosophie, Psychologie, Soziologie und Germanistik an den Universitäten in Hamburg, Frankfurt a. M. und Hannover.

**247**

1968–1976 Wissenschaftlicher Mitarbeiter am Psychologischen Institut der Universität Hannover.

1976–1987 Akademischer Rat am Psychologischen Institut der Universität Hannover.

1983–1987 Außerplanmäßiger Professor an der Universität Hannover.

1987–1990 Leiter der Sozialpsychologischen Abteilung des Sigmund-Freud-Instituts, Frankfurt a. M.

Seit 1988 Redaktionsmitglied der Zeitschrift *Psyche*. Ab 1993 Mitherausgeber.

1990–1993 Fortsetzung der Tätigkeit am Psychologischen Institut der Universität Hannover und Gastwissenschaftler am Sigmund-Freud-Institut, Frankfurt a. M.

Seit 1994 Hochschuldozent an der Universität Hannover.

//////| Ausgewählte Veröffentlichungen:

Mit Schneider, Christian: »Politische Psychologie in der Bundesrepublik. Positionen und methodische Probleme«, in: König, Helmut (Hg.): *Politische Psychologie heute*, Opladen 1988, S. 13–35. (*Leviathan*-Sonderheft 9).

»Grenzen der Planbarkeit des Städtischen«, in: Wentz, Martin (Hg.): *Stadtplanung in Frankfurt. Wohnen, Arbeiten, Verkehr*, Frankfurt a. M./New York 1991, S. 190–198.

»Vaterzentrierte Kultur – Vaterlose Gesellschaft«, in: *Fragmente. Schriftenreihe zur Psychoanalyse* (Sonderheft: Student 1968 und heute), Kassel 1991, S. 51–64.


● **Prof. Werner Nekes**

1944 geboren in Erfurt.

Studium der Sprachwissenschaft und Psychologie an den Universitäten in Freiburg i. Br. und Bonn.

1967 Mitbegründer der Hamburger *Filmmacher Cooperative* und Mitorganisator der *Hamburger Filmschau*.

1969–1972 Professor an der Hochschule für Bildende Künste Hamburg.

1981–1982 Gastprofessur an der Bergischen Universität-Gesamthochschule Wuppertal.

1982–1984 Professor an der Hochschule für Gestaltung Offenbach.

1988 Gründungsmitglied des *International Center for New Cinema* (ICNC), Riga.

Seit 1990 Professor an der Kunsthochschule für Medien, Köln.

1993 Festivalleitung *Internationales Schattentheaterfest Oberhausen*.

Mitglied des Filmbüros Nordrhein-Westfalen, der Arbeitsgemeinschaft *Neue Deutsche Spielfilmproduzenten*, des *Club Daguerre*, der *Magic Lantern Society*, der *European Academy of Arts, Sciences and Humanities*, der Deutschen Gesellschaft für Photographie e.V.

//////| Ausgewählte Filme:

*Kelek*, 60 min., 16 mm, s/w, stumm, 1968.

*T-WO-MEN*, 90 min., 16mm, Farbe, 1972.

*Amalgam I–IV*, 72 min., 16 mm, Farbe, 1974.

*Uliisses*, 94 min., 35mm, Farbe, 1980–1982.

*Beuys*, 11 min., 16 mm, Farbe, mit Dore O., 1981.

*Was geschah wirklich zwischen den Bildern?*, 83 min., 35 mm, Farbe, 1986.
*Johnny Flash*, 80 min., 35mm, Farbe, 1987.
Ausgewählte Veröffentlichungen:
Schobert, Walter (Hg.): *Uliisses. Ein Film von Werner Nekes*, Köln 1986.
*Von der Camera Obscura zum Film*, Mülheim/Ruhr 1992.
Lorenz, Dieter; Nekes, Werner: »Wechselbilder: Riefel- und Lamellenbilder«, in:
*Museum heute*, 6/1993.
Schäfer, Horst (Red.): *Werner Nekes Filme*. Mülheim/Ruhr: Gurtrug Film (mit
Texten von bzw. über Nekes und zu einzelnen Filmen), 1985.
Imbach, Thomas; Settele, Christoph, Gurtrug Film (Hg.): *Werner Nekes
Retrospektiv*, Zyklop Verlag 1986.

● **Dr. Stephan Oettermann**

1949  geboren in Detmold.
1971–1979 Studium an der Philipps-Universität, Marburg.
    Publizist, Ausstellungskurator und Kulturhistoriker mit dem Schwerpunkt
    »Geschichte der populären Vergnügungen«.
//////| Ausgewählte Ausstellungen:
    *Georg Büchner – Revolutionär, Dichter, Naturwissenschaftler*, Institut
    Mathildenhöhe, Darmstadt 1987 und Kunsthalle Weimar 1988.
    *Georg Christoph Lichtenberg – Wagnis der Aufklärung*, Institut Mathildenhöhe,
    Darmstadt 1992 und Alte Universitätsbibliothek, Gottingen 1992/93.
    Ausgewählte Veröffentlichungen:
    *Zeichen auf der Haut. Die Geschichte der Tätowierung in Europa*, Frankfurt a. M.
    1979, 1985, Stockholm 1984.
    *Das Panorama. Geschichte eines Massenmediums*, Frankfurt a. M. 1980, 1983.
    *Die Schaulust am Elephanten. Eine Elephantographica curiosa*, Frankfurt a. M.
    1982.
    *Läufer und Vorläufer. Zu einer Kulturgeschichte des Laufsports*, Frankfurt a. M.
    1984.
    Mit Kray, Ralph: *Herakles/Herkules II. Medienhistorischer Aufriß. Repertorium
    zur intermedialen Stoff- und Motivgeschichte*, Frankfurt a. M. 1993.

● **Rotraut Pape**

1956  geboren in Berlin.
    Studium der Freien Kunst an der Hochschule für Bildende Künste Hamburg.
1982–1987 Arbeit mit der Performancegruppe *M. Raskin Stichting ens*. Auftritte u.a.
    auf der *Biennale de Paris*, in *The Kitchen*, New York, beim *steirischen herbst*,
    Graz.
    Redaktion des internationalen Videomagazins *Infermental*.

1986–1992 Arbeit im Kunstraum *Frigo* und für *Radio Bellevue*, Lyon.
Seit 1987 Zusammenarbeit mit Andreas Coerper unter dem Namen *Raskin*.
Seit 1992 Zusammenarbeit mit *Weltbild*, Berlin, Fernsehproduktion *Lost in Music*,
    Lehrauftrag für Videokunst/Neue Medien an der Ecole Nationale des Beaux Arts
    et des Arts Appliqués de Nancy.
//////l Ausgewählte Ausstellungen, Installationen, Videos:
    *»Studies on Hate Man and Love Culture«*, mobile Videoskulptur, *documenta VIII*,
    Kassel 1987.
    *Rauchnächte*, Video 1990.
    *Du hast kein Herz*, Video 1991 (Raskin).
    *Waswaswaswaswas*, Akademie der Künste, Berlin 1991.
    *Herz Haus Eis*, Kampnagel Hamburg und Experimenta/Linden Gallery,
    Melbourne 1992 (Raskin).
    *Zwei Früchte vom Baum der Erkenntnis*, Botanisches Museum der Universität
    Hamburg, 1994.


● **Prof. Dr. Dr. Ingo Rentschler**


1940  geboren in Traben-Trarbach/Mosel.
    Studium der Chemie an der Technischen Hochschule Stuttgart, der Physik an
    der Universität München und der Psychologie an der Universität Innsbruck.
1973–1977 Gastwissenschaftler am Institut für Neurophysiologie, Pisa.
1978–1981 Heisenberg-Stipendiat der Deutschen Forschungsgemeinschaft.
Seit 1978 Gastwissenschaftler an der Neurologischen Universitätsklinik Zürich.
1980  Gastwissenschaftler am Physiological Laboratory, University of Cambridge/
    England; Visiting Fellow St. John's College.
Seit 1982 Professor für Medizinische Psychologie an der Universität München.
1982–1987 Geschäftsführender Herausgeber von *Human Neurobiology*, Heidelberg.
1984  Endowment of the Future Distinguished Visiting Professor, University of Alberta,
    Edmonton, Kanada.
1992  Kommissarischer Vorstand des Instituts für Medizinische Psychologie der
    Universität München.
//////l Ausgewählte Veröffentlichungen:
    *Human Neurobiology*, (Hg.), Heidelberg 1982–1987.
    Mit Schober, Herbert: *Das Bild als Schein der Wirklichkeit*, München 1972, 1986,
    Augsburg 1988.
    Mit: Herzberger, B.; Epstein, D.: *Beauty and the Brain, Biological Aspects of
    Aesthetics*, (Hg.), Basel 1989.


● **Dr. Rainer Rother**


1956  geboren in Vechta.
1976–1982 Studium der Germanistik und Geschichte an der Universität Hannover.

1987–1991 Wissenschaftlicher Mitarbeiter am Seminar für Deutsche Literatur und Sprache an der Universität Hannover. Lehraufträge an den Universitäten in Saarbrücken und Hildesheim.

Seit 1991 Programmleitung Kino und Ausstellungskurator am Deutschen Historischen Museum, Berlin.

///// Ausgewählte Veröffentlichungen:

*Die Gegenwart der Geschichte. Ein Versuch über Film und zeitgenössische Literatur*, Stuttgart 1990.

*Bilder erzählen Geschichte: Der Historiker im Kino*, (Hg.), Berlin 1991.

*Die Ufa 1917–1945. Das deutsche Bilderimperium. 22 Magazine*, (Hg.), Berlin 1992.

*Die letzten Tage der Menschheit. Bilder des Ersten Weltkrieges*, (Hg.), Berlin 1994.

- ## Prof. Dr. Jeannot Simmen

1946 geboren in Zürich.

Studium der Kunstgeschichte, Philosophie, Geschichte und Religionswissenschaft an den Universitäten in Zürich und Berlin.

1978–1980 Museumsassistenz der Stiftung Preußischer Kulturbesitz, Berlin.

1981–1993 Dozent an der Hochschule der Künste Berlin.

1983–1985 Redaktionsmitarbeiter am Schweizerischen Institut für Kunstwissenschaft, Zürich.

1989–1990 Vertretungsprofessur für Theorie der Visuellen Kommunikation an der Universität Gesamthochschule Kassel.

1993–1995 Vertretungsprofessur für Kunst- und Designgeschichte an der Bergischen Universität-Gesamthochschule Wuppertal.

///// Ausgewählte Ausstellungen:

*Ruinen-Faszination*, Kupferstichkabinett Dahlem, Berlin 1979.

*Joseph Beuys – Zeichnungen*, Neue Nationalgalerie, Berlin 1980.

*SCHWERELOS – Der Traum vom Fliegen*, Große Orangerie, Schloß Charlottenburg, Berlin 1991/92.

Ausgewählte Veröffentlichungen:

*VERTIGO. Schwindel der modernen Kunst*, München 1990.

*Vertikal. Eine Kulturgeschichte vom Vertikal-Transport*, Berlin 1994.

- ## Timm Starl

1939 geboren in Wien.

Bis 1975 EDV- und Personalleiter.

Seit 1976 Beschäftigung mit Photographie.

1977 Eröffnung eines Photoantiquariats.

Seit 1981 Photopublizist; Gründer und Herausgeber der Zeitschrift *Fotogeschichte*, von 1989 bis 1993 gemeinsam mit Hubertus von Amelunxen.

/////| Ausgewählte Ausstellungen:
*Geschichte der Fotografie in Österreich*, Wien, Linz, Salzburg, Innsbruck, Graz, Klagenfurt 1983–1985.
Mit Amelunxen, Hubertus von: *Die aufgehobene Zeit. Die Erfindung der Photographie durch William Henry Fox Talbot*, Berlin, Köln, München, Wien, Lausanne, Paris, Antwerpen 1989/90.
*Knipser. Die Bildgeschichte der privaten Fotografie in Deutschland und Österreich von 1880 bis 1980*, (Ausst. Kat.), München 1995.
Ausgewählte Veröffentlichungen:
*Lexikon zur Österreichischen Fotografie*, mit Otto Hochreiter, Bad Ischl 1983.
*Im Prisma des Fortschritts. Zur Fotografie des 19. Jahrhunderts*, Marburg 1991.
*Ein Blick auf die Straße. Die fotografische Sicht auf ein städtisches Motiv*, Videofilm, 36 min., Essen 1987.

• **Woody Vasulka**

geboren in Brno (ehemalige Tschechoslowakei).
Studium der Metall-Technologien und Hydraulik an der Hochschule für industrielles Ingenieurswesen, Brno und an der Akademie der Darstellenden Künste, Fakultät für Film und Fernsehen, Prag.
1965 Emigration in die USA.
Tätigkeit als Filmemacher und Experimente mit elektronischen Tönen und stroboskopischem Licht.
1974 Dozent am Center for Media Study der State University of New York, Buffalo.
Gemeinsam mit seiner Frau Steina Gründung eines der weltweit avanciertesten experimentellen Medien-Theater *The Kitchen*, New York.
1980 Übersiedlung nach Santa Fe, New Mexico.
1993 Gastprofessor an der Kunstfakultät des Polytechnikums (VUT) als Leiter des Studios für Videokunst und Multimedia, Brno.
Für 1996 ist eine Retrospektive seiner Arbeiten im *San Francisco Museum of Modern Art* in Vorbereitung.
/////| Ausgewählte Ausstellungsbeteiligungen und Einzelausstellungen:
*Steina & Woody Vasulka*, Hitachi Showroom, Tokio 1988 und Denver Art Museum, Denver 1992.
*Whitney Biennal*, Whitney Museum of American Art, New York 1985, 1989.
*The Theater of Hybrid Automata* (Ars Electronica), Linz 1990, St. Denis-Paris 1992.
Kurator der Ausstellung *Eigenwelt der Apparatewelt: Pioneers of Electronic Art (Ars Electronica)*, Linz 1992.

• **Dr. Birgit Verwiebe**

1960 geboren in Berlin.
1980–1985 Studium der Kunstgeschichte an der Humboldt Universität Berlin.

1985–1988 Forschungsstipendium an der Ernst-Moritz-Arndt-Universität Greifswald.
Seit 1988 Wissenschaftliche Mitarbeiterin an der Nationalgalerie der Staatlichen
Museen zu Berlin.
1991–1992 Postdoktoranden-Stipendium am Getty Center for the History of Art and
the Humanities, Santa Monica/CA.
//////\ Ausgewählte Veröffentlichungen:
»Das Mondscheintransparent um 1800«, in: *Schilder, Bilder, Moritaten*, (Ausst.
Kat.), Berlin 1987.
»The Poetry of the Earth. Englische Aquarelle der Romantik«, in: *Museums
Journal*, 4/1990.
»Transparente Bilder – Kunst und Geselligkeit im 18. und 19. Jahrhundert«, in:
*Forschungen und Berichte, Jahrbuch der Staatlichen Museen*, Berlin 1991.
»Gärten, Landschaften und diaphane Bilder im 18. und 19. Jahrhundert«, in:
*Wissenschaftliche Beiträge der Ernst-Moritz-Arndt-Universität Greifswald*, 6.
Greifswalder Romantikkonferenz: *Peter Joseph Lenné und die Europäische
Landschafts- und Gartenkunst im 19. Jahrhundert*, Greifswald 1992.
»Schinkel's Perspective Optical Views. Art between Painting and Theater 1807–
1815«, in: Ausst. Kat. *Karl Friedrich Schinkel. The Drama of Architecture*,
Chicago 1994.

● **Prof. Dr. Klaus Michael Meyer-Abich**

1936   geboren in Hamburg.
Studium der Physik und Philosophie.
1964–1969 Mitarbeiter von Carl Friedrich von Weizsäcker an der Universität Hamburg.
1970–1972 Wissenschaftler am Max-Planck-Institut, Starnberg, zur Erforschung der
Lebensbedingungen der wissenschaftlich-technischen Welt.
Seit 1972 Professor für Naturphilosophie an der Universität Essen.
Seit 1989 Mitarbeiter am Kulturwissenschaftlichen Institut des Wissenschaftszentrums
Nordrhein-Westfalen.
1976–1981 Vorsitzender der *Vereinigung Deutscher Wissenschaftler* (VDW).
1979–1982 Mitglied der Enquête-Kommission »Zukünftige Kernenergiepolitik« des
Deutschen Bundestages.
1984–1987 Senator für Wissenschaft und Forschung der Freien und Hansestadt Hamburg.
1987   Verleihung des Theodor-Heuss-Preises.
1987–1994 Mitglied der Enquête-Kommission »Schutz der Erdatmosphäre« des
Deutschen Bundestages.
//////\ Ausgewählte Veröffentlichungen:
*Wege zum Frieden mit der Natur – Praktische Naturphilosophie für die
Umweltpolitik*, München 1984.
*Wissenschaft für die Zukunft – Holistisches Denken in ökologischer und
gesellschaftlicher Verantwortung*, München 1988.
*Aufstand für die Natur – Von der Umwelt zur Mitwelt*, München 1990.

# Margot Flatow, Christoph Herrmann
## Internet-Bibliographie

Die Forum-Schriftenreihe wird stets begleitet von einer Bibliographie, die weitgehend auf Autorenangaben basiert. Abschließend wird dieser Fonds durch die Bibliothek der Kunst- und Ausstellungshalle ergänzt und überarbeitet. Unser Informationsverhalten ändert sich; zunehmend wird unsere visuelle Wahrnehmung geprägt durch Informationen, die uns via Bildschirm erreichen. Daher haben wir uns für die Bibliographie dieses Bandes, der schließlich dem Sehen gewidmet ist, zu einem Experiment entschlossen: Die Bibliographie wird über Internet veröffentlicht.

- Internet-Adresse:
  http://www.kah-bonn.de

Wir danken dem Max-Planck-Institut für Mathematik in Bonn (besonders Herrn Sven Maurmann), das uns für diesen Zweck seine Ressourcen zur Verfügung gestellt hat.

Wer keinen Zugriff auf die Daten über Internet hat, kann (gegen beigelegtes Rückporto) eine Textkopie anfordern bei der:

Kunst- und Ausstellungshalle der
Bundesrepublik Deutschland GmbH
Forum
Friedrich-Ebert-Allee 4

D-53113 Bonn

# Besitz-, Bild- und Photonachweise

S. 127    Abb. 2b:    Fuchs, Eduard: Illustrierte Sittengeschichte vom Mittelalter bis zur Gegenwart. *Photo: Paulmann-Jungeblut, Berlin.*

S. 127    Abb. 2c:    Privatsammlung. Courtesy: Thomas Ammann Fine Art, Zürich.

S. 127    Abb. 2d:    utriusque cosmi historia, Frankfurt 1619–1621. Staatsbibliothek Preußischer Kulturbesitz, Berlin.

S. 129    Abb. 3b:    Luciano, Luigi: Physiologie des Menschen, Jena 1911.

S. 129    Abb. 3c:    Kahle, Werner: Nervensystem und Sinnesorgan, Taschenatlas der Anatomie, Stuttgart 1986.

S. 131    Abb. 4a:    Privatbesitz, Schweden.

S. 131    Abb. 4b:    Öffentliche Kunstsammlungen, Basel.

S. 132    Abb. 4c:    Museum of Modern Art, New York.

S. 132    Abb. 4d:    Musée d'Art et d'Histoire, Genf.

S. 133    Abb. 5a:    Newton, Isaac: De Mundi systemate, 1687, Abb. nach: A Treatise of the System, London 1731, S. 6.

S. 133    Abb. 5b:    Text und Abb. in: Süddeutsche Zeitung, 12.5.92.

S. 137    Abb. 1–4:    Hergestellt von der Firma Industrial Light & Magic für den Film *Jim Carrey ist DIE MASKE.* © C/I Vertriebsgemeinschaft.

S. 148    Abb. 1/2:    *Photo: Peter Oszvald, Bonn.*

S. 149    Abb. 3:    *Photo: Peter Oszvald, Bonn.*

S. 149    Abb. 4:    *Photo: Woody Vasulka, Santa Fe.*

S. 150    Abb. 1:    *Photo: Rolf Iltz, Dortmund.*

S. 167    Abb. 3:    Nach R. Jung, in: Psychopathologie musischer Gestaltungen, Stuttgart 1974.

S. 169    Abb. 4 a, b:    Nach Sabadel: L'homme qui ne savait plus parler, Paris 1980.

S. 191    Abb. 2:    Aus: Felleman, Daniel J./Essen, David: »Distributed Hierarchical Processing in the Primate Cerebral Cortex«, in: *Cerebral Cortex*, 1/1991, Abb. 2.

S. 193    Abb. 3:    Aus: Engel, A. u. a.: »Stimulus-dependent neuronal oscillations in cat visual cortex. Inter columnar interaction as determinded by cross-correlation analysis«, in: *European Journal of Neuroscience*, 2/1990, S. 588–606.

S. 194    Abb. 4:    Leicht veränderte Abbildung aus: Murthy, V./Fetz, E.: »Coherent 25–35 Hz oscillations in the sensorimotor cortex of awake behaving monkeys«, in: Proceedings of the National Academy of Sciences USA, 89/1992, Abb. 4.

S. 213    Abb. 1/2:    Aus: Schrenck-Notzing, Dr. A. Freiherr: *Materialisations-Phänomene. Ein Beitrag zu Erforschung der mediumistischen Teleplastie*, München 1914.

S. 215    Abb. 3/4:    Aus: Schrunck-Notzing, Dr. A. Freiherr von: *Materialisations-Phänomene. Ein Beitrag zu Erforschung der mediumistischen Teleplastie*, München 1914

S. 217    Abb. 5:    Aus: Schrunck-Notzing, Dr. A. Freiherr von: *Materialisations-Phänomene. Ein Beitrag zu Erforschung der mediumistischen Teleplastie*, München 1914